普通高等院校建筑环境与能源应用工程系列教材

建筑能效评估

孔 戈 主编

中国建材工业出版社

图书在版编目（CIP）数据

建筑能效评估/孔戈主编. —北京：中国建材工业出版社，2013. 8

普通高等院校建筑环境与能源应用工程专业系列教材

ISBN 978-7-5160-0516-3

Ⅰ. ①建… Ⅱ. ①孔… Ⅲ. ①建筑能耗—能耗计算—高等学校—教材 Ⅳ. ①TU111. 19

中国版本图书馆 CIP 数据核字（2013）第 177368 号

内 容 简 介

建筑作为能源消耗的三大巨头之一，首当其冲成为节能降耗的重点改造对象，近年来兴起的建筑节能技术产业为实现建筑降耗带来了福音。本书正是在这一背景下编写的。

本书共分为七个章节，概述了建筑能耗现状、特点，建筑节能概念、相关政策法规和技术标准，系统阐述了围护结构、用能系统节能评估，可再生能源建筑应用技术评估、建筑能耗分项计量与实时监测、建筑节能新技术等内容，并对能效评估典型案例做出了分析。

本书为普通高等院校建筑环境与能源应用工程专业教材，也可供建筑相关专业选用。同时，本书亦可供建筑节能专业技术人员参考借鉴。

建筑能效评估

孔 戈 主编

出版发行：中国建材工业出版社

地 址：北京市西城区车公庄大街6号

邮 编：100044

经 销：全国各地新华书店

印 刷：北京雁林吉兆印刷有限公司

开 本：787mm×1092mm 1/16

印 张：14

字 数：346千字

版 次：2013年8月第1版

印 次：2013年8月第1次

定 价：33.00元

本社网址：www. jccbs. com. cn

本书如出现印装质量问题，由我社发行部负责调换。联系电话：（010）88386906

本书编写组

主　编：孔　戈

副主编：徐忠昆　郭志庆　刘兰香

参　编：李庆来　秦　天　朱　玲　梅文琦　周　云
杨　鑫　孔繁伟　佘婉璇　陈　宇　尹春聪
孙　华　董晓丽　金晓天　王润梅　张永炜
胡　莹　范　君　张玉婕　许静亚

前言

在全世界能源问题日益严峻的大环境背景下，为了协调人类需求与严重匮乏的能源之间的矛盾，倡导健康绿色的生活方式，节能减排、低碳环保的新兴理念应运而生。如何在社会生活的各个环节最全面地渗透节能减排新理念，最大化地实现节能减排效力是我们所面临的严峻课题。而建筑作为能源消耗的三大巨头之一，其能耗约占全社会总能耗的三分之一，首当其冲成为节能降耗的重点改造对象。切实有效地降低建筑能耗，推行节能政策与方针，有利于进一步实施可持续发展战略，为全面建设小康社会打下扎实的基础。

近年来兴起的节能技术产业为实现建筑降耗带来了福音，一系列建筑节能新技术已经成功应用到实践中去，并且在节能减排方面取得了良好的成效。本书正是紧跟当下社会热点，探讨了当前主要的建筑节能技术及评估方法，对进一步培养和巩固节能意识，普及建筑节能的基础知识，提高建筑节能应用技术水平大有助益。

本书共分为七个章节，内容涵盖建筑能耗现状、特点，建筑节能概念及相关政策法规和技术标准，系统阐述了围护结构、用能系统、可再生能源建筑应用、分项计量与实时监测平台等多方面的建筑节能评估技术。

本书的编写得到了主编所在单位上海众材工程检测有限公司的全力支持，本书中的全部工程实例及图片资料由上海众材工程检测有限公司提供，本书中使用的 PKPM 能效测评软件由上海凯创科技有限公司提供，能耗监测软件由上海众材工程检测有限公司提供，在此表示感谢。

在本书的编写过程中得到了缪群、陆津龙、付建明、丁峰等业内专家的指导与帮助，在此一并表示感谢。

由于编写人员水平有限，且时间仓促，掌握的资料也有一定的局限性，若有疏漏与表述不当之处，敬请读者批评指正，以便今后补充和完善。

编　者

2013 年 4 月

中国建材工业出版社
China Building Materials Press

目　　录

第1章 绪 论

能源是人类社会赖以生存和发展不可或缺的物质基础，而当今世界的主流能源——煤、石油及天然气均是不可再生资源，且已日益匮乏，如何缓解人类社会的飞速发展与日益消耗的不可再生资源之间的矛盾，早已成为世界范围内的一个严峻课题。

随着经济的快速增长，能源消耗量也随之迅速增大。自1992年我国能源消费的增长幅度首次超过能源生产的增长幅度以来，能源生产与消费总量缺口不断拉大，能源使用供不应求的矛盾也日益突出，不但滞延了经济发展的速度，而且影响了人们的日常生活。以城市用电为例，许多城市会在夏季发出用电高峰警告，有时不得不采取分区拉闸限电的方法来调节用电，给人民的生活和生产带来了极大不便。

在社会的能源消耗中，建筑能耗在总能耗中所占的比重很大。据统计，2006年发达国家建筑能耗约占社会总能耗的30%以上，而发展中国家的这一数据也高于20%。《中国建筑节能2012年度发展研究报告》指出，我国2010年的建筑总能耗（不含生物质能）为6.77亿tce，占全国总能耗的20.9%。因此，《中华人民共和国国家经济和社会发展第十一个五年计划纲要》将建筑业作为能耗的重点行业，要求推广一批潜力大、应用面广的先进节能减排技术。

本章主要介绍了建筑节能的相关概念、不同类型建筑能耗特点、建筑能效评估体系及相关的法律法规。

1.1 建筑能耗

广义上的建筑能耗是指从建筑材料制造、建筑施工，一直到建筑使用的全过程能耗，包括建筑材料生产用能、建筑材料运输用能、建筑的运行能耗、房屋建造、维修和拆毁过程中的用能。狭义的建筑能耗，即建筑的运行能耗，是指建筑物在使用过程中所消耗的能量总和，包括采暖、空调、照明、热水、家用电器、电梯等的能耗，其中以采暖、空调能耗为主。在建筑全生命周期中，建筑大部分能源消耗在建筑物运行过程中。建筑运行所消耗的能源除与建筑设计水平、能源使用效率有关外，还与物业管理者的控制管理及能源用户的节能意识、节能行为有关。本书所讲的建筑能耗主要指建筑运行能耗。

建筑分为工业建筑和民用建筑两大类。工业建筑是指生产用的各种建筑物，包括车间、生活间、库房等；民用建筑是指非生产性的居住建筑和公共建筑，包括住宅、办公楼、学校、商店、旅馆、医院等。本书讨论的建筑主要是民用建筑，即本书内容关注的主要是居住建筑运行能耗和公共建筑运行能耗两种。

建筑运行耗能的原因包括人为活动和建筑物特性两方面。前者是指为了满足人类文化和生活需求而产生的能耗，例如人们在建筑物中使用各种电器、燃气器具等；后者是指建筑物本身和外界进行热交换产生的能耗。具体来说，影响建筑能耗的因素主要包括以下几个方面。

1.1.1 建筑能耗的主要影响因素

1. 气候环境条件

气候环境条件是影响建筑能耗的一个最基本因素。我国气候类型复杂多样，严寒地区常年寒冷，如哈尔滨，冬季需要的采暖量相对较高；温和地区，例如昆明，四季如春，室内所需的采暖空调设备也相对较少；而大部分地区气候特点是夏热冬冷，夏季太阳辐射强烈、天气炎热，需要通过空调来降温，而冬季则相对寒冷，需要采暖供热才能满足人体的舒适度要求。我国的太阳辐射也很丰富，全年总辐射量在3300～8300MJ/m^2之间。总体上，太阳总辐射量西部高于东部、高原高于平原。因此，同一建筑所处的地区不同，其所需的空调冷负荷和供暖热负荷差异巨大。

2. 建筑物围护结构

（1）围护结构位置朝向对建筑能耗的影响

建筑物围护结构的位置、朝向，对于太阳得热量有很大的影响。虽然任何方向都可以得到天空中的阳光漫射热，但是太阳的直射得热量远远大于漫射得热量。在冬季正午，太阳高度角低，阳光可以通过南面的窗户直接进入室内；在夏季正午，太阳高度角高，阳光虽也直照到南面窗户上，但如采用活动遮阳并适当放置，便可以控制外窗在冬季获得更多的阳光入射量，且避免夏季阳光对室内的直射。充分利用获得的太阳光，不仅可以减少冬季的采暖负荷，还可以降低灯具的照明能耗，从而减少建筑的能耗。

（2）围护结构热工性能对建筑能耗的影响

建筑物主要通过围护结构的导热、对流以及辐射三种方式与室外进行热量交换。改善建筑物围护结构的热工性能，加强建筑物保温隔热措施，在夏季可减少室外热量传入室内，在冬季可减少室内热量的流失，使建筑热环境得以改善，从而降低建筑冷、热消耗。

对墙体而言，提高其保温性能主要有两个途径：一是与高效保温材料复合，形成复合保温墙体，达到规定的节能指标；二是直接采用具有较高热阻和热惰性的墙体材料，即自保温墙体，满足规定的节能指标。

保温墙体一般都具有一定的隔热效果。对于复合保温墙体而言，如果保温材料及主体结构一定，无论采取怎样的保温构造形式，其保温性能不变，而隔热性能则不同。当保温材料布置顺序不同时，对围护结构内表面温度的影响是不同的。提高墙体的隔热性能主要有三个途径：一是利用墙体保温技术达到隔热的目的，尤其是外墙外保温系统具有良好的隔热效果；二是利用热反射类隔热涂料降低墙体外表面对太阳能辐射热的吸收率，从而降低墙体外表面温度，如利用铝箔、浅色涂层或面砖等。

与围护墙体相比，门窗是轻质薄壁构件，是建筑的能耗大户。有数据表明，在供暖住宅建筑中，通过门窗的传热热损失与空气渗透热损失相加，占建筑全部热损失的50%左右。因此，作为建筑外围护结构的开口部位的门窗，是建筑保温隔热的薄弱环节。

门窗不仅有其他建筑围护结构所共有的温差传热问题，还有缝隙的空气渗透换热，特别是通过玻璃的太阳辐射传热问题。影响门窗保温隔热性能的主要因素有框架材料、镶嵌材料的热工性能和光物理性能及门窗形式。框架材料的导热系数越小，则门窗的传热系数越小，镶嵌材料亦是如此。当在镶嵌材料之间形成空气间层，如中空玻璃，则其传热系数更小；与单层玻璃相比，它们的保温隔热性能大大提高。玻璃的光物理性能指的是玻璃对光波的透过、吸收、反射等性能；一般要求它对可见光有良好的透过率，而对红外光有最大的反射率或适宜的吸收率。此外，建筑门窗的气密性也是影响门窗保温性能的重要指标。

3. 用能设备

随着我国经济的快速发展、生活水平的提高，人们对于建筑室内舒适度的要求也与日俱增，建筑综合服务能力不断提高，建筑内用能设备种类和规模也不断攀升。当前建筑内的用能设备主要包括空调、照明、热水供应设备等。其中空调系统和照明系统能耗在大多数的民用建筑能耗中占比最重；特别是大型公共建筑中，空调系统的能耗更达到建筑能耗40%～60%，成为建筑节能的主要控制对象。

用能设备对建筑能耗的影响主要体现在两个方面：

一是设备的用能效率。设备的用能效率主要是功率/负荷比和性能系数两个参数。若设备选型的功率远高于实际负荷，则会导致设备空负荷运转，造成能源浪费；若设备功率过低无法满足负荷要求，则设备易超负荷运转，容易损坏，且室内环境难以达到设计要求。同时，设备的性能系数决定了同等做功条件下能源消耗量大小，性能系数过低，达到相同的目的则需消耗更多的能量，不利于建筑节能。

二是设备的运行管理。随着人员流动和时间的变化，建筑内的用能负荷总是不断改变的，若设备的运行功率无法随之相应调整，就会导致设备的空负荷运转，用能效率大幅降低，带来能源的浪费。因此，必须对设备的运行进行良好的管理，一个合理的设备运行管理模式可以保证用能设备始终处在最佳运行效率的状态，避免不必要的能源浪费。

1.1.2　不同类型建筑的能耗特点

我国幅员辽阔，从北到南跨越严寒，寒冷，夏热冬冷，温和以及夏热冬暖多个气候区。气候情况复杂，人口众多，建筑种类多种多样，地区发展不平衡，这些都造成了我国建筑能耗的多样性。

从地理位置上来说，我国南北方能耗情况差异主要体现在冬季采暖上。夏季，全国大部分地区最热月份的室外平均温度都超过26℃，需要空调制冷。而冬季，全国各地区气候差异很大：夏热冬暖地区冬季室外平均气温高于10℃，室内外温差不大，基本无采暖需求；而严寒地区冬季室内外温差可高达50℃，全年有5个月需要采暖。如果不考虑冬季采暖因素，则我国大部分地区同类型建筑能耗水平基本相当，没有明显的地域特点，因此，在统计我国建筑能耗时，通常对采暖能耗进行独立分析。

从生活方式上来说，我国城乡住宅能耗差异明显，主要体现在用能设备的种类、数量以及使用能源种类方面。城市以煤、电、燃气等商品能源为主；而在农村，除部分煤、电等商品能源外，秸秆、薪柴等生物质能仍为很多地区农村用户的主要能源。

从建筑类型上来说，不同类型的建筑能耗不同，居住建筑和公用建筑能耗不同，公共建筑中大型公共建筑与普通规模公共建筑能耗差异巨大。

依据上述特点，我国的建筑能耗一般可以分为以下5类：北方城镇建筑采暖能耗、夏热冬冷地区城镇住宅采暖能耗、城镇住宅除采暖外能耗、农村住宅能耗、公共建筑除集中采暖外能耗。

本节重点关注我国不同类型建筑的能耗现状。由于北方城镇70%以上的建筑面积采用集中供暖，采暖能耗水平与建筑物的功能关系不大，主要由建筑物的保温性能、供热系统的种类和运行情况决定，因此下文将主要对夏热冬冷地区城镇住宅采暖能耗、城镇住宅除采暖外能耗、公共建筑特别是大型公共建筑除集中采暖外能耗进行介绍。

1. 居住建筑能耗

（1）夏热冬冷地区城镇住宅采暖能耗

夏热冬冷地区地域涵盖山东、湖南、陕西部分不属于集中供暖的地区以及上海、安徽、江苏、浙江、陕西、湖北、四川、重庆以及福建部分地区。该地区的最冷月（一月）平均气温为0～5℃，室外温度偶尔会降到0℃以下，一般需要在冬季采取一些采暖措施。目前该地区建筑物基本上采用局部采暖方式，主要形式包括热泵、直接电热、煤炉、炭炉等，也有部分建筑冬季无采暖。

2000～2008年，夏热冬冷地区的建筑总面积从29亿m^2增加到82亿m^2，采暖能耗总量从146万tce增加到1486万tce。2008年我国夏热冬冷地区城镇住宅空调采暖用电量约460亿kWh，单位面积采暖用电量5～10kWh/(m^2·a)，如图1－1所示，采暖方式主要是电暖气或空气源热泵。无论是能耗总量还是单位面积能耗都有明显增长。

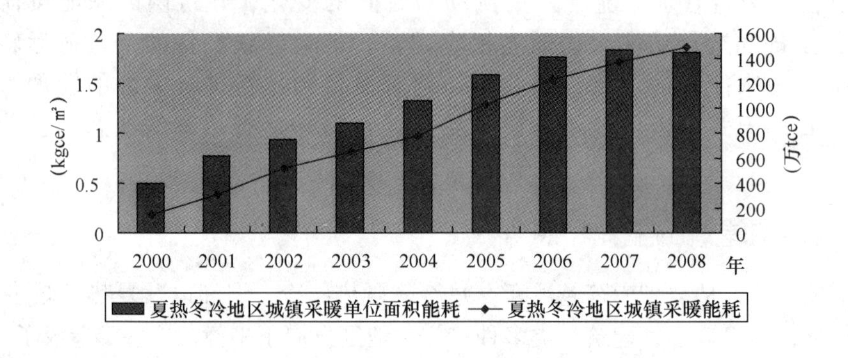

图1－1　我国夏热冬冷地区逐年采暖能耗

总体来看，夏热冬冷地区采暖能耗与我国北方城镇采暖能耗相比偏低，但这一区域对冬季采暖需求的增加不容忽视。目前该地区大部分家庭采用间歇式采暖方式，家中无人时或房间无人时一般会关闭采暖设施。通过对中国一些城市的典型住宅室温调查结果显示，夏热冬冷地区的室内供暖温度一般维持在10℃左右，这一地区的居民在冬季室内仍需穿着外衣御寒；而北方地区虽然室外温度较低，室内温度却约在20℃。因此，我国夏热冬冷地区城镇住宅采暖能耗相对偏低是建立在较低的采暖室内温度设定值和间歇式采暖基础上的，是以较低的舒适度换取的。随着人们对生活质量要求的提升，这一地区普遍要求对室内采暖现状进行改善，采用集中连续式供热的新建公共建筑和住宅将逐步增加。据估算，如果该地区采用集中连续式供热，室温设置为20℃，冬季采暖能耗将是目前的6倍以上。这将带来严重的能源负担，加剧我国能源供应紧缺的状况。

（2）城镇住宅除采暖外能耗

这部分能耗主要包括炊事、照明、家电、空调等城镇居民生活能耗。城镇住宅使用的主要商品能源种类是电力、燃煤、天然气、液化石油气和城市煤气。除空调能耗因各地区气候的不同而造成差异外，其他能耗主要与建筑规模和当地居民的生活方式有关。

随着城市化进程的推进和城镇居民住房条件的改善，我国城镇住宅建筑面积从2000年的44亿m^2增加到2008年的125亿m^2，同时人口也增加了将近1倍；城镇住宅除采暖外的总能耗从4000tce万增加到12000万tce，增加了约2.5倍，而单位面积的能耗增长相对平缓，如图1-2所示。这主要是由于我国城镇居民家庭平均建筑面积有大幅增加，从2000年人均建筑面积9.6m^2增加到了2008年的20.3m^2。此外，我国城镇燃气普及率大幅提高，从1995年的34.3%增加到了2008年的89.6%，降低了炊事单位面积能耗。而除炊事外，其他终端用途单位面积能耗均有所增长，其中空调总用电量从1996年的不到5亿kWh增长到了2000年的400亿kWh以上。

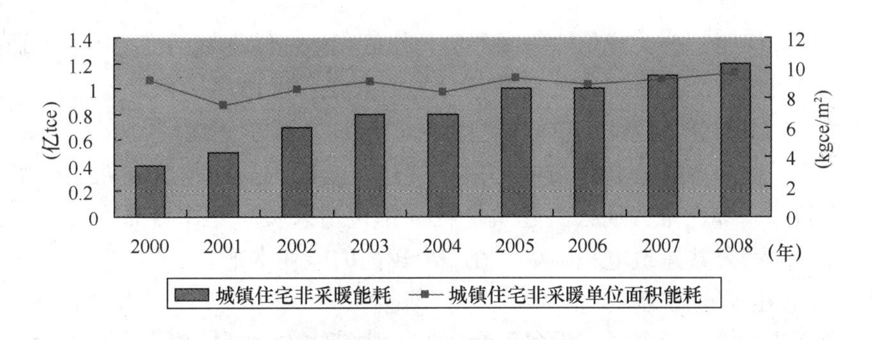

图1-2　我国城镇住宅逐年非采暖能耗

随着我国经济的发展和居民收入的增加，城镇居民每户的家电数量和使用时间都在迅速增加。特别是近年来在一些大城市还出现了一批高档豪华住宅，这类住宅的户均用电水平几倍甚至几十倍于普通住宅。此外，随着近年来房地产市场的升温，根据我国2000～2008年的数据统计，每年新增住宅面积达到了5～10亿m^2。这部分新增的住宅中可能存在着部分空置的面积。空置面积一般分为两类，一是新建但尚未销售的面积，另一类是已售出但还未投入使用的面积；统计数据表明我国近年来的住宅空置率大概在20%～30%之间浮动。大量空置住宅的存在，使得我国城镇住宅能耗总量并未随建筑总量的迅速增加而激增，单位建筑面积在某些年份甚至还有下降；但当某个时期空置率大幅降低时，势必会造成总能耗和单位面积能耗的阶跃式增长。

2. 公共建筑除集中采暖外能耗

民用建筑中非住宅建筑称为公用建筑，公共建筑除集中采暖外能耗指除集中采暖能耗外，公共建筑内由于各种活动而产生的能耗，包括空调、照明、插座、电梯、炊事、各种服务设施，以及夏热冬冷地区的公共建筑的冬季采暖能耗，使用的商品能源种类是电力、燃气、燃油和燃煤等。

2000～2008年间，我国公共建筑总面积从32亿m^2增长到71亿m^2，公共建筑除集中采暖外能耗从5000万tce增长到14000万tce，如图1-3所示。到2010年，我国公共建筑面积约为79亿m^2，占建筑总面积的17%，能耗（不含集中采暖）为1.74亿tce，占建筑总能耗的25.6%，其中电力消耗为4200亿kWh，非电商品能耗（煤炭、燃气）为4020万tce，成为单位面积能耗增长最快的建筑用能分类。

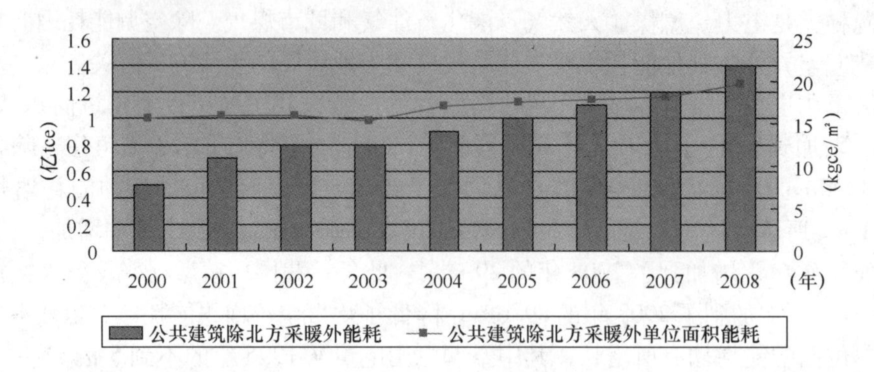

图1-3　我国公共建筑除集中采暖外逐年能耗

大量调查研究标明，公共建筑除采暖外的单位面积能耗随地域的变化不大，而与公共建筑的体量和规模成正比。通常可将公共建筑分为两大类：单体规模大于2万m^2、且采用中央空调的建筑，称大型公共建筑；单体规模小于2万m^2、或单体规模大于2万m^2但未采用中央空调的建筑，称为普通公共建筑或一般公共建筑。我国公共建筑能耗呈现明显的“二元结构”分布特征，即大量普通公共建筑电耗（不包括采暖）集中分布在一个较低的能耗水平，而少部分大型公共建筑电耗则集中在一个较高的能耗水平。

1）大型公共建筑能耗现状

由于大型公共建筑外形多样、设备系统复杂、建筑物内部环境要求高、采用中央空调系统等原因，不论是按照热值还是一次能耗计算，都远大于住宅和一般公共建筑。据统计，大型公共建筑除采暖外能耗折合用电量约为70～300kWh/(m^2·a)；一般公共建筑除采暖外能耗约在30～60kWh/(m^2·a)(除部分特殊功能建筑)。

目前我国公共建筑平均能耗水平与发达国家和地区相比偏低，但我国公共建筑，尤其是大型公共建筑近年来的增长趋势，必须要引起重视。据统计，我国单位面积耗电量在100～300kWh/(m^2·a)的大型公共建筑多兴建于20世纪90年代以后，面积约占公共建筑面积总量的5%，但耗电量已经占到公共建筑总耗电量的17%。

2）公共建筑能耗构成的基本情况

公共建筑除能耗构成情况比较复杂，一方面，公共建筑能耗系统较多，包括空调系统、照明系统、公共服务系统、特定功能设备等分项构成；另一方面，不同功能的公共建筑中，各种分项能耗所占比例和重要性各有不同。

公共建筑按照不同功能，可分为办公建筑、科研建筑、文化建筑、商业建筑、体育建筑、医疗卫生建筑、交通建筑、综合建筑等。本书以写字楼、商场、宾馆饭店为例，对不同功能建筑的用能特点进行简单介绍。

（1）写字楼

办公楼类建筑的显著特点是运行时间比较稳定，一般全年使用时间约250d，每天工作8～10h。主要用能系统包括空调、照明和办公设备等。办公设备的使用数量和频率由人员数量决定，空调和室内照明则相对固定。

（2）商场

商场营业时间较长，基本上全年运营，每天在12h左右，各种照明、电器密度高，室内发热量很大，其单位面积能耗在大型公共建筑中是最高的。

商场类建筑的能耗的基本特点，一是空调电耗较高，由于商场空间开阔，多采用全空气系统，而商场建筑室内发热量大，要求制冷量较大；二是商场照明电耗较高，绝大部分区域需要采用人工照明，而且照度普遍偏高，此外还需大量商品展示灯光。另外，商场的能耗设备一般无法采用分时段分区域开启的模式，只要是在营业时间，空调、照明等基本全部开启。

（3）宾馆饭店

宾馆饭店建筑功能较复杂，可能包括客房、厨房、会议厅、宴会厅、休闲娱乐中心和洗衣房等各种功能区，运营时间各不相同，能耗系统和设备受到旅游季节变化和入住率波动的影响，多数时间是在部分负荷下工作。由于宾馆饭店建筑对室内环境要求较高，空调系统能耗消耗量较高。而且此类建筑空调参数的选择因入住人员的要求而调节，随意性较大，往往存在一定的浪费。此外，大部分宾馆饭店需要全年供应热水，生活热水循环泵全年24h连续运行，耗能较大。

表1－1是近年来国内部分城市对不同功能公共建筑的单位面积能耗的调查情况。

表1－1　国内部分城市公共建筑单位面积能耗

城市	调查时间、规模	单位	政府办公建筑	非政府办公建筑	商场	宾馆饭店
北京	13512栋，其中大型公共建筑1105栋	kW/m^2	44.1	47.6	69.2	63.8
上海	2007～2010年，大型公共建筑1000余栋	kW/m^2	98.8		208.4	175.2
武汉	2008年，435幢建筑能耗信息调查，并对其中106栋进行核查	kW/m^2	47～73	82～124	175～253	142～203
重庆	2008年，57幢公共建筑	kW/m^2	132	80.8	216.8	175.7
深圳	2002～2007年，近50幢公共建筑	kW/m^2	90	88	303	180

注：数据来源：

1. 王远等，大型公建节能会诊（三）—调查分析篇　大型公共建筑能耗调查分析，《建设科技》，2007年第02期。
2. 上海市城乡建设和交通委员会，上海民用建筑能耗调查2009～2010年度工作报告，2012年2月。
3. 住房和城乡建设部信息中心，建筑节能项目执行办公室，《政府办公建筑和大型公共建筑能耗调查、评价与能效公示制度研究项目技术报告》，2008年6月。

公共建筑能耗中，尤其是各种大型公共建筑，空调通风系统的能耗都占了相当大的比例，以2008年重庆对57幢公共建筑的能耗情况调查为例，空调通风系统能耗占总能耗的比例最低的是非政府办公建筑，平均占比为35%；最高的为商场建筑，平均占比为55.3%。国内几个城市不同功能公共建筑中典型建筑的能耗构成情况如图1－4所示。

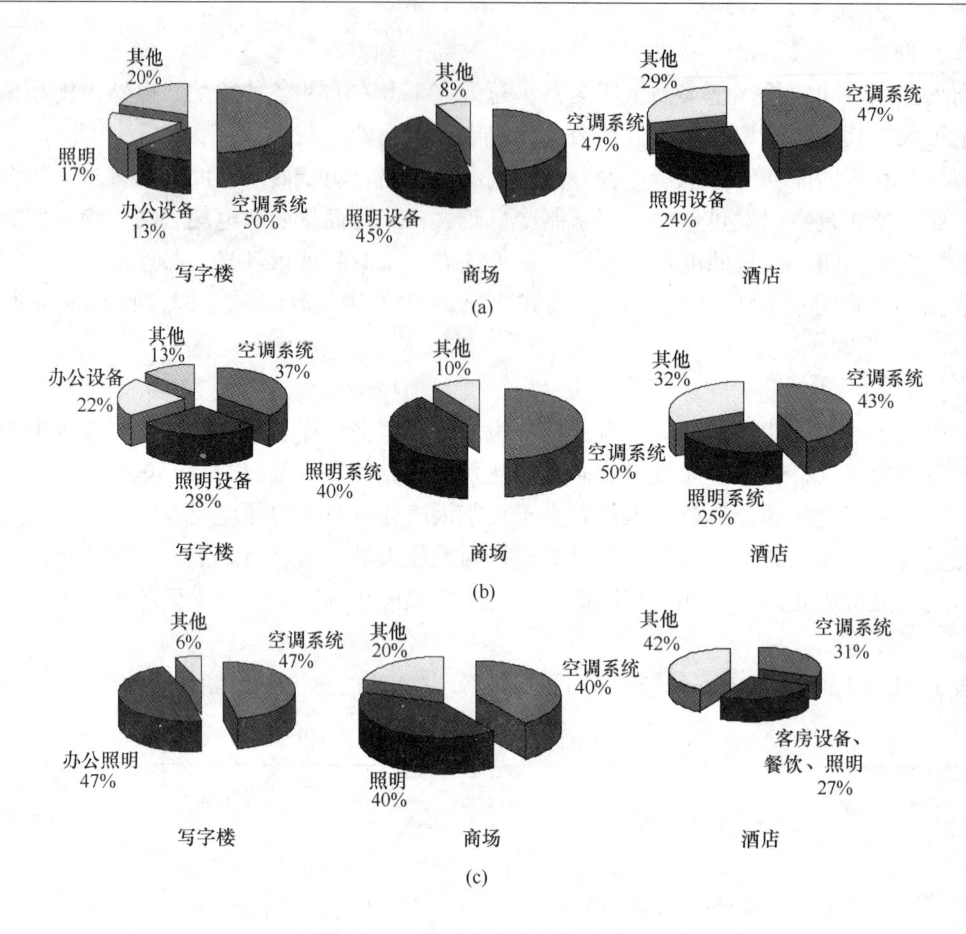

图1－4　典型公建能耗构成情况

（a）重庆；（b）北京；（c）广州

1.2 建筑节能

与建筑能耗相对应，建筑节能的概念也分为广义和狭义两个层次。广义的建筑节能是指在建筑全生命周期内，从建筑材料（设备）的开采、生产、运输，到建筑寿命期终止销毁建筑，在保证建筑功能和要求的前提下，达到降低能源消耗、减轻环境负荷的目的。《上海市建筑节能条例》中所称的建筑节能的定义是：在民用建筑的建设、改造、使用过程中，以及在工业建筑和城市基础设施的施工过程中，按照有关法律、法规、技术标准的要求，采取有效措施，降低能源消耗，提高能源利用效率的活动。这属于广义的建筑节能概念。

狭义的建筑节能是指在建筑物正常使用期限内，提高建筑设备的能效系数，降低建筑物通过外围护结构的能量损失，同时充分利用可再生能源，在保证建筑功能和要求的前提下，达到降低能源消耗、减轻环境负荷的目的。《民用建筑节能条例》中对民用建筑节能的定义是：在保证民用建筑使用功能和室内热环境质量的前提下，降低其使用过程中能源消耗的活动。这属于狭义的建筑节能概念。

本书所指的建筑节能主要针对建筑物的设计过程和设备的能效控制，因此属于狭义的建筑节能范畴。狭义的建筑节能有两个方面的内涵：一是节能不等同于能耗绝对数量的降低，不应以牺牲室内环境质量为代价。事实上，随着经济和科技、文化的发展，在未来一段时间内，室内环境标准将逐步提高，建筑能耗绝对值也将有所上升。二是节能的关键在于能源使用效率的提高，最终的目标是实现室内人工环境与自然环境的和谐统一。

1.2.1　建筑节能理念

追溯发达国家建筑节能理念的发展历程，大致经历了四个发展阶段：

第一阶段：限制建筑用能。20 世纪 60 年代末 70 年代初期，两次中东战争导致石油输出国对美国、日本等国家实行石油禁运，使发达国家经受了严重的石油危机，不得不严格限制能源的消耗。美国由白宫带头，降低其室内供暖设定温度。美国采暖、制冷及空调工程协会（ASHRAE）标准也把办公楼空调新风量由 $25.5m^3/(h \cdot p)$ 下调至 $8.525m^3/(h \cdot p)$，同时加强了建筑物的气密性。学者们开始在舒适健康与节能之间寻找新的平衡。这是全球范围内的第一次节能浪潮。

第二阶段：取消限制建筑用能。20 世纪 80 年代初期，美国人发现，20 世纪 60 年代末 70 年代初期的限制建筑用能政策带来了一系列不良影响。例如：长时间在新风量不足的办公楼工作的白领们患上建筑综合症，室内空气品质劣化等问题也凸显出来。80 年代中期，出现了智能化大楼，为第三产业的迅速发展提供了必要的条件。为保证脑力劳动者的高生产效率，智能大楼必须满足舒适、健康、安全的室内热环境。学者们在生产率与节能之间寻找新的平衡，对建筑节能的认识开始从单纯的抑制向提高能量利用率的方向发展。其后，80 年代末的环境危机再一次掀起了全球的节能热潮。

第三阶段：理性发展阶段。进入 20 世纪 90 年代，全球化气候变暖问题成为世人瞩目的焦点，引起了人们的关注和反思，人们开始研究既追求舒适与效益又节制地消耗地球资源的可持续发展理论，这理论成为许多国家的基本国策，建筑节能的发展进入到理性发展的阶段。

第四阶段：提高建筑物能源利用效率阶段。21 世纪，世界各工业发达国家的节能工作大体涵盖了能源节约、能源稳定、能源效率、减少温室排放等内容，将节能与可持续发展和环境保护紧密结合起来，建筑节能上升到前所未有的高度。建筑节能发展的目标是在保证和提高建筑舒适性要求的前提下，合理利用有限的资源，付出最小的能源代价，不断提高能源的利用效率来获取最大的经济和社会效益，以满足人类对资源日益增长的需求。具体表现为大量利用可再生能源和利用室内热环境，夏季反射阳光减少能量的侵入，冬季或夜间则减少能量损失。当经济全球化、可持续发展成为各国发展战略，减排温室气体成为环保的新热点后，节能作为最经济的减排措施，发挥着越来越大的作用。

我国的建筑节能工作从 20 世纪 80 年代初开始起步，经过多年的经验积累，总结出一套适合我国发展的建筑节能框架体系，从我国的现状出发，对南方城市和北方城市采用不同的、有针对性的建筑节能措施，从建筑材料、建筑设计、建筑施工等各个方面加强节能技术的应用，促进我国建筑节能事业的发展。一些具体措施包括：新建建筑必须执行新的建筑节能行业标准，严格执行节能标准中的强制性条文；针对一些老式居民建筑进行供热节能改造，对于政府办公建筑和老式公用建筑进行节能改造，等等。

1.2.2 建筑节能技术

建筑节能的核心是提高建筑能源使用效率，效率的提高最终将落实在技术的支撑上。从目前专业技术工种的划分来看，建筑节能的技术保障体系大致可以分为以下5个方面。

1. 建筑规划与设计节能

合理的建筑规划和设计，可以结合当地的四季气候特点，为建筑创造一个良好的风环境、水环境、光环境和洁净环境。比如朝向的选择、植被体系的选择与设计、水体和山体的合理利用等，可以为合埋适应自然环境、降低建筑能耗、提高室内人工环境的舒适度和健康水平奠定基础。

2. 建筑围护结构节能

建筑围护结构的节能措施体现在对热工参数的控制上。在建筑实体墙部分利用保温隔热技术，冬季采暖季节，降低通过围护结构向外的热损失；夏季空调季节，降低通过围护结构向外的冷损失；过渡季节，充分利用自然通风，调节室内环境。

在建筑物透明围护结构部分，主要控制的是太阳能的热流方向。通过选择合适的窗户结构及遮阳技术，在冬季采暖季节，增加太阳能向室内的渗透，阻止室内热量通过透明结构辐射到室外；在夏季空调季节，热流的控制过程与冬季恰好相反；过渡季节则根据实际情况，在上述两个过程中选择。

3. 能耗设备与系统的节能

建筑内的能耗设备与系统主要包括建筑的采暖系统、空调系统、照明系统、热水供应系统及电梯设备等。其中空调系统和照明系统在大多数的民用建筑能耗中占主导地位，成为主要的控制对象。

建筑设备与系统的节能措施目前主要集中在以下3个方面：

（1）建筑能源的梯级应用。根据建筑内用能设备和系统等级的划分，优先满足用能要求高的设备和系统，利用这些设备和系统的排出能量满足用能要求低的下游设备和系统。

（2）采用高能效的设备。通过国家政策和标准、规范的制订、执行，淘汰低能效的设备，鼓励选择使用高能效的设备，是降低建筑能耗的重要保证。

（3）能源回收技术。通过能源回收设备，将排出建筑物的一些能量进行回收再利用，是降低建筑能耗的一个重要措施。

4. 用能控制与管理

建筑内部设备与系统的设计往往是以满负荷运行为假设条件的，而这些设备和系统实际上大部分情况下是非满负荷运行的。具备专业技能的管理人员，能实现优良的系统调节与控制，可以根据不同负荷特点对有关设备和系统进行自动或人工调节，避免大马拉小车现象，降低运行能耗。

5. 综合节能技术

建筑及其设备系统是一个有机的整体，为了实现降低建筑能耗的目标，往往需要多工种的协调工作，从而产生综合性节能服务的要求。例如可再生能源利用的建筑一体化技术、多能耗系统之间的联动技术等。综合节能技术将成为未来节能工作的主流。

1.3　建筑能效评估及相关法规规范

所谓评估，是指依据某种目标、标准、技术或手段，对收到的信息，按照一定的程序，进行分析、研究，判断其效果和价值的一种活动。评估通常是对某一事物的价值或状态进行定性定量的分析说明和评价的过程。从这个意义上来讲，评估结论是对评估对象的价值或所处状态的一种意见和判断。而这种意见和判断，则是建立在对评估对象的技术可能性、经济合理性、充分、客观和科学的分析基础上，因而能给相关部门或单位提供可靠的参考依据。

建筑能效评估，也称建筑节能评估，是以建筑能耗大小或节能效果为对象的评估活动，通过对反映建筑物能源消耗量及其用能系统效率等性能指标进行检测、计算，判断其所处水平，并将这些指标和结论以信息标识的形式进行明示。按不同建筑阶段，可分为立项阶段的节能评估，设计阶段的节能评估，竣工验收阶段的节能评估，运行阶段的节能评估等。建筑节能评估是工程项目立项、节能设计、施工质量评价与验收、运行阶段节能管理及节能改造的重要依据，也是监管工程设计和各方实施建筑节能经济激励政策的基础，是推动建筑节能的有效保证，在建筑节能工程领域占有重要地位。

本书主要关注建筑竣工验收及运营阶段的能效评估，也称建筑能效测评。

1.3.1　建筑能效测评

能效测评是指对反应建筑能源消耗量及其用能系统效率的性能指标进行检测、计算，并给出其所处的水平，而建筑能效标识则是将反映建筑物用能系统效率或能源消耗量的热性能指标以信息标识的形式进行明示，其技术依据为《民用建筑能效测评标识技术导则》。

1. 测评范围

民用建筑能效测评标识技术导则中规定：该导则适用于新建居住和公共建筑以及实施节能改造后的既有建筑能效测评标识。实施节能改造前的既有建筑可参照执行。

2. 测评阶段

民用建筑能效测评标识分为建筑能效理论值标识和建筑能效实测值标识两个阶段。民用建筑能效理论值标识在建筑物竣工验收合格之后进行，建筑能效理论值标识有效期为1年。建筑能效理论值标识后，应对建筑实际能效进行为期不少于1年的现场连续实测，根据实测结果对建筑能效理论值标识进行修正，给出建筑能效实测值标识结果，有效期为5年。

目前的能效测评处于试行和逐步推行阶段，全国范围内的能效测评工作尚处于理论值测评阶段。

3. 测评内容

民用建筑能效的测评标识内容包括基础项、规定项与选择项。

（1）基础项：按照国家现行建筑节能标准的要求和方法，计算或实测得到建筑物单位面积的采暖空调耗能量。

（2）规定项：除基础项外，按照国家现行建筑节能标准要求，围护结构及采暖空调系统必须满足的项目。

（3）选择项：对高于国家现行建筑节能标准的用能系统和工艺技术给予加分的项目。

4. 理论值阶段测评要点

（1）基础项

按照国家现行建筑节能标准的要求和方法，根据建筑现状建立理论计算模型，并依据各类保温材料及外门窗热工参数的施工进场见证取样报告，输入实际的保温性能参数，计算得到建筑物的单位面积采暖空调耗能量和节能率。

（2）规定项

规定项为除基础项之外，按照国家现行建筑节能标准要求，围护结构及采暖空调系统必须满足的项目。居住建筑及公共建筑的规定项测评土要包括外窗气密性、热桥部位保温措施、门窗洞口密封方法和材料、冷热源形式、锅炉设计效率、户外燃气炉要求、冷水（热泵）机组制冷性能系数、溴化锂吸收式机组性能参数、单元式机组能效比、风机单位风量耗功率、循环水泵耗电输热比、空气调节冷热水系统最大输送能效比、室温控制设施、分户热量分摊装置、热量计量装置、水利平衡措施、检测和控制系统、照明功率密度等。能效测评规定项内容见表1－2。

表1－2　能效测评规定项

序号	内　　容	居住建筑	公共建筑
1	外窗气密性	√	√
2	热桥部位保温措施	√	√
3	门窗洞口密封	√	
4	电热采暖	√	√
5	水资源保护	√	√
6	锅炉设计效率	√	√
7	户式燃气炉热源	√	
8	冷水（热泵）机组性能系数（cop）	√	√
9	单元式空气调节及能效比	√	√
10	溴化锂吸收式冷水机组性能系数		√
11	集中采暖系统热水循环水泵的耗电输热比（EER）	√	√
12	风机单位风量耗功率		√
13	分室（户）温度控制	√	
14	输送能效比		√
15	室温调节措施		√
16	热量计量	√	√
17	水力平衡措施	√	√
18	区域供热锅炉房和热力站	√	
19	检测和控制系统		√
20	公共场所和部位的照明功率		√

（3）选择项

选择项为对高于国家现行建筑节能标准的用能系统和工艺技术给予加分的项目。居住建筑及公共建筑主要涉及的测评内容包括可再生能源的利用、能量回收技术、蓄冷蓄热技术、余热或废热利用技术、全新风或可变新风技术、变水量或变风量节能控制调节、楼宇自控系统、用能管理制度、分项和分区域计量与统计以及其他新型节能措施的应用等。能效测评选择项内容见表1-3。

表1-3 能效测评选择项

序号	内 容	居住建筑	公共建筑
1	可再生能源	√	√
2	自然通风与自然采光设计	√	√
3	蓄冷蓄热技术及新型节能空调技术		√
4	能源回收系统及空调器	√	√
5	其他新型节能措施	√	
6	生活热水或采暖		√
7	节能控制调节		√
8	变水量或变风量控制调节		√
9	自动检测及控制		√
10	用能管理制度及节能管理措施		√
11	其他新型节能措施		√

5. 实测值阶段测评要点

（1）基础项

居住建筑应进行单位建筑面积建筑总能耗实测；采用集中采暖或空调的居住建筑还应进行单位面积采暖耗热量或单位面积空调耗冷量实测。

公共建筑应进行单位建筑面积建筑总能耗、单位建筑面积采暖空调耗能量及采暖空调系统的实际运行能效的实测。

（2）规定项

居住建筑规定项测评内容包括室内采暖空调效果检测、锅炉实际运行效率检测、室外管网热损失率检测、集中采暖系统耗电输热比检测。

公共建筑规定项测评内容包括室内采暖空调效果检测、冷水机组实际运行效率检测、采暖空调系统循环水泵的实际运行效率检测、系统供回水温度的检测、空调机组和新风机组风量和输入功率的检测及冷却塔实际运行效率的检测。

（3）选择项

公共建筑选择项测评内容包括可再生能源实际应用效果的测试评估、蓄冷蓄热等新兴节能技术实际应用效果的测评、能量热回收装置的效率检测、余热或废热利用技术实际应用效果的测评、全新风或可变新风技术实际应用效果的检测、变风量或变水量节能控制调节应用效果的检测、其他新型节能措施实际应用效果的检测。

居住建筑选择项测评参照公共建筑运行实测检验选择性的要求。

6. 能效标识方法

民用建筑能效测评标识划分为五个等级。建筑能效理论值阶段的标识方法见表1-4。

表1-4　建筑能效理论值标注方法

测评结果	标　识
基础项达到节能50%~65%且规定项满足要求	★
基础项达到节能65%~75%且规定项满足要求	★★
基础项达到节能75%~85%且规定项满足要求	★★★
基础项达到节能85%以上且规定项满足要求	★★★★
若选择项所加分数超过60分（满分100分）则再加一星	

建筑能效实测值标识阶段，将基础项（实测能耗值及能效值）写入标识证书，但不改变建筑能效理论值标识等级；规定项必须满足要求，否则取消建筑能效理论值标识结果；根据选择项结果对建筑能效理论值标识等级进行调整。若建筑能效理论值标识结果被取消，委托方须重新申请民用建筑能效测评标识。

1.3.2　建筑节能政策、法规和相关标准

节能是我国经济和社会发展的一项长远战略方针，也是当前一项极为紧迫的任务。1986年1月12日，国务院批准颁布了我国第一部节能立法文件《节约能源管理暂行条例》，标志着我国节能立法工作的正式启动。此后，为推动全社会开展节能降耗、缓解能源瓶颈制约、建设节能型社会，我国逐步颁布了一系列关于建筑节能的法律法规及相关政策，从各个角度和层面为建筑节能工作的推广提供了保障。

近年来国家、住房和城乡建设部出台的部分法规、规章及有关政策文件见表1-5。

表1-5　节能管理政策法规文件

名　称	发文单位及文件编号	实施（发布）时间
《节约能源管理暂行条例》	国发［1986］4号	1986年1月12日
《中华人民共和国节约能源法》	中华人民共和国主席令第90号	1998年1月1日
《中华人民共和国节约能源法（修订）》	中华人民共和国主席令第77号	2008年4月1日
《民用建筑节能管理规定》	建设部令第76号	2000年10月1日
《民用建筑节能管理规定（修订）》	建设部令143号	2005年11月10日
《民用建筑节能管理规定》	中华人民共和国建设部令［2006］第143号	2006年1月1日
《民用建筑节能条例》	中华人民共和国国务院令［2008］第530号	2008年10月1日
《公共机构节能条例》	中华人民共和国国务院令［2008］第530号	2008年10月1日
《关于加强民用建筑工程项目建筑节能审查工作的通知》	建科［2004］174号	2004年
《关于新建居住建筑严格执行节能设计标准的通知》	建科［2005］55号	2005年
国务院《关于做好建设节约型社会近期重点工作的通知》	国发［2005］21号	2005年

续表

名　　称	发文单位及文件编号	实施（发布）时间
国务院《关于加强节能工作的决定》	国发［2006］28号	2006年
《可再生能源建筑应用专项资金暂行办法》	财建［2006］460号	2006年
国务院办公厅《关于严格执行公共建筑空调温度控制标准的通知》	国发办［2007］42号	2007年
《关于加强大型公共建筑工程建设管理的若干意见》	建质［2007］1号	2007年
《关于加强国家机关办公建筑和大型公共建筑节能管理工作的实施意见》	建科［2007］245号	2007年
《国家机关办公建筑和大型公共建筑节能专项资金管理暂行办法》	财建［2007］558号	2007年
《关于推进北方采暖地区既有建筑供热计量及节能改造工作的实施意见》	建科［2008］95号	2008年
国务院办公厅转发发展改革委等部门《关于加快推行合同能源管理促进节能服务产业发展意见的通知》	国发办［2010］558号	2010年
财政部、住房和城乡建设部《关于进一步推进可再生能源建筑应用的通知》	财建［2011］61号	2011年

建筑节能标准化是建筑节能的技术基础。我国的建筑节能标准化工作从上世纪80年代开始起步，至今已经初步形成一个独立体系，融合了各专业技术，涵盖建筑的设计、施工、运行、检测、评价以及既有建筑改造各个环节，基本实现了对民用建筑的全面覆盖。表1-6～表1-8列出了在建筑各环节上的国家建筑节能相关标准规范。

表1-6　建筑节能相关设计标准

标准名称	编　　号
《严寒和寒冷地区居住建筑节能设计标准》	JGJ 26—2010
《夏热冬冷地区居住建筑节能设计标准》	JGJ 134—2010
《夏热冬暖地区居住建筑节能设计标准》	JGJ 75—2012
《公共建筑节能设计标准》	GB 50189—2005

表1-7　建筑节能施工验收、检测、评估相关标准

标准类别	标准名称	标注编号
施工验收	《建筑节能工程施工质量验收规范》	GB 50411—2007
节能检测	《居住建筑节能检测标准》	JGJ/T 132—2009
	《公共建筑节能检测标准》	JGJ/T 177—2009

续表

标准类别	标准名称	标注编号
节能评估	《绿色建筑评价标准》	GB/T 50378—2006
	《建筑工程绿色施工评价标准》	GB/T 50640—2010
	《节能建筑评价标准》	GB/T 50668—2011
	《民用建筑能效测评标识技术导则》（试行）	—
运行节能	《空调通风系统运行管理规范》	GB 50365—2005
	《空气调节系统经济运行》	GB/T 17981—2007
既有建筑节能改造	《既有供暖居住建筑节能改造技术规程》	JGJ/T 129—2012
	《公共建筑节能改造技术规范》	JGJ 176—2009

表 1-8　建筑节能相关专项标准

标准类别	标准名称	标注编号
建筑保温	《民用建筑热工设计规范》	GB 50176—93
	《外墙外保温工程技术规程》	JGJ 144—2004
	《外墙内保温板》	JG/T 159—2004
	《膨胀聚苯板薄抹灰外墙外保温系统》	JG 149—2003
	《胶粉聚苯颗粒外墙外保温系统》	JG 158—2004
	《混凝土小型空心砌块建筑技术规程》	JGJ/T 14—2011
建筑门窗、幕墙	《建筑外门窗保温性能分级及检测方法》	GB/T 8484—2008
	《建筑外门窗气密、水密、抗风压性能分级及检测方法》	GB/T 7106—2008
	《建筑外窗气密、水密、抗风压性能现场检测方法》	JG/T 211—2007
	《建筑幕墙》	GB/T 21068—2007
	《外墙外保温工程技术规程》	JGJ 144—2004
	《建筑门窗玻璃幕墙热工计算规程》	JGJ/T 151—2008
暖通空调	《地面辐射供暖技术规程》	JGJ 142—2013
	《蓄冷空调工程技术规程》	JGJ 158—2008
	《供热计量技术规程》	JGJ 173—2009
	《多联机空调系统工程技术规程》	JGJ 174—2010
	《燃气冷热电三联供工程技术规程》	CJJ 145—2010
	《设备及管道绝热设计导则》	GB/T 8175—2008
	《采暖通风与空气调节设计规范》	GB 50019—2003
	《组合式空调机组》	GB/T 14294—2008
	《通风与空调工程施工质量验收规范》	GB 50243—2002
	《冷水机组能效限定值及能源效率等级》	GB 19577—2004

续表

标准类别	标准名称	标注编号
	《风机盘管机组》	GB/T 19232—2003
可再生能源应用	《民用建筑太阳能热水系统应用技术规范》	GB 50364—2005
	《民用建筑太阳能热水系统评价标准》	GB/T 50604—2010
	《家用太阳热水系统热性能试验方法》	GB/T 18708—2002
	《地源热泵系统工程技术规范》	GB 50366—2005
	《被动式太阳房热工技术条件和测试方法》	GB/T 15405—2006
	《太阳能供热采暖工程技术规范》	GB 50495—2009
	《民用建筑太阳能光伏系统应用技术规范》	JGJ 203—2010
用能设备与产品	《冷水机组能效限定值及能源效率等级》	GB 19577—2004
	《单元式空气调节机能效限定值及能源效率等级》	GB 19576—2004
	《多联式空调（热泵）机组能效限定值及能源效率等级》	GB 21454—2008
	《转速可控型房间空气调节器能效限定值及能源效率等级》	GB 21455—2008
	《水源热泵机组》	GB/T 19409—2003
	《真空管型太阳能集热器》	GB/T 17581—2007
	《地源热泵系统工程技术规范》	GB 50366—2005
	《太阳能供热采暖工程技术规范》	GB 50495—2009
建筑采光照明	《建筑采光设计标准》	GB/T 50033—2013
	《建筑照明设计标准》	GB 50034—2004
	《照明测量方法》	GB/T 5700—2008
	《延时节能照明开关通用技术条件》	JG/T 7—1999
建筑能耗	《民用建筑能耗数据采集标准》	JGJ/T 154—2007

思 考 题

1. 何为建筑的运行能耗？影响建筑能耗的因素有哪些？
2. 我国建筑能耗一般分为哪几类？公共建筑能耗的特点是什么？
3. 建筑节能理念经历了几个阶段，分别是什么？
4. 建筑能效评估的定义。
5. 建筑能效测评的定义。
6. 何为建筑能效标识，民用建筑能效的测评标识内容包括哪几项？
7. 民用建筑能效测评标识分为几个等级。建筑能效测评标识为3星的具体要求有哪些？

第 2 章　围护结构节能评估

围护结构是指围合建筑空间四周的墙体、门、窗等构成建筑空间，抵御环境不利影响的构件（也包括某些配件）。围护结构一般可分透明围护结构和不透明围护结构两部分。不透明围护结构主要指墙、屋顶和楼板等；透明围护结构主要有窗户、天窗和阳台门等。按是否同室外空气接触，围护结构又可分为外围护结构和内围护结构。外围护结构是指同室外空气直接接触的围护结构，如外墙、屋顶、外门和外窗等；内围护结构是指不同室外空气直接接触的围护结构，如隔墙、楼板、内门和内窗等。围护结构具有保温、隔热、隔声、防水防潮、耐火和耐久等性能。

围护结构节能就是通过改善建筑物围护结构的热工性能，在夏季减少室外热量传入室内，在冬季减少室内热量的流失，使建筑物室内温度尽可能满足舒适温度，以减少采暖、制冷设备的负荷，最终达到节能的目的。

2.1　围护结构节能技术

2.1.1　墙体节能技术

建筑外墙往往占全部围护结构面积的 60% 以上，其热工性能是影响夏、冬季室内热环境和采暖、空调能耗大小的重要因素。墙体的热工性能主要体现在保温性能和隔热性能两个方面。

墙体的保温性能通常是指在冬季室内外条件下，墙体阻止室内向室外传热，从而使室内保持适当温度的能力。保温反映的是冬季由室内向室外的传热过程，一般按稳定传热考虑，其评价指标通常是用传热系数 K 或传热阻 R_0 表示。对墙体而言，提高其保温性能主要有两个途径：一是通过与高效保温材料复合，形成复合保温墙体，达到规定的节能指标；二是直接采用具有较高热阻和热惰性的墙体材料，即自保温墙体，满足规定的节能指标。

墙体的隔热性能通常是指在夏季自然通风情况下，围护结构在室外综合温度（由室外空气和太阳辐射合成）和室内空气温度波动作用下，其内表面保持较低温度的能力。隔热是针对夏季由室外向室内的非稳态传热过程而言，通常以 24h 为周期的波动传热来考虑。其原理是升温隔热和反射隔热，一般用夏季室外和室内计算条件下，围护结构内表面最高温度来衡量。提高墙体的隔热性能主要有三个途径：一是利用墙体保温技术达到隔热之目的，尤其是外墙外保温系统具有良好的隔热效果；二是利用热反射类隔热涂料等降低墙体外表面对太阳能辐射热的吸收率，从而降低墙体外表面温度，如利用铝箔、浅色涂层或面砖等；三是将外墙做成空心夹层墙，利用空气间层实现隔热的目的，但这种方法由于对得房率影响较大而应用较少。

保温墙体一般都具有一定的隔热效果。对于复合保温墙体而言，如果保温材料及主体结构一定，无论采取怎样的保温构造形式，热阻值都是相同的，即保温性能不变。而隔热性能则不同，当保温材料布置顺序不同时，对围护结构内表面温度的影响是不同的。

墙体保温技术能兼顾保温与隔热，是实现墙体节能的最主要的途径。因此，本章的内容也是以墙体（主要是外墙）保温材料和技术体系为重点。

外墙保温节能主要是通过墙体保温材料及保温系统的选择来实现。外墙保温系统可分为自保温和复合保温两类。墙体自保温系统是指直接采用节能型墙体材料及配套专用砂浆使墙体热工性能等物理性能指标符合相应标准的系统；而墙体复合保温系统是指通过墙体基层材料与保温绝热材料复合形成的热工性能等物理性能指标符合相应标准的系统。复合保温又可根据保温材料与基层墙体的复合方式，分为外保温、内保温和内外混合保温三类。

1. 保温材料

复合保温墙体是靠复合高效保温材料提高其阻抗热流传递的能力，以实现节能目标，因此，保温材料必须具有较小的导热系数。导热系数是指在稳定传热条件下，1m 厚的材料，两侧表面的温差为1(K,℃)时，在单位时间及单位面积下传递的热量，用 λ 表示，单位为W/(m·K)。

材料的导热系数与其自身的成分、表观密度、内部结构以及传热时的平均温度和材料的含水量有关。一般来说，表观密度越小，导热系数越小。一般将导热系数小于或等于0.2W/(m·K)的材料称为保温材料。在材料成分、表观密度、平均温度、含水量等完全相同的条件下，多孔材料单位体积中气孔数量越多，导热系数越小；松散颗粒材料的导热系数随单位体积中颗粒数量的增多而减小；松散纤维材料的导热系数随纤维截面的减小而减小。当材料的成分、表观密度、结构等条件完全相同时，多孔材料的导热系数随平均温度和含水量的增大而增大。绝大多数建筑材料的导热系数介于0.023~3.49W/(m·K)之间。

除导热系数外，保温材料的热工性能还可用热阻或传热系数来表征。热阻是表征围护结构本身或其中某层材料阻抗传热能力的物理量。在稳态状态下，与热流方向垂直的物体两表面温度差除以热流密度即为热阻，用 R 表示，单位是 $m^2 \cdot K/W$，如式(2-1)所示。

$$R = \frac{T_1 - T_2}{q} \tag{2-1}$$

式中　R——热阻，$(m^2 \cdot K)/W$；

T_1、T_2——物体两表面温度；

q——热流密度 W/m^2，$q = \frac{d\Phi}{dA}$，其中 Φ 为热流量，A 为面积。

单一材料层的热阻等于材料层厚度除以材料的导热系数，如式(2-2)所示。

$$R = \frac{\delta}{\lambda} \tag{2-2}$$

式中　δ——材料层厚度，m。

多层材料的热阻等于各层热阻之和，如式(2-3)所示。

$$R = R_1 + R_2 + \cdots + R_n \tag{2-3}$$

围护结构传热阻由两部分组成，即围护结构本身的热阻和表面换热阻。表面换热阻是表征围护结构两侧表面空气边界层阻抗传热能力的物理量，在内表面，称为内表面换热阻

(R_i)，在外表面，称为外表面换热阻(R_e)。围护结构的传热阻即为其内外表面换热阻与本身热阻之和，如式(2-4)所示。

$$R_0 = R_i + R + R_e \tag{2-4}$$

式中　R_i——内表面换热阻，取0.11$m^2 \cdot K/W$；

　　R_e——外表面换热阻，可近似取0.04$m^2 \cdot K/W$或0.05$m^2 \cdot K/W$夏季状况。

传热系数是指在稳态条件下，多层材料或围护结构两侧表面的温差为1(K,℃)时，在1h内通过1m^2面积传递的热量，用K表示，单位为$W/(m^2 \cdot K)$。传热系数是热阻的倒数。

此外，保温材料的热工性能指标通常还有蓄热系数和热惰性指标。蓄热系数是指当某一足够厚度的单一材料层一侧受到谐波热作用时，通过表面的热流波幅与表面温度波幅的比值，用S表示，单位为$W/(m^2 \cdot K)$，其值越大，材料的热稳定性越好。而围护结构热惰性指标是表征围护结构对温度波衰减快慢程度的无量纲指标，单一材料围护结构热惰性指标$D = R \cdot S$，多层材料围护结构热惰性指标$D = \sum R \cdot S$，式中R、S分别为围护结构材料层的热阻和蓄热系数。D值越大，温度波在其中的衰减越快，围护结构的热稳定性越好。

目前常用的建筑墙体保温材料按材质分主要有无机保温材料、有机保温材料和金属材料三类；按制成的保温制品的形态分主要有板状、浆料状（粉末状）、层状等，见表2-1。

表2-1　常用墙体保温材料分类

按材质分	无机	多孔状	改性膨胀珍珠岩、膨胀蛭石、泡沫玻璃、泡沫石棉、泡沫水泥、微孔硅酸钙
		纤维状	岩棉、矿渣棉、玻璃棉
	有机	多孔状	膨胀聚苯乙烯泡沫塑料、挤塑聚苯乙烯泡沫塑料、硬质聚氨酯泡沫塑料、酚醛树脂泡沫塑料、泡沫橡胶、泡沫橡塑
	金属	层状	铝箔（要与结构层形成封闭式空腔）
按制品形态分	板状	有机	EPS板、XPS板、硬质聚氨酯泡沫塑料板、酚醛板
		无机	岩棉板、矿渣棉板、玻璃棉板、泡沫玻璃板
	浆料状	有机	胶粉聚苯颗粒保温浆料
		无机	改性膨胀珍珠岩保温砂浆、膨胀蛭石保温砂浆、玻化微珠保温砂浆、复合无机保温砂浆
	层状	金属	铝箔（要与结构层形成封闭式空腔）

部分常用保温材料的性能指标见表2-2。

表2-2　保温材料性能参数

项目＼材料	EPS		XPS	硬质聚氨酯泡沫塑料	胶粉颗粒保温浆料	水泥基保温浆料	泡沫玻璃保温板	岩(矿)棉板
	涂料饰面	面砖饰面						
表观密度(kg/m^3)	18~22	22~30	25~38	≥35	180~250	≤450(≤700)	≤180	≤300
导热系数[$W/(m \cdot K)$]	≤0.039	≤0.039	≤0.035	≤0.024	≤0.060	≤0.080(≤0.10)	≤0.06	≤0.044
压缩强度(MPa)	—	—	≥0.20	≥0.15	≥0.20	≥0.20(≥2.50)	≥0.50	—

续表

材料 项目	EPS		XPS	硬质聚氨酯泡沫塑料	胶粉颗粒保温浆料	水泥基保温浆料	泡沫玻璃保温板	岩（矿）棉板
	涂料饰面	面砖饰面						
抗拉强度（MPa）*	≥0.10	≥0.15	≥0.20	≥0.10	—	≥0.10	—	0.0075
尺寸稳定性（%）	≤0.5	≤0.5	≤1.2	≤1.5	—	—	—	≤1.0
水蒸气透湿系数（ng/Pa·m·s）	≤4.5	≤4.5	≤3.5	≤6.50	—	—	≤0.05	—
吸水率（v/v）（%）	≤4.0	≤4.0	≤2.0	≤3.0	—	—	≤0.5	≤1.0
线性收缩率（%）	—		—	—	≤0.3	≤0.3	—	—
软化系数	—		—	—	≥0.5	≥0.5	—	—
燃烧性能	不低于E级	不低于E级	不低于E级	不低于E级	B级	A1级	A1级	A1级

* 抗拉强度指垂直于板面方向的抗拉强度。

2. 外保温系统

与墙体内保温相比，外保温对柱、梁等“热桥”部位的处理对保温效果更佳，可减少热桥产生，并可避免内表面结露；对墙体能起到很好的隔热作用，使墙体不会升温过快，内表面温度降低，增加室内的舒适度；能保护主体结构，延长建筑物寿命；便于对旧建筑物进行节能改造，有利于加快施工进度等。以上优势使得外保温成为目前大力推广的一种建筑保温节能技术。

（1）外挂式外保温

外挂的保温材料有岩（矿）棉、玻璃棉毡、聚苯乙烯泡沫板（简称聚苯板、EPS、XPS）、陶粒混凝土复合聚苯仿石装饰保温板、钢丝网架夹芯墙板等。其中聚苯板因其优良的物理性能和廉价的成本，已经在全世界范围内的外墙保温外挂技术中被广泛应用。该外挂技术是采用粘结砂浆或者是专用的固定件将保温材料贴、挂在外墙上，然后抹抗裂砂浆，压入玻璃纤维网格布形成保护层，最后加做装饰面。还有一种做法是用专用的固定件将不易吸水的各种保温板固定在外墙上，然后将铝板、天然石材、彩色玻璃等外挂在预先制作的龙骨上，直接形成装饰面。相对而言，外挂式外保温系统存在安装费时、施工难度大、待主体验收完后才可以进行施工、高层施工时施工人员的安全不易得到保障等缺点。

（2）聚苯板与墙体一次成型

聚苯板与墙体一次成型技术是在混凝土框—剪体系中将聚苯板内置于建筑模板内，即将浇筑的墙体外侧，然后浇筑混凝土，混凝土与聚苯板一次浇筑成型为复合墙体。该技术解决了外挂式外保温的主要问题，其优势是明显的。由于外墙主体与保温层一次施工，工效提高，工期大大缩短，且施工人员的安全性得到了保证；而且在冬期施工时，聚苯板起保温的作用，可减少外围围护保温措施。但在浇筑混凝土时要注意均匀、连续浇筑，否则由于混凝土侧压力的影响会造成聚苯板在拆模后出现变形和错茬，影响后续施工。

（3）保温砂浆外保温

保温砂浆是以各种轻质材料为骨料，以水泥为胶凝料，掺和一些改性添加剂，经生产企业搅拌混合而制成的一种预拌干粉砂浆。目前市面上的保温砂浆主要包括无机保温砂浆（如玻化微珠防火保温砂浆、珍珠岩保温砂浆等）和有机保温砂浆（如胶粉聚苯颗粒保温砂浆等）两类。该系统施工技术简便，可以减少劳动强度，提高工作效率；不受结构质量差异的影响，对有缺陷的墙体施工时墙面不需修补找平，直接用保温料浆找补即可，避免了其他保温系统中因找平抹灰过厚而脱落的现象。同时，与其他外保温系统相比，在达到同样保温效果的情况下，其成本较低，可降低房屋建筑造价。

3. 内保温系统

外墙内保温做法是将保温层做在墙体靠室内的一侧。外墙内保温系统的优点有：对饰面和保温材料的防水、耐候性等技术指标的要求不高，纸面石膏板、石膏抹面砂浆等均可满足使用要求，取材方便；内保温材料被楼板所分隔，仅在一个层高范围内施工，不需搭设脚手架；对于既有建筑的节能改造，特别是整栋楼或整个小区统一改造有困难时，采用内保温系统更为可行。此外，采用内保温系统的建筑室内温度调节较快，特别适用于电影院、体育馆等间歇性使用的建筑。因此，近年来，外墙内保温技术也得到了较大的发展。外墙内保温系统的缺点主要有：圈梁、楼板、构造柱等热桥部位的热损失较大；不便于用户二次装修和吊挂饰物；占用室内使用空间；对既有建筑进行节能改造时，对居民的日常生活干扰较大；墙体受室外气候影响大，昼夜温差和冬夏温差大，容易造成墙体开裂等。

4. 内外组合保温系统

内外混合保温是指在外保温施工操作方便的部位采用外保温，外保温施工操作不方便的部位做内保温，从而对建筑物进行保温的一种施工方法。从施工操作上看，混合保温可以提高施工速度，对外墙内保温不能保护到的内墙、板同外墙交接处的冷（热）桥部分进行有效的保护。然而，局部外保温、局部内保温混合使用的保温方式，使整个建筑物外墙主体的不同部位产生不同的形变速度和形变尺寸，建筑结构处于不稳定的环境中，常年温差结构形变易产生裂缝，从而缩短整个建筑的寿命。

2.1.2 屋面节能技术

从冬季保温角度来说，热气流向上运动，而冷气流则向下运动，屋面是阻止热气流散出室外的一道重要屏障；在夏季，屋面被太阳照射受太阳方位的影响不大，日照时间较墙体长，太阳辐射热导致屋面温度升高，顶层住户需要消耗更多的空调负荷。因此，提高屋面的保温隔热性能，也是降低建筑运行能耗，改善室内热环境的一个重要措施。同时，提高屋面热工性能对建筑整体造价影响不大，节能效益却很明显。

屋面保温可采用板状材料或整体现喷保温层，屋面保温材料的选择和施工应根据建筑物的使用要求、屋面的结构形式、环境气候条件、防水处理方法和施工条件等因素综合考虑。屋面保温材料应具有吸水率低、表观密度和导热系数小的特性，同时还应具有一定的强度。目前常用的屋面保温材料有泡沫玻璃、加气混凝土及泡沫塑料等。

屋面隔热一般可采用架空、蓄水、种植等措施。架空通风屋面是在屋顶架设通风间层，一方面利用通风间层的外层拦截直接照射到屋顶的太阳辐射热，另一方面利用风压和热压的作用，将遮阳板与空气接触的上下两个表面所吸收的太阳辐射热转移到空气随风带走，从而提高屋盖的隔热能力，减少室外热作用对内表面的影响。架空通风屋面在我国夏热冬冷地区应用广泛，尤其是在气候炎热多雨的夏季，这种屋面构造形式更显示出的优越性。其典型构造如图 2－1 所示。

蓄水屋面就是在刚性防水屋面上蓄一层水，利用水蒸发时带走水层中的热量，降低屋面吸收的太阳辐射热，图 2－2 为典型的蓄水屋面的构造及热传导示意图。在相同的条件下，蓄水屋面比非蓄水屋面使屋顶内表面的温度输出和热流响应要降低得更多，且受室外扰动的干扰较小，具有很好的隔热和节能效果。另外，由于在屋面上蓄上一定厚度的水，增大了整个屋面的热阻和温度的衰减倍数，从而降低了屋面内表面的最高温度。实测数据表明，深蓄水屋面的顶层住户，夏天室内温度比采用普通屋面的情况可低 2～5℃。

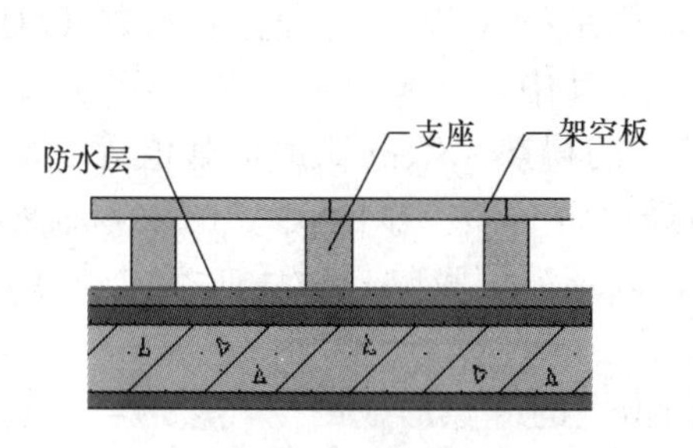

图 2－1　架空通风屋面示意图

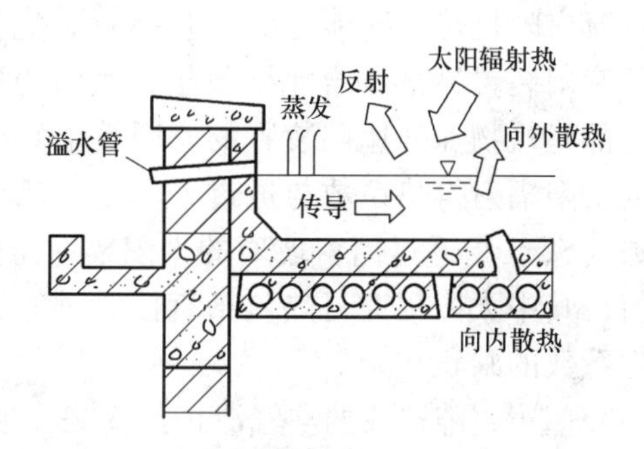

图 2－2　蓄水屋面构造及热传导示意图

种植屋面是在屋顶种植花卉、草皮等植物，在遮挡太阳辐射热的同时还通过植物的光合作用、蒸腾作用和呼吸作用，将照射到屋顶的太阳辐射能转化为植物的生物能量和空气的有益成分，来达到降温隔热的目的。城市建筑实行屋面绿化，还可增加城市绿地面积、美化城市、改善城市气候环境。

此外，近年来，国内外还涌现了一些节能屋面形式，如：太阳能屋面、绝热反射膜屋面、屋面隔热降温涂料和节能屋面瓦等。

2.1.3　门窗节能技术

从建筑节能的角度看，一方面，建筑外门窗是热量流失大的构件，在建筑围护结构的四大部件（门窗、墙体、屋面、地面）中，门窗的保温、隔热性能是最差的，通过门窗损失的热量最大（通过门窗的能量损失约占建筑围护部件总能耗的 40%～50%）；另一方面，门窗也是得热的构件，也就是太阳热能通过门窗传入室内。因此，门窗是影响室内热环境质量和建筑节能的重要因素，是建筑围护结构节能设计中的重要环节。此外，门窗还担负着通风、装饰、隔声、防火等多项功能。门窗节能相对于其他围护部件而言，涉及的问题更为复杂，在技术处理上难度也更大。应根据不同地区的建筑气候条件、功能要求以及其他环境、经济等因素，来选择适当的外门窗材料、窗型和相应的节能技术，因地制宜地选择节能措施，发挥节能的效果。

1. 门窗能量损失的主要方式

（1）通过门窗框扇材料及玻璃传导的热损失。与墙体等非透明围护结构一样，门窗框扇材料及玻璃都是热的导体，当其内外两侧存在温差时，就会从高温端向低温端导热，导热的快慢与传热系数（由材料本身的导热系数及构造形式等因素决定）和传热面积有关。一般情况下，虽然门窗框扇的导热面积不大，但其传热系数较大，所以通过它的热损失仍为整个窗户热损失的一大部分，即门窗的传热系数是该热损失的主要影响因素。

（2）门窗框扇与玻璃的热辐射损失。一方面，部分太阳辐射直接通过透明玻璃进入室内，造成室内温度上升。另一方面，当室内外存在温差时，门窗框扇材料及玻璃就会从高温侧吸热，积蓄热量后部分热量会以辐射的形式向低温侧传递，从而造成热损失。由于玻璃的面积较大，所以这部分热量传递也是以玻璃为主。外窗综合遮阳系数（SG）是评价窗户阻抗热辐射能力的定量指标，它是外窗本身的遮阳效果和窗外部（包括建筑物和外遮阳装置）的综合遮阳效果，其值为外窗遮阳系数（SW）与外遮阳系数（SD，指外窗外部建筑物和外遮阳装置的遮阳效果）的乘积。其中，外窗遮阳系数（SW）是透过窗户的太阳辐射得热系数与透过3mm厚透明白玻璃的得热系数的比值，其值等于玻璃遮阳系数（SC，指透过门窗玻璃的太阳辐射得热与透过3mm透明门窗玻璃的太阳辐射得热的比值，其中太阳辐射得热包括直接透过的日射，以及门窗吸收日射后向室内的再放热）与窗框系数的乘积。

（3）门窗缝隙造成的空气渗透热损失。通过门窗上的缝隙形成的空气渗透会引起得热损失。门窗在关闭状态下阻止空气渗透的能力称为门窗的气密性，《建筑外门窗气密、水密、抗风压性能分级及检测方法》（GB/T 7106—2008）中依据门窗的单位缝长空气渗透量和单位面积空气渗透量将其气密性分为8级，级别越高表示其气密性能越好。

2. 提高门窗节能性能的途径

通过对门窗能量损失方式的分析可以看出，影响门窗节能性能的主要参数有气密性、传热系数、遮阳系数、可见光透射比等。要提高门窗的节能性能，必须从以下五个方面入手（以窗为例），即窗型、窗框、玻璃、五金件及密封材料。

（1）窗型

窗型是指窗的开启方式，目前常见的窗型为固定窗、平开窗、推拉窗。不同窗型的节能效果有所不同。固定窗窗框嵌在墙内，玻璃直接固顶在窗框上，玻璃和窗框之间用密封胶封堵，窗体气密性好，节能效果佳，但是牺牲了通气交换的功能；平开窗窗框和窗扇之间通常采用密封材料封堵，窗扇之间有启口，窗户关上后密封效果好，节能效果较好；推拉窗窗框下设有滑轨，窗框与窗扇之间有较大空隙，气密性最差，节能效果差。

（2）窗框

窗框材料通常用木材、钢材、铝合金型材和塑料型材（PVC、UPVC型材）等，几种常见窗框材料的传热系数和导热系数见表2－3。

表 2－3　不同窗型材的传热系数和导热系数

型材	60 系列木窗型材	普通铝窗型材	断热铝窗型材	塑料窗型材（1 腔）	塑料窗型材（3 腔）
传热系数［W/(m²·K)］	1.5	5.5	3.4	2.4	1.7
导热系数［W/(m·K)］	0.14	2.03	2.03	0.16	0.16

从表 2－3 中可以看出，木窗型材和塑料窗型材的传热系数小；型腔越多，型材的传热系数越小，保温性能越好，这是由于型材内的多道腔壁对通过的热流能起到多重阻隔作用，腔内传热相应被削弱，特别是辐射传热强度随腔体数量的增加而减少，从而降低窗框的传热系数。表中木窗型材导热系数最小，但是由于木材产量有限，且容易被腐蚀，易变形，防火性能又不佳，其使用受到限制。塑料窗型导热系数略大于木窗型材，但是塑料型材的刚性比较差，通常情况下，塑料窗框的外形尺寸和壁厚都比铝型材的大；而且要在其型材空腔内添加钢衬，以满足窗的抗风压强度和安装五金附件的需要，尽管如此，其抗风压强度和水密性仍比铝窗要低；此外，塑料窗还有不耐燃烧、光、热老化，受热变形、遇冷变脆等问题，因此，塑料型材不适合制作大窗户，尤其不能做玻璃幕墙。铝合金具有强度高、刚性好、重量轻的特点，制作的窗框轻巧挺拔，其框扇构件遮光面积一般占窗总面积的 15% 左右，与塑料型材相比，大大减少了对光线的遮挡；但铝合金传热性好，导热系数大，不利于窗户的保温，即使采用多腔结构，保温性能的提高也并不理想。综合来看，断热铝材节能效果比较好，使用比较广，它不仅保留了铝型材的优点，同时也大大降低了铝型材传热系数；断热铝材是在铝合金型材断面中使用热桥（冷桥）技术使型材分为内、外两部，目前有两种工艺：一种是注胶式断热技术（即浇注切桥技术）；另一种是断热条嵌入技术，就是采用由聚酰胺 66 加 25% 玻璃纤维（PA66GF25）合成断热条与铝合金型材，在外力挤压下嵌合组成断热铝型材。这种型材有着很高的强度，能够长时间承受高拉伸应力和高剪切应力，而且有很好的机械性能和隔热效果。

（3）玻璃

窗体散热面积最大的是玻璃，一般占窗面积的 70% ~90%，因此，玻璃对窗的节能性能影响最大。普通白板玻璃有着良好的透视、透光性能，5mm 厚的净片玻璃的可见光透射比为 84%，对太阳光中近红外热射线的透过率较高，但对可见光折射到室内墙顶地面和家具、织物而反射产生的远红外长波热射线却有效阻挡，故可产生明显的“暖房效应”。但净片玻璃对太阳光中紫外线的透过率较低，因此单层普通玻璃是不能达到良好的保温节能效果的。在现代建筑市场中玻璃种类较多，大多是以普通白板玻璃为基片加工成不同性能要求的玻璃，不同种类玻璃的透光率、折射率、遮阳系数、传热系数等物理性能也有较大的差别，为了降低玻璃导热性并提高遮阳性，目前常用的加工处理方法主要有中空玻璃和镀膜玻璃两种。

中空玻璃是用两片（或三片）玻璃，使用高强度高气密性复合粘结剂，将玻璃片与内含干燥剂的铝合金框架粘结并将周边粘结密封，使玻璃层间形成有干燥气体空间的玻璃制品，具有良好的保温隔热、隔声效果和防结露的作用。此种玻璃结构加工工艺简单，加工周期短，成本较低且安装方便，目前市场中应用比较广泛，有良好的节能效果。

镀膜玻璃也称反射玻璃，是在玻璃表面涂镀一层或多层金属、合金或金属化合物薄膜，以改变玻璃的光学性能，满足某种特定要求。镀膜玻璃按产品的不同特性，可分为热反射玻璃、低辐射 Low - E 玻璃、导电膜玻璃等。建筑门窗中常用的有热反射玻璃和低辐射Low - E玻璃。热反射玻璃一般是在透明玻璃表面镀一层或多层诸如铬、钛或不锈钢等金属或其化合物组成的薄膜，这样不仅使产品呈丰富的色彩，而且对于可见光有适当的透射率，对红外线有较高的反射率，对紫外线有较高吸收率，所以此种玻璃也称为阳光控制玻璃。低辐射玻璃是在玻璃表面镀由多层银、铜或锡等金属或其化合物组成的薄膜系，产品对可见光有较高的透射率，对红外线有很高的反射率，具有良好的隔热性能，先前主要用于汽车、船舶等交通工具，近年来也大量的用于建筑门窗和幕墙。由于膜层强度较差，一般都制成中空玻璃使用。

（4）五金件及密封材料

五金件和密封材料往往使门窗产生热桥或冷桥，是门窗保温隔热的薄弱环节。提高五金件保温隔热性能的措施有两种：一是通过构造做法避免冷桥和热桥，二是降低五金件材料本身的传热系数，同时选用传热系数较小的密封材料。

2.1.4 幕墙节能技术

幕墙是一种悬挂在建筑物结构框架外面的外墙围护构件，它由面板与支承结构体系（支承装置与支承结构）组成的，它的自重和所受风荷载通过锚接点传至建筑物结构框架上，可相对主体有一定位移能力或自身有一定变形能力。

幕墙可以分为透明幕墙和非透明幕墙。透明幕墙是指可见光可直接透射入室内的幕墙；非透明幕墙是指不具备自然采光、视觉通透特性的建筑幕墙，主要指非透明面板材料（金属板、石材等）组成的幕墙和玻璃幕墙有后置墙体或保温隔热层的幕墙，一般位于楼板（楼板梁）、柱、剪力墙等部位。幕墙也有其他分类方式，按密闭形式，幕墙可以分为封闭式和开放式；按主要支承结构形式，幕墙可以分为构件式、单元式、点支承、全玻和双层；按面板材料，幕墙可以分为玻璃幕墙、石材幕墙、人造板材幕墙和组合面板幕墙等。其中，玻璃幕墙外观简洁、通透，富有现代感，能体现企业的实力和形象，在高层办公、写字楼、商务酒店建筑中的风靡程度有增无减，几乎成为世界各大城市高层建筑立面的一致选择。幕墙可以减少传统混凝土外墙大量的钢筋、混凝土使用量，对于减少高耗能建材使用所达到的节约能源、资源有很大的帮助；但幕墙作为建筑外围护结构，其保温、隔热性能均远不及传统墙体，是传统墙体热损失的5~6倍，幕墙的能耗约占整个建筑能耗的40%左右，故幕墙节能在公共建筑节能设计中有极其重要的地位。

1. 幕墙能量损失方式

幕墙（尤其是透明幕墙）保温隔热性能较差，是影响建筑节能的重要因素之一。特别是近年来随着建筑墙体材料的革新，墙体能耗大为降低，从而使幕墙能耗在围护结构总能耗中所占比重越来越大。不同类型幕墙的热传递方式见表2-4。

表2-4 不同类型幕墙的热传递方式

幕墙类别		热传递的主要途径和影响因素
透明幕墙	明框玻璃幕墙	（1）玻璃与铝合金框全部参与传热，玻璃面积大，故玻璃热工性能占主导地位； （2）玻璃接收和传递太阳辐射热； （3）幕墙板块间及周边缝隙形成空气渗透进行热交换

续表

幕墙类别		热传递的主要途径和影响因素
透明幕墙	全隐框玻璃幕墙	（1）主要是玻璃参与室内外传热，玻璃的热工性能占决定地位； （2）玻璃接收和传递太阳辐射热； （3）幕墙板块间及周边缝隙形成空气渗透进行热交换
	半隐框玻璃幕墙	（1）玻璃与外露铝合金框都参与传热，玻璃面积大，故玻璃热工性能占主导地位； （2）玻璃接收和传递太阳辐射热； （3）幕墙板块间及周边缝隙形成空气渗透进行热交换
	全玻璃幕墙	（1）主要是玻璃参与室内外传热，玻璃的热工性能占决定地位； （2）玻璃接收和传递太阳辐射热； （3）幕墙板块间及周边缝隙形成空气渗透进行热交换
	点支式玻璃幕墙	（1）玻璃及金属爪件都参与传热，玻璃面积远远大于爪件面积，故玻璃热工性能占主导地位； （2）玻璃接收和传递太阳辐射热； （3）幕墙板块间及周边缝隙形成空气渗透进行热交换
非透明幕墙	石材幕墙	非透明幕墙的后面一般都有实体墙，因此只要在幕墙和实体墙之间做保温层即可。保温层一般采用保温棉或保温板，通常只要厚度满足设计要求即可达到良好的保温效果
	金属幕墙	

从耗能角度看，透明幕墙的特点与外门窗基本类似，目前有关热工规范和节能标准对透明幕墙也是采用传热系数、遮阳系数、可见光透射率和气密性等表征其热工性能；而非透明幕墙则与墙体的特点相近，一般采用传热系数表征其热工性能。建筑幕墙的节能主要是指通过产品的材料选用、体系设计等措施，使建筑物在使用过程中，以尽量少的能量消耗而获得理想的温度环境和光线环境。

2. 透明幕墙

1）建筑幕墙节能材料的选择

（1）节能玻璃。对于建筑幕墙来说，玻璃面积在立面所占比例较大，参与热交换的面积较大，是建筑幕墙节能的关键。在选择使用节能玻璃时，应根据玻璃所在位置确定玻璃品种，处于向阳面且日照时间长的玻璃应尽量减少太阳能进入室内以减少空调负荷，最好选择热反射玻璃或吸热玻璃及由热反射玻璃或吸热玻璃组成的中空玻璃；寒冷地区或背阳面的玻璃应以控制热传导为主，尽量选择中空玻璃或低辐射玻璃组成的中空玻璃。

（2）铝合金型材。铝合金型材在建筑幕墙系统中，不但起着支承龙骨的作用，而且对节能效果也有较大影响。未采用断桥处理的普通铝型材热导率非常大，是热的良导体，通过型材传导的热量可占总热量的 50% 以上。隔热断桥型铝合金型材采用导热系数很低的塑料进行隔断，利用隔热条将铝合金结构分隔成明显的两个部分。隔热条导热系数远远小于铝合金的导热系数，而力学性能指标与铝合金相当，可避免热胀冷缩作用导致隔热条与铝型材间发生脱落，可承受风压、垂直冲击力和长期的压力，能够经受极端热处理，用滚压方式与铝型材结合后再进行阳极氧化处理或表面处理，节能性能较好。

2）常用的建筑幕墙节能体系设计

双层幕墙。双层幕墙是一种特殊的幕墙系统，由外层幕墙，内层幕墙、遮阳系统和通风装置组成，内外层幕墙之间形成空气缓冲区。此类幕墙除了具有传统幕墙的全部功能以外，在防尘通风、保温隔热、合理采光、隔声降噪、防止结露和安全性六个方面更具显著特点。

光电幕墙。光电幕墙的基本单元为光电板，光电板是先由若干个光电电池进行串、并联组合成电池阵列，再放入两层玻璃中（上层为透明玻璃，下层颜色任意）用铸膜树脂热固而成，在光电板背面安装接线盒和导线。光电幕墙在达到一定遮阳效果的同时还能将太阳能转化为电能使用，从而达到节能的目的。

3. 非透明幕墙

非透明幕墙的节能一般是通过在幕墙板与主体结构之间的空气间层中设置保温层，或在幕墙板内部设置保温材料来实现，主要有如下几种做法：

（1）将保温层复合在主体结构的外表面上，类同于普通外墙外保温的做法。保温材料可采用半硬质矿（岩）棉板、泡沫玻璃保温板、复合硅酸盐硬质保温板。

（2）幕墙板内侧复合保温材料。幕墙的保温材料可与金属板、面板结合在一起。但应与主体结构外表面有50mm以上的空气层，因此空气层也应逐层封闭。保温材料可选用密度较小的无机保温板。

（3）在幕墙与主体结构中间空气层中设置保温材料。在水平和垂直方向有横向分隔的情况下，保温材料可钉挂在空气间层中，这种做法可使外墙中增加一个空气间层，提高墙体热阻。保温材料多为玻璃棉板。

（4）在幕墙内部填充保温材料。以往常用的一些金属幕墙板（面板）热阻很小，如在金属面板内部夹入保温芯材，则可根据芯材的厚度获得相应的热阻。保温芯材可采用聚苯板（EPS或XPS）、矿（岩）棉制品或玻璃棉制品。如果芯材厚度较小，还可在面板内侧的不同部位补充设置保温材料。

2.2 围护结构热工性能测试

外围护结构是建筑中与室外空气直接接触的围挡物，如屋面、外墙、外窗、外门和架空或外挑的楼地板等。这些围挡物的面积和围成的体积（两者之比为体形系数）及其保温隔热性能，是建筑在冬、夏期间所需的采暖空调能耗的直接影响因素。这些因素也可称之为建筑自身的节能因素。

2.2.1 保温材料导热系数计算

材料的导热系数（也称热导率）是反映材料导热性能的物理量，其大小取决于材料的结构组成、平均温度、含水率、传热时间、两侧温差等诸多因素。现已发展了多种导热系数的测定方法，它们有不同的适用领域、测量范围、精度、准确度和试样尺寸要求等，不同方法对同一样品的测量结果可能会有较大的差别，因此针对不同场合选择合适的测试方法是首要的。

目前，导热系数的测试方法总体分为稳态法和非稳态法两大类，并分别开发和建立了不同的数学计算模型、实验方法和装置。稳态法是经典的材料导热系数测试方法，其原理是利用稳定传热过程中传热速率等于散热速率的平衡状态，根据傅立叶一维稳态热传导模型，通过试样的热流密度、两侧温差和厚度，计算得到导热系数。该方法原理简单清晰，设备成本低，容易制样，但测量时间较长，对环境条件要求较高。非稳态法也称瞬态法，是通过测量试样温度随时间变化的情况来推算导热系数的大小。其测量时间相对较短，对环境控制要求不高，但其理论方程较复杂，边界条件较难准确确定，仪器造价较高，在常规测试中应用较少。

以下主要介绍稳定传热状态下测试保温材料导热系数的两种典型方法。

1. 防护热板法

在一维稳态导热条件下，通过试件的导热量 Q 和试件两面的温差 ΔT、试件的厚度 δ 以及导热系数 λ 符合如下关系，如式（2-5）所示：

$$Q = \frac{\lambda}{\delta} \cdot \Delta T \cdot A \tag{2-5}$$

式中　Q——通过试件的热量，W；

λ——试件的导热系数，W/(m·K)；

δ——试件的厚度，m；

A——试件的面积，m^2；

ΔT——试件的热端和冷端温差，K。

将试件两面温差 $\Delta T = (t_R - t_L)$、试件厚度 δ、垂直于热流方向的导流面积 A 和通过试件的热流量 Q 测定以后，就可计算出试件材料的导热系数，如式（2-6）所示：

$$\lambda = \frac{Q \cdot \delta}{\Delta T \cdot A} \tag{2-6}$$

为了实现一维稳态导热的条件，防护热板法采用薄壁平板状试件，并采用图 2-3(a) 所示的双试件装置或图 2-3(b) 所示的单试件装置来建立热流场。双试件装置中，在两个近似相同的试件中夹一个加热单元，试件的外侧各设置一个冷却单元。热流由加热单元分别经两测试件传给两侧的冷却单元。单试件装置中加热单元的一侧用绝热材料和背防护单元代替试件和冷却单元。绝热材料的两表面控制温差为零，无热流通过。

加热单元包括计量和防护两部分。计量部分由一个计量加热器和两块计量面板组成。防护部分由一个（或多个）防护加热器及两倍于防护加热器数量的防护面板组成。面板由高导热系数的金属制成，工作表面应加工成平面，且不应与试件和环境有化学反应。加热面板的表面温度必须为一均匀的等温面，以在试件的两表面形成稳定的温度场。在运行中面板的温度不均匀性应小于试件温差的 2%。加热单元的计量部分和防护部分之间应有隔缝，隔缝热阻应该尽量高。冷却单元表面尺寸应至少与加热单元的尺寸相同。它维持在恒定的低温状态（低于加热单元的温度），板面温度的不均匀性应小于试件温差的 2%。

加热单元和试件的边缘绝热不良是试件中热流场偏离一维热流的根源。应采用边缘绝热、控制周围环境温度、增加外防护套或线性温度梯度的防护套，以限制边缘热损失。

单试件装置中背防护单元由加热器和面板组成。背防护单元面向加热单元的表面的温度应与所对应的加热单元表面的温度相同，以防止热流流过其中的绝热材料。绝热材料的厚度应限制，防止因侧向热损失在加热单元的计量单元中引起附加的热流造成误差。因防护单元表面与加热单元表面温度不平衡以及绝热材料侧向热损失引起的测量误差应小于 ±0.5%。

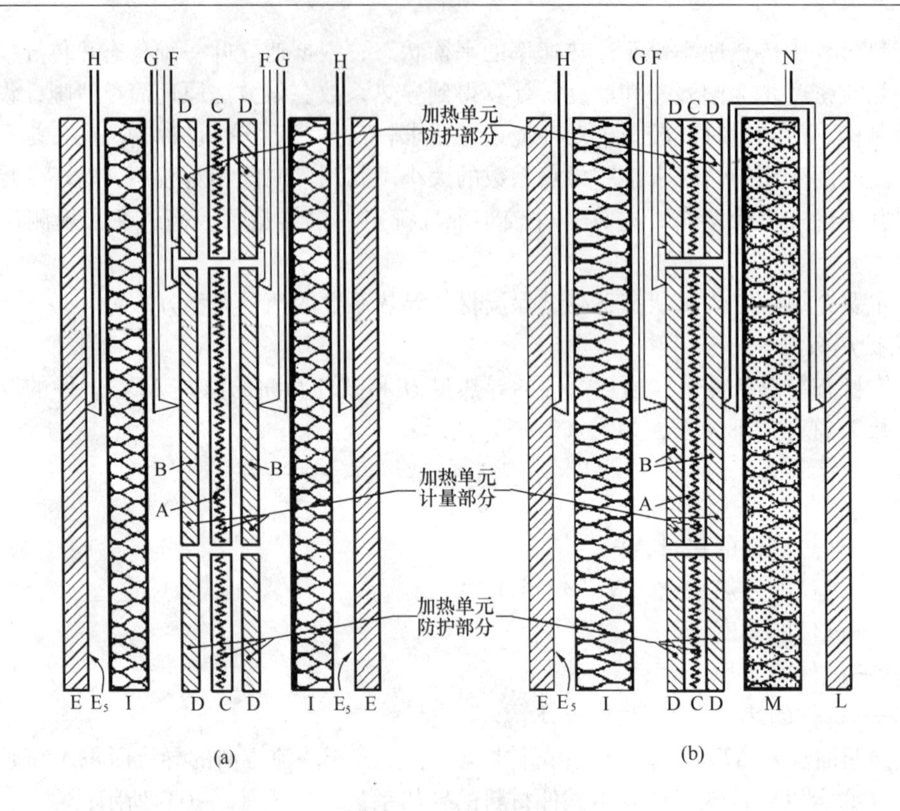

图 2－3 防护热板法

（a）双试件装置；（b）单试件装置

A—计量加热器；B—计量面板；C—防护加热器；D—防护面板；E—冷却单元；E_5—冷却单元面板；F—温差热电偶；G—加热单元表面热电偶；H—冷却单元表面热电偶；I—试件；L—背防护加热器；M—背防护绝热层；N—背防护单元温差热电偶

通过对系统内温度、温差、加热器功率的测量，并测定试件的厚度 d，则可根据公式(2－7)可计算出试件的平均导热系数 λ。

$$\lambda = \frac{QdK}{A(T_1 - T_2)} \tag{2-7}$$

式中 Q——加热单元计量部分的平均热流量，其值等于平均发热功率，W；

d——试件平均厚度，m；

T_1——试件热面温度平均值，K；

T_2——试件冷面温度平均值，K；

A——计量面积（双试件装置需乘以 2），m^2；

K——设备校核系数。

需要说明的是，由于材料的导热系数一般随温度的改变而改变，按上式所得的导热系数是在当时的平均温度下材料的导热系数值，此平均温度按式（2－8）计算。

$$\bar{t} = \frac{1}{2}(t_R + t_L) \tag{2-8}$$

式中 $\bar{t}$——测试材料导热系数的平均温度，℃；

t_R——被测试件的热端温度，℃；

t_L——被测试件的冷端温度，℃。

2. 热流计法

与防护热板法类似，热流计法也是在具有平行表面的均匀板状试件中心测量部分，建立类似于无限大平壁中存在的单向稳定热流。假定测量时具有稳定的热流密度 q、平均温度 T_m 和温差 ΔT。用标准试件测得的热流量为 Q_s、被测试件热流量为 Q_u，则标准试件热阻 R_s 和被测试件热阻 R_u 的比值如式（2-9）所示：

$$\frac{R_u}{R_s}=\frac{Q_s}{Q_u} \tag{2-9}$$

再测试试件的厚度 d，即可算出试件的导热系数。

热流计法的核心测量装置是热流传感器，它是利用在具有确定热阻的板材上产生温差来测量通过它本身的热流密度的装置。其中，热阻式（热电堆式热流传感器或称温度梯度型热流传感器）是应用最普遍的一类热流传感器。其原理是，当有热流通过热流传感器时，在传感器的热阻层上产生了温度梯度，根据傅立叶定律就可以得到通过传感器的热流密度，设热流矢量方向是与等温面垂直，如式（2-10）所示：

$$q=\mathrm{d}Q/\mathrm{d}s=-\lambda \mathrm{d}T/\mathrm{d}X \tag{2-10}$$

式中　q——热流密度，J/(m²·S)；

$\mathrm{d}s$——通过等温面上微小面积，m²；

$\mathrm{d}Q$——流过的热量，J；

$\mathrm{d}T/\mathrm{d}X$——垂直于等温面方向的温度梯度；

λ——材料的导热系数。

如果温度为 T 和 $T+\Delta T$ 的两个等温面平行时，如式(2-11)所示：

$$q=-\Delta T/\Delta X \tag{2-11}$$

式中　ΔT——两等温面的温差；

ΔX——两等温面之间的距离。

只要知道热阻层的厚度 ΔX，导热系数 λ，通过测到的温差 ΔT 就可以知道通过的热流密度。当用一对热电偶测量温差 ΔT 时，这个温差是与热流密度成正比的，温差的数值也与热电偶产生的电动势的大小成正比例，因此测出温差热电势就可以反映热流密度的大小，如式(2-12)所示：

$$q=K_r\cdot E \tag{2-12}$$

式中　K_r——热流传感器的分辨率，W/(m²·μV)；

E——测头温差热电势。

分辨率 K_r 是热阻式热流计的重要性能参数，其数值的大小反映了热流传感器的灵敏度。K_r 数值越小则热流传感器越灵敏，其倒数被称为热流传感器的灵敏度 K_s($K_s=1/K_r$)。为了提高热流传感器的灵敏度，需要加大传感器的输出信号，因此就需要将众多的热电偶串联起来形成热电堆，这样测量的热阻层两边的温度信号是串连的所有热电偶信号的逐个叠加，信号大能反映多个信号的平均特性。热电堆是热阻式热流传感器的核心元件，也是其他辐射式热流传感器的核心元件。

热流计法装置也要求加热和冷却单元的工作表面上的温度均匀性（不均匀性应小于试件温差的1%），以及测定时工作表面温度的波动或漂移不应过大（限值为试件温差的0.5%）。

由于侧向热损失是导致试件和热流传感器的整个面积上偏离一维热流的重要因素，因此在测试时要特别注意通过试件热流传感器边缘的热损失。边缘热损失与试件的材料和尺寸以及装置的构造有关，要注意标准试件与被测试件的热性能和几何尺寸（厚度）的差别以及防护热板装置测定标准试件与用标准试件标定热流计装置边界条件的差别对标定的影响。

热流计装置的典型布置如图2－4所示。装置由加热单元、一个（或两个）热流传感器、一块（或两块）试件和冷却单元组成。图2－4（a）为单试件不对称布置，热流传感器可以面对任一单元放置；图2－4（b）为单试件双热流传感器对称布置；图2－4（c）为双试件对称布置，其中两块试件应该基本相同，由同一样品制备；亦可在加热单元的另一侧面另加热热流传感器和冷却单元构成双向装置，如图2－4（d）和图2－4（e）所示。

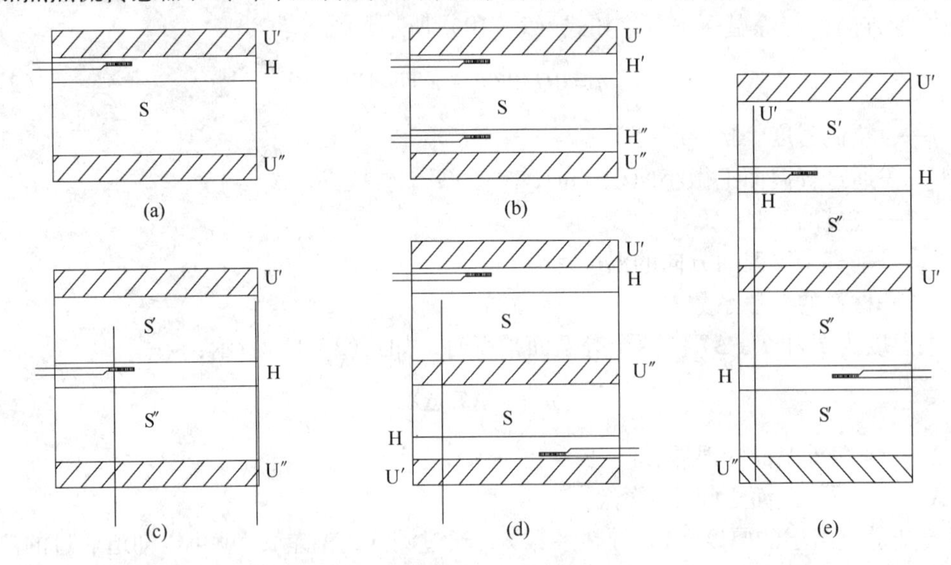

图2－4　热流计装置的典型布置

（a）单试件不对称装置；（b）单试件双热流传感器对称装置；（c）双试件对称装置；（d）双向装置；（e）双向装置

图2－4中，S，S'，S''/试件；U'，U''/冷却和加热器；H'，H/热流传感器。

对于单试件装置不对称布置，热阻 R 按式(2－13)计算：

$$R = \frac{\Delta T}{f \cdot e} \tag{2-13}$$

导热系数 λ 按式(2－14)计算：

$$\lambda = f \cdot e \times \frac{d}{\Delta T} \tag{2-14}$$

式中　ΔT——试件热面和冷面温差，K 或℃；

f——热流传感器的标定系数，$W/(m^2 \cdot V)$；

e——热流传感器的输出，V；

d——试件的平均厚度，m。

对于单试件装置双热流传感器对称布置，热阻 R 按式(2-15)计算：

$$R = \frac{\Delta T}{0.5(f_1 \cdot e_1 + f_2 \cdot e_2)} \tag{2-15}$$

导热系数 λ 按式(2-16)计算：

$$\lambda = 0.5(f_1 \cdot e_1 + f_2 \cdot e_2) \times \frac{d}{\Delta T} \tag{2-16}$$

式中　f_1——第一个热流传感器的标定系数，$W/(m^2 \cdot V)$；

e_1——热流传感器的输出，V；

f_2——第二个热流传感器的标定系数，$W/(m^2 \cdot V)$；

e_2——第二个热流传感器的输出，V。

对于双试件布置，总热阻 R_t 按式(2-17)计算：

$$R_t = \frac{1}{f \cdot e}(\Delta T' + \Delta T'') \tag{2-17}$$

平均导热系数按式(2-18)计算：

$$\lambda_{avg} = \frac{f \cdot e}{2}\left(\frac{d'}{\Delta T'} + \frac{d''}{\Delta T''}\right) \tag{2-18}$$

式中角标表示两块试件(′表示第一块试件,″表示第二块试件)。

2.2.2　墙体传热系数计算

建筑节能评估时，墙体传热系数的确定一般可采用两种方法，一种方法是墙体保温材料的导热系数取实验室内测定的值，墙体其他构造层的导热系数（或传热系数）则取理论值，通过理论公式计算墙体的传热系数；另外一种则是现场测试的方法。前一种方法可以较为准确地测得墙体保温材料的导热系数，而墙体保温材料热阻在整个墙体中贡献最大（一般占85%以上），其他构造层的导热系数（或传热系数）取理论值虽然与实际有偏差，但对整体结果影响不大，因此一般认为，这种方法可以较为准确地估计墙体的实际导热性能。然而，由于保温材料在实际工程中和在实验室试验时往往处于不同的状态之下（如施工挤压、含水量等），导致其实际的导热性能和实验室测定值有一定差异，第一种方法显然不能考虑这种影响。现场测试方法可以考虑上述问题的影响，但它是基于一维稳态传热假定的，实际测试时，一维和稳态这两个条件往往都难以实现，导致测试结果可能偏离较大。后一种方法在后面章节有专门介绍，本节主要介绍计算方法。

1. 计算方法

（1）多层结构传热系数计算法

我们知道，对于单层结构，其自身热阻为：

$$R = \frac{\delta}{\lambda} \tag{2-19}$$

式中 δ——材料层厚度，m；

λ——材料导热系数，W/(m·K)。

对于多层结构，如图 2-5 所示，其热阻为各构造层热阻之和：

$$R = R_1 + R_2 + \cdots + R_n = \frac{\delta_1}{\lambda_1} + \frac{\delta_2}{\lambda_2} + \cdots + \frac{\delta_n}{\lambda_n} \tag{2-20}$$

式中 $R_1, R_2, \cdots, R_n$——各层材料热阻，(m^2·K)/W；

$\delta_1, \delta_2, \cdots, \delta_n$——各层材料厚度，m；

$\lambda_1, \lambda_2, \cdots, \lambda_n$——各层材料导热系数，W/(m·K)。

层状围护结构的传热阻可按式（2-21）计算：

$$R_0 = R_i + R + R_e \tag{2-21}$$

式中 R_i——内表面换热阻，(m^2·K)/W（一般取 0.11）；

R_e——外表面换热阻，(m^2·K)/W（一般取 0.04）；

R——围护结构热阻，(m^2·K)/W。

其传热系数为热阻的倒数，如式（2-22）所示：

$$K = \frac{1}{R_0} \tag{2-22}$$

（2）非层状结构传热系数分块计算法

上节所讨论的多层结构，每一层都是由均质材料构成，而且每层材料在其所在平面内的构造方式都是不变的。而实际上，墙体材料及构造在其所在平面内往往是不一致的，如墙体的门窗洞口、结构构件（梁、柱、剪力墙等）与填充墙连接部位等。这种情况下就必须采用分块计算的方法。

为了讨论问题方便，我们假设某一墙体由如图 2-6 所示的 A、B、C、D 和 E 五种材料组成，把 A 和 E 材料分为三层，这样就可以看成由串联

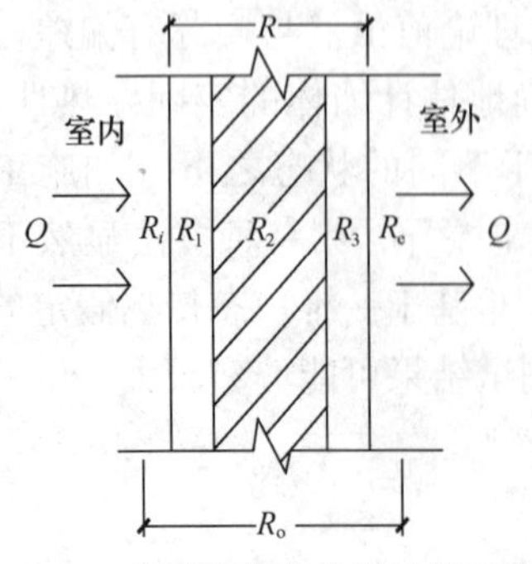

图 2-5 多层结构传热阻计算示意图

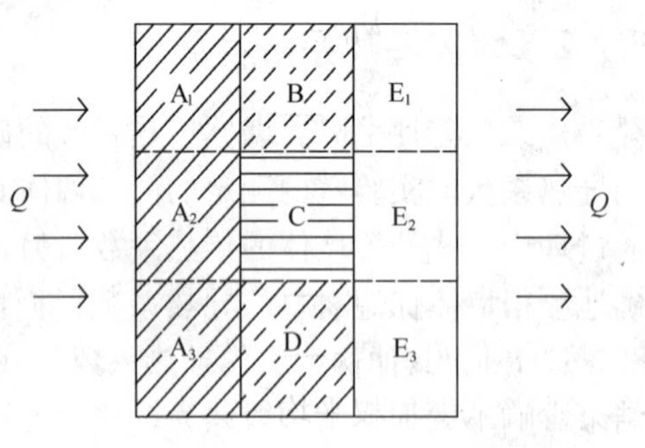

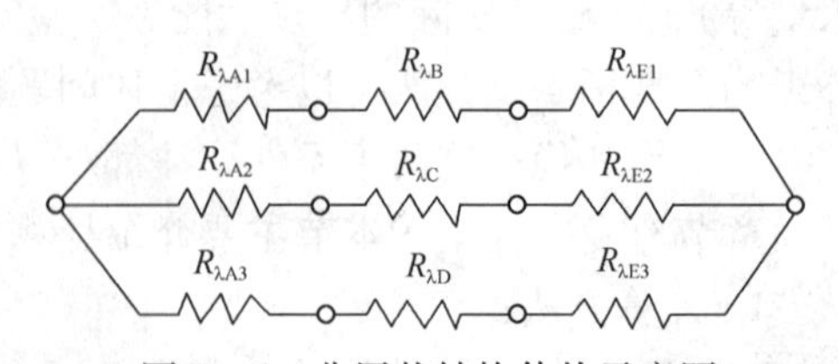

图 2-6 非层状结构传热示意图

热阻 A_1BE_1、A_2CE_2 和 A_3DE_3 并联的总热阻。与电学中串、并联电阻的计算方法相似，整个结构的热阻及传热系数的计算方法如式（2－23）～式（2－25）：

$$R_{串} = R_1 + R_2 + \cdots + R_n \tag{2-23}$$

$$\frac{1}{R_{并}} = \frac{1}{R_1} + \frac{1}{R_2} + \cdots + \frac{1}{R_n} \tag{2-24}$$

$$R_{并} = 1/\left(\frac{1}{R_1} + \frac{1}{R_2} + \cdots + \frac{1}{R_n}\right) \tag{2-25}$$

（3）外墙平均传热系数和外墙全楼加权平均传热系数计算法

外墙平均传热系数 K_m 为外墙包括主体部位和周边热桥（构造柱、圈梁以及楼板伸入外墙部分等）部位在内的传热系数平均值。外墙全楼加权平均传热系数 K'_m 区别于 K_m，是对整栋建筑的外墙包括主体部位和周边热桥（构造柱、圈梁以及楼板伸入外墙部分等）部位在内的传热系数平均值。外墙平均传热系数和外墙全楼加权平均传热系数都是建筑节能评估时重要的输入参数，是反映建筑节能性能的关键性指标。

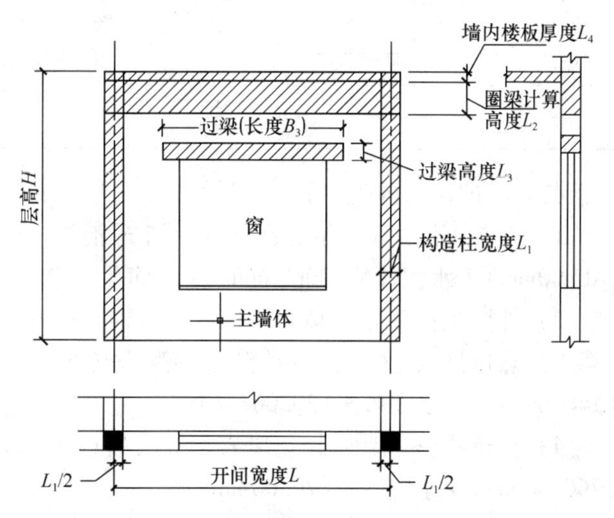

图2－7　框架结构外墙平均传热系数计算单元

当外墙主体部位和各热桥部位的传热系数按前述方法确定后，K_m 值计算的关键在于确定各个热桥部位的面积。以框架结构为例，其外墙平均传热系数 K_m 的计算单元如图2－7所示，平均传热系数按式（2－26）计算。

$$K_m = \frac{K_P \cdot F_P + K_{B1} \cdot F_{B1} + K_{B2} \cdot F_{B2} + K_{B3} \cdot F_{B3} + K_{B4} \cdot F_{B4}}{F_P + F_{B1} + F_{B2} + F_{B3} + F_{B4}} \tag{2-26}$$

式中　K_m——外墙的平均传热系数，W/(m²·K)；

K_p——外墙主体部位传热系数，W/(m²·K)；

$K_{B1},K_{B2},K_{B3},K_{B4}$——外墙周边热桥部位的传热系数，W/(m²·K)；

F_p——外墙主体部位的面积，m²；

$F_{B1},F_{B2},F_{B3},F_{B4}$——外墙周边热桥部位的面积，m²。

外墙全楼加权平均传热系数 K'_m 按式(2－27)计算

$$K'_m = \frac{K_1 \cdot S_1 + K_2 \cdot S_2 + K_3 \cdot S_3 + K_4 \cdot S_4 + K_5 \cdot S_5}{\Sigma S} \tag{2-27}$$

式中　$K_1,\cdots,K_5$——分别为外墙(不含窗)、热桥柱、热桥梁、热桥过梁、热桥楼板的传热系数，W/(m²·K)；

$S_1,\cdots,S_5$——分别为外墙(不含窗)、热桥柱、热桥梁、热桥过梁、热桥楼板的面积，m²；

$\Sigma S = S_1 + S_2 + S_3 + S_4 + S_5$——为外墙总面积，m²。

2. 算例

下面以一个具体工程为例介绍外墙传热系数的计算方法。某夏热冬冷地区框架结构办公楼，地上26层，地下室2层。总建筑面积39933.05m^2，总体积179281.40m^3，建筑表面积：21025.15m^2，总高度118.00m。外窗及外窗面积见表2－5：

表2－5　全楼外窗（包括透明幕墙）、外墙面积汇总表

朝向	外窗（包括透明幕墙）（m^2）	外墙（m^2）	窗墙比
东	3760.69	5891.36	0.64
南	1174.07	4435.57	0.26
西	3304.01	4294.95	0.77
北	1230.22	3831.08	0.32
合计	9468.98	18452.96	0.51

其外围护结构构造如下：

1）平屋面类型（自上而下）：细石混凝土（内配筋）（40.00mm）＋挤塑聚苯板（40.00mm）＋水泥砂浆（20.00mm）＋钢筋混凝土（120.00mm）。

2）外墙主体部分（由外至内）：花岗岩，玄武岩（30.00mm）＋岩棉板（50.00mm）。

3）热桥柱（框架柱）：花岗岩，玄武岩（30.00mm）＋岩棉板（50.00mm）＋钢筋混凝土（240.00mm）＋水泥砂浆（20.00mm）。

4）热桥梁（框架梁）：花岗岩，玄武岩（30.00mm）＋岩棉板（50.00mm）＋钢筋混凝土（260.00mm）＋水泥砂浆（20.00mm）。

5）热桥楼板：花岗岩，玄武岩（30.00mm）＋岩棉板（50.00mm）＋钢筋混凝土（240.00mm）。

6）底部自然通风的架空楼板类型：钢筋混凝土（120.00mm）＋聚氨酯硬泡沫塑料（40.00mm）。

7）地面：钢筋混凝土（120.00mm）＋岩棉板（50.00mm）。

8）地下室外墙类型：钢筋混凝土（120.00mm）＋岩棉板（50.00mm）。

9）幕墙：断热铝合金低辐射中空玻璃窗（$6L_{0w}-E+12A+6$遮阳型），传热系数2.00W/（m^2·K），玻璃遮阳系数0.39，气密性为4级，水密性为3级，可见光透射比0.59。

（1）平屋顶传热系数计算见表2－6

表2－6　平屋顶传热系数

平屋顶每层材料名称	厚度（mm）	导热系数（实测值）[W/（m·K）]	热阻值（m^2·K/W）
细石混凝土（内配筋）	40.00	1.740	0.02
挤塑聚苯板	40.00	0.028	1.30
水泥砂浆	20.00	0.930	0.02
钢筋混凝土	120.00	1.740	0.07
平屋顶各层之和	220.0		1.41
平屋顶热阻 $R_o=R_i+\sum R+R_e=1.57$（m^2·K/W）			$R_i=0.115$（m^2·K/W）；$R_e=0.043$（m^2·K/W）
平屋顶传热系数 $K=1/R_o=0.64$W/（m^2·K）			

（2）外墙主体部分传热系数计算见表2－7

表2－7　外墙传热系数

外墙 每层材料名称	厚度 (mm)	导热系数(实测值) [W/(m·K)]	热阻值 (m^2·K/W)
花岗岩，玄武岩	30.00	3.490	0.01
岩棉板	50.00	0.037	1.18
外墙各层之和	80.0		1.18
外墙热阻 $R_o = R_i + \sum R + R_e = 1.34$($m^2$·K/W)			$R_i = 0.115$(m^2·K/W)； $R_e = 0.043$(m^2·K/W)
外墙传热系数 $K_p = 1/R_o = 0.75$W/(m^2·K)			

（3）表2－8为热桥柱（框架柱）传热系数计算

表2－8　热桥柱传热系数

热桥柱1 每层材料名称	厚度 (mm)	导热系数(实测值) [W/(m·K)]	热阻值 (m^2·K/W)
花岗岩，玄武岩	30.00	3.490	0.01
岩棉板	50.00	0.037	1.18
钢筋混凝土	240.00	1.740	0.14
水泥砂浆	20.00	0.930	0.02
热桥柱各层之和	340.0		1.34
热桥柱热阻 $R_o = R_i + \sum R + R_e = 1.50$($m^2$·K/W)			$R_i = 0.115$(m^2·K/W)； $R_e = 0.043$(m^2·K/W)
传热系数 $K_{B1} = 1/R_o = 0.67$W/(m^2·K)			

（4）表2－9为热桥梁（圈梁或框架梁）传热系数计算

表2－9　热桥梁传热系数

热桥梁1 每层材料名称	厚度 (mm)	导热系数(实测值) [W/(m·K)]	热阻值 (m^2·K/W)
花岗岩，玄武岩	30.00	3.490	0.01
岩棉板	50.00	0.037	1.18
钢筋混凝土	260.00	1.740	0.15
水泥砂浆	20.00	0.930	0.02
热桥梁各层之和	360.0		1.35
热桥梁热阻 $R_o = R_i + \sum R + R_e = 1.51$($m^2$·K/W)			$R_i = 0.115$(m^2·K/W)； $R_e = 0.043$(m^2·K/W)
传热系数 $K_{B2} = 1/R_o = 0.66$W/(m^2·K)			

（5）表2－10为热桥楼板（墙内楼板）传热系数计算

表 2-10　热桥楼板传热系数

热桥楼板 1 每层材料名称	厚度 (mm)	导热系数(实测值) [W/(m·K)]	热阻值 (m^2·K/W)
花岗岩，玄武岩	30.00	3.490	0.01
岩棉板	50.00	0.037	1.18
钢筋混凝土	240.00	1.740	0.14
热桥楼板各层之和	320.0		1.32
热桥楼板热阻 $R_o = R_i + \sum R + R_e = 1.48$($m^2$·K/W)			$R_i = 0.115$(m^2·K/W)； $R_e = 0.043$(m^2·K/W)
传热系数 $K_{B4} = 1/R_o = 0.68$W/(m^2·K)			

(6) 表 2-11、表 2-12 为外墙平均传热系数及加权平均传热系数计算

表 2-11　外墙平均传热系数

外墙主体厚度 (mm)	计算单元外墙面积 (不含窗)(m^2)	外墙各部位									
		主墙体		框架柱		框架梁		过梁		墙内楼板	
50.00	11.54	F_P	10.91	F_{B1}	0.00	F_{B2}	0.21	F_{B3}	0.00	F_{B4}	0.42
各部位的传热系数 K[(W/(m^2·K)]		K_P	0.75	K_{B1}	0.00	K_{B2}	0.66	K_{B3}	0.00	K_{B4}	0.68

外墙平均传热系数(W/m^2·K)

$$K_m = \frac{K_P \cdot F_P + K_{B1} \cdot F_{B1} + K_{B2} \cdot F_{B2} + K_{B3} \cdot F_{B3} + K_{B4} \cdot F_{B4}}{F_P + F_{B1} + F_{B2} + F_{B3} + F_{B4}} = 0.74$$

外墙平均传热系数计算按照主要活动空间外墙开间计算

表 2-12　外墙全楼加权平均传热系数

部位名称	墙体 (不含窗)	热桥柱	热桥梁	热桥过梁	热桥楼板
传热系数 K[W/(m^2·K)]	0.75	0.67	0.66	—	0.68
面积(m^2)	$S_1 = 7635.84$	$S_2 = 80.39$	$S_3 = 403.39$	$S_4 =$ —	$S_5 = 804.95$
面积 $\sum S$(m^2)	$\sum S(m^2) = S_1 + S_2 + S_3 + S_4 + S_5 = 8924.57$				
K_m[W/(m^2·K)]	$K_m = (K_1 \cdot S_1 + K_2 \cdot S_2 + K_3 \cdot S_3 + K_4 \cdot S_4 + K_5 \cdot S_5)/\sum S(m^2) = 0.73$				

2.2.3　门窗热工性能测试

门窗是建筑耗能的重要部位，准确评价门窗的热工性能是非常必要的。建筑门窗的热工性能一般可用气密性、传热系数、外窗综合遮阳系数等几个参数来衡量，门窗的节能也是主要通过对这几个指标的改进实现的。

1. 门窗气密性能

门窗气密性指外门窗在正常关闭状态时，阻止空气渗透的能力。一般采用在标准状态下，压力差为 10Pa 时的单位开启缝长空气渗透量 q_1 和单位面积空气渗透量 q_2 作为分级指标，q_1 和 q_2 的分级方法见表 2-13。

表2－13　建筑外门窗气密性能分级表

分　　级	1	2	3	4	5	6	7	8
单位缝长分级指标值 q_1[m^3/(m·h)]	4.0≥q_1 >3.5	3.5≥q_1 >3.0	3.0≥q_1 >2.5	2.5≥q_1 >2.0	2.0≥q_1 >1.5	1.5≥q_1 >1.0	1.0≥q_1 >0.5	q_1≤0.5
单位面积分级指标值 q_2[m^3/(m^2·h)]	12≥q_2 >10.5	10.5≥q_2 >9.0	9.0≥q_2 >7.5	7.5≥q_2 >6.0	6.0≥q_2 >4.5	4.5≥q_2 >3.0	3.0≥q_2 >1.5	q_2≤1.5

门窗气密性检测装置由压力箱、试件安装系统、供压系统及测量系统组成。检测装置的构成如图2－8所示。

测试时，将试件安装在框架上，试件与安装框架之间的连接应牢固并密封，安装好的试件要求垂直，下框要求水平，不应因安装而出现变形。试件安装后，表面不可沾有油污或其他不洁物，试件安装完毕后，应将试件可开启部分开关5次，最后关紧。

在正、负压检测前分别施加三个压力脉冲。压力差绝对值为500Pa，加载速度约为100Pa/s。压力稳定作用时间为3s，泄压时间不少于1s。待压力差回零后，将试件上所有可开启部分开关5次，最后关紧。

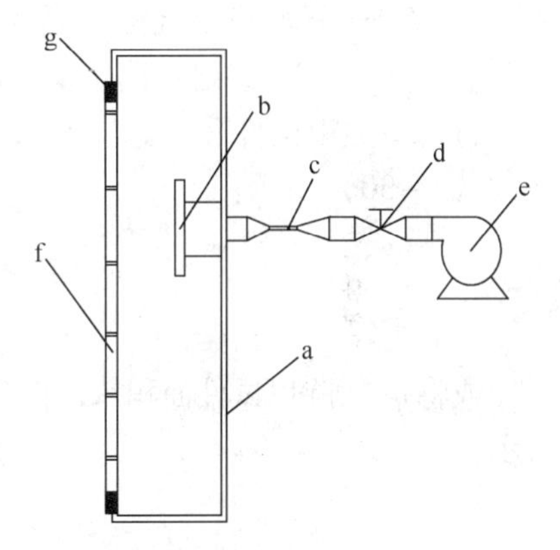

图2－8　检测装置示意图

a—压力箱；b—进气口挡板；c—风速仪；d—压力控制装置；e—供风设备；f—试件；g—安装框架

检测前应采取密封措施，充分密封试件上的可开启部分缝隙和镶嵌缝隙，或用不透气的盖板将箱体开口部盖严，按照图2－9所示检测加压部分逐级加压，每级压力作用时间约为10s，先逐级正压，后逐级负压，记录各级测量值，测量结果为附加空气渗透量。

然后去除试件上所加密封措施或打开密封盖板后进行检测，检测程序同附加空气渗透量检测，测量结果为总渗透量。

整个检测加压程序如图2－9所示。

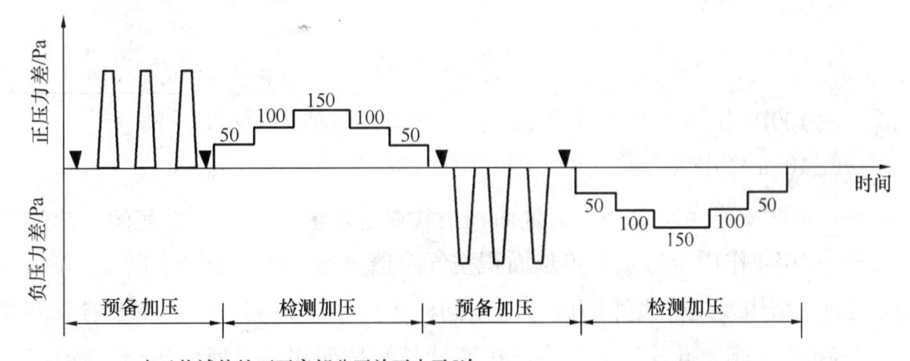

图2－9　气密检测加压顺序示意图

计算出加压（正压）过程中，在100Pa压差下的两个附加空气渗透量测定值的平均值

q_f 和两个总渗透量测定值的平均值 q_z，则窗试件本身 100Pa 压力差下的空气渗透量 q_t 即可按式（2-28）计算：

$$q_t = \overline{q_z} - \overline{q_f} \tag{2-28}$$

利用式（2-29）将 q_t 换算成标准状态下的渗透量 q' 值。

$$q' = \frac{293}{101.3} \times \frac{q_t \cdot P}{T} \tag{2-29}$$

式中　q'——标准状态下通过试件空气渗透量值，m^3/h；

P——试验室气压值，kPa；

T——试验室空气温度值，K；

q_t——试件渗透量测定值，m^3/h。

将 q' 值除以试件开启缝长度 l，即可得出在 100Pa 下，单位开启缝长空气渗透量 q'_1 值，如式（2-30）所示：

$$q'_1 = \frac{q'}{l} \tag{2-30}$$

或将 q' 值除以试件面积 A，得到在 100Pa 下，单位面积的空气渗透量值，如式（2-31）所示

$$q'_2 = \frac{q'}{A} \tag{2-31}$$

负压过程的计算也按式（2-28）～式（2-31）式进行。

为了保证分级指标值的准确度，采用由 100Pa 检测压力差下的测定值 $\pm q'_1$ 值或 $\pm q'_2$ 值，按式（2-32）、式（2-33）换算为 10Pa 检测压力差下的相应值 $\pm q_1$ 值及 $\pm q_2$ 值。

$$\pm q_1 = \frac{\pm q'_1}{4.65} \tag{2-32}$$

$$\pm q_2 = \frac{\pm q'_2}{4.65} \tag{2-33}$$

式中　q'_1——100Pa 作用压力差下单位缝长空气渗透量值，$m^3/(m \cdot h)$；

q_1——10Pa 作用压力差下单位缝长空气渗透量值，$m^3/(m \cdot h)$；

q'_2——100Pa 作用压力差下单位面积空气渗透量值，$m^3/(m^2 \cdot h)$；

q_2——10Pa 作用压力差下单位面积空气渗透量值，$m^3/(m^2 \cdot h)$。

相同类型、结构及规格尺寸的试件，按同样步骤至少检测三樘。将三樘试件的 $\pm q_1$ 值或 $\pm q_2$ 值分别平均后对照表 2-13 确定按照缝长和按面积各自所属等级。最后取两者中的不利级别为该组试件所属等级。正、负压测值分别定级。

2. 门窗传热系数

门窗传热系数是表征门窗保温性能的指标，表示在稳定传热条件下，外门窗两侧环境温

度差为1K（℃）时，在单位时间内通过单位面积门窗的传热量。

（1）检测原理

门窗传热系数试验原理是基于稳定传热原理的标定热箱法，即在对试件缝隙进行密封处理，试件两侧各自保持稳定的空气温度、气流速度和热辐射条件下，测量热箱中电暖气的发热量，减去通过热箱外壁和试件框的热损失，除以试件面积与两侧空气温差的乘积即可计算出试件的传热系统K值。通过热箱外壁和试件框的热损失在同一试验室和相同的检测条件下可视为常数，其值经过专门的标定试验确定。

（2）检测装置

门窗保温性能检测装置一般主要由热箱、冷箱、试件框3部分组成，如图2－10所示。热箱开口尺寸不宜小于2100mm×2400mm（宽×高），进深不宜小于2000mm，外壁构造应是热均匀体，热阻值不小于3.5m^2·K/W。热箱一般采用交流稳压电源供电暖气加热，用以模拟采暖建筑冬季室内气候条件。

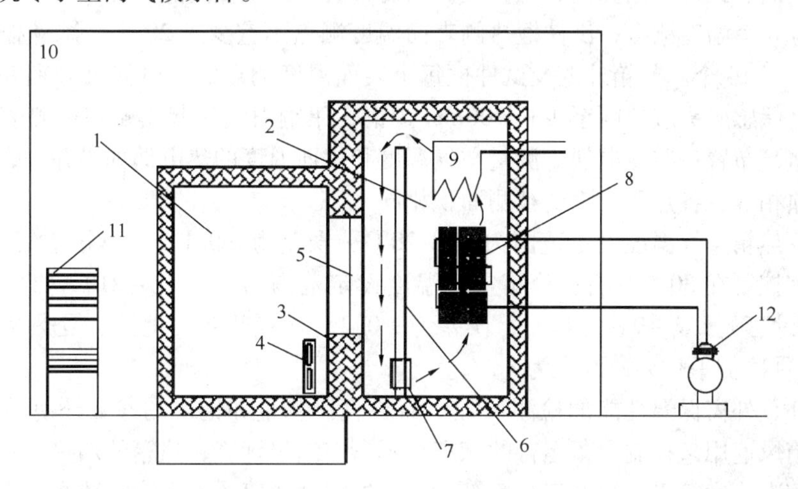

图2－10　外窗保温性能检测装置示意图

1—热箱；2—冷箱；3—试件框；4—电暖气；5—试件；6—隔风板；7—风机；8—蒸发器；9—加热器；10—实验室；11—空调器；12—冷冻机

冷箱开口尺寸与试件框外边缘尺寸相同，外壁采用不透气的保温材料，其热阻值不得小于3.5m^2·K/W，内表面应采用不吸水、耐腐蚀的材料。冷箱通过安装在冷箱内的蒸发器或引入冷空气进行降温，用以模拟冬季室外气候条件。同时利用隔风板和风机进行强制对流，形成沿试件表面自上而下的均匀气流，隔风板与试件框冷侧表面距离应能调。隔风板宜采用热阻不小于1.0m^2·K/W的板材，隔风板面向试件的表面，宽度与冷箱净宽度相同。

试件框外缘尺寸应不小于热箱开口处的内缘尺寸，采用不透气、构造均匀的保温材料，热阻值不小于7.0m^2·K/W。安装试件的洞口尺寸不应小于1500mm×1500mm。洞口下部应留有不小于600mm高的窗台。窗台及洞口周边应采用不吸水、导热系数小于0.25W/（m·K）的材料。

整个检测装置应放在装有空调器的实验室内，保证热箱外壁内、外表面面积加权平均温差小于1.0K，实验室空气温度波动不应大于0.5K。实验室围护结构应有良好的保温性能并与周边壁面之间至少应留有500mm的空间。

（3）实验过程

试验前，首先将试件安装在试件框上，单层窗及双层窗外窗的外表面应位于距试件框冷侧表面50mm处，双层窗内窗的内表面距试件框热侧表面不应小于50mm。试件与洞口周边之间的缝隙宜用聚苯乙烯泡沫塑料条填塞并密封，试件开启缝应用塑料胶带双面密封。

然后布设温度测点，包括空气温度测点、试件表面温度测点和设备表面温度测点。温度测量采用铜—康铜热电偶，且必须使用同批生产、有绝缘包皮、丝径为0.2～0.4mm的铜丝和康铜丝制作，测量不确定度应小于0.25K。

空气温度测点在热箱空间内设置两层，每层均匀分布4点。冷箱空气温度测点在试件安装洞口对应的面积上均匀布9点。测量热、冷箱空气温度的热电偶可分别并联。测量空气温度的热电偶感应头均应进行热辐射屏蔽。

热箱两表面、试件框两侧面和试件表面均需布置表面温度测点。热箱每个外壁的内、外表面分别对应6个温度测点；试件框热侧表面温度测点不宜少于20个，试件框冷侧表面温度测点不宜少于14个。热箱外壁及试件框每个表面温度测点的热电偶可分别并联。测量表面温度的热电偶感应头应连同至少长100mm的铜、康铜引线一起紧贴在被测表面上。在试件热侧表面适当布置一些热电偶。测量空气温度和表面温度的热电偶如果并联，各热电偶的引线电阻必须相等，各点所代表的被测面积相同。

试验时，热箱空气温度设定范围为18～20℃，误差为±0.1℃，热箱空气为自然对流，其相对湿度宜控制在30%左右；冷箱空气温度设定范围为－19～－21℃，误差为±0.3℃（严寒和寒冷地区），或－9～－11℃，误差为±0.2℃（夏热冬冷地区、夏热冬暖地区及温和地区）。试件冷侧平均风速设定为3m/s。

除温度外，外窗保温性能的检测过程中需要直接测量和记录的参数还有冷箱风速和功率，其中冷箱风速用来控制设备运行的状态，不参与结果计算，热箱的加热功率用功率表计算，功率表的准确度等级不得低于0.5级，且应根据被测值的大小能够转换量程，使仪表示值处于满量程的70%以上。

试件安装完好后，启动监测装置。当冷热箱和环境空气温度达到设定值并维持稳定时，如果逐时测量得到热箱的空气平均温度 t_h 和冷箱的空气平均温度 t_c 每小时变化的绝对值分别不大于0.1℃和0.3℃，温差 $\Delta\theta_1$ 和 $\Delta\theta_2$ 每小时变化的绝对值分别不大于0.1℃和0.3℃，且上述温度和温差的变化不是单向变化，则表示传热过程已经稳定。（其中，$\Delta\theta_1$ 为根据热箱外壁内、外表面温度计算得到的面积加权平均温差；$\Delta\theta_2$ 为根据试件框热、冷两侧表面温度计算得到的面积加权平均温差）。

（4）数据处理

传热过程稳定之后每隔30min测量记录一次参数 t_h、t_c、$\Delta\theta_1$、$\Delta\theta_2$、$\Delta\theta_3$、Q，共测6次（其中 $\Delta\theta_3$ 为填充板两侧表面温度计算得到的平均温差）。最后按式（2－34）计算试件的传热系数 K：

$$K = \frac{Q - M_1 \cdot \Delta\theta_1 - M_2 \cdot \Delta\theta_2 - S \cdot \Lambda \cdot \Delta\theta_3}{A \cdot \Delta t} \tag{2-34}$$

式中　Q——电暖气加热功率，W；

M_1——由标定试验确定的热箱外壁热流系数，W/K（其值见附录A）；

M_2——由标定试验确定的试件框热流系数，W/K（其值见附录 A）；

$\Delta\theta_1$——热箱外壁内、外表面面积加权平均温度之差，K；

$\Delta\theta_2$——试件框热侧、冷侧表面面积加权平均温度之差，K；

S——填充板的面积，m^2；

Λ——填充板的导热系数，W/（m^2·K）；

$\Delta\theta_3$——填充板两表面的平均温差，K；

A——试件面积，m^2；按试件外缘尺寸计算，如试件为采光罩，其面积按采光罩水平投影面积计算；

Δt——热像空气平均温度 t_h 与冷箱空气平均温度 t_c 之差，K。

如果试件面积小于试件洞口面积时，式（2-34）中分子项 $S \cdot \Lambda \cdot \Delta\theta_3$ 为聚苯乙烯泡沫塑料填充板的热损失。

3. 门窗遮阳系数

在夏季，通过门窗进入室内的空调负荷主要来自太阳辐射。对于降低室内的负荷和能耗而言，采用减少门窗空气渗透或者降低门窗传热系数等手段的作用很有限，而采取有效的遮阳措施则可能带来显著效果。门窗的遮阳效果可通过门窗的综合遮阳系数 S_w（overall shading coefficient of window）评价。S_w 为考虑窗本身和窗口的建筑外遮阳装置综合遮阳效果的一个系数，其值为门窗玻璃的遮阳系数 S_C 与窗口的建筑外遮阳系数 S_D 的乘积。

1）玻璃遮阳系数

玻璃遮阳系数是指在法向入射条件下，通过玻璃的太阳能总透射比与相同条件下相同面积的标准玻璃（3mm 厚透明玻璃）的太阳能总透射比的比值。在建筑物无外遮阳设施的情况下，窗户的遮阳主要依靠窗玻璃本身。玻璃的遮阳系数是反映玻璃对太阳辐射遮蔽能力的性能参数，表征窗玻璃对太阳辐射透射得热的减弱程度。其值为通过玻璃的太阳辐射热与通过 3mm 厚普通透明玻璃的太阳辐射得热之比。因此，遮阳系数越小，其遮阳能力越强。

玻璃遮阳系数的测试主要使用分光光度计。分光光度计应符合如下要求：

①测试波长范围：包括紫外区（300～380nm）、可见光区（380～780nm）、近红外区（780～2500nm）；

②波长准确度：紫外、可见光区 ±1nm 以内；近红外区 ±5nm 以内；

③光度测量准确度：紫外、可见光区 1% 以内，重复性 0.5%；近红外区 2% 以内，重复性 1%；

④波长间隔：紫外区 5nm；可见光区 10nm；近红外区 50nm 或 40nm。

测试时，利用分光光度计测得玻璃在波长 300～2500nm 范围内的光谱反射率和光谱透射率，然后按如下方法计算玻璃的遮阳系数。

（1）单层玻璃

为了表示透明体透过光的程度，通常用入射光通量与透过后的光通量之比来表征物体的透光性质，称为透射率。物体表面所能反射的光量和它所接受的光量之比称为反射率。

单层窗玻璃遮阳系数测试及计算过程如图 2-11 所示。

① 单片玻璃的光谱数据应包括透射率、前反射率和后反射率，并至少包括 300～2500nm 波长范围，不同波长段的间隔应满足如下间隔要求：

- 波长 300～400nm，间隔不超过 5nm；

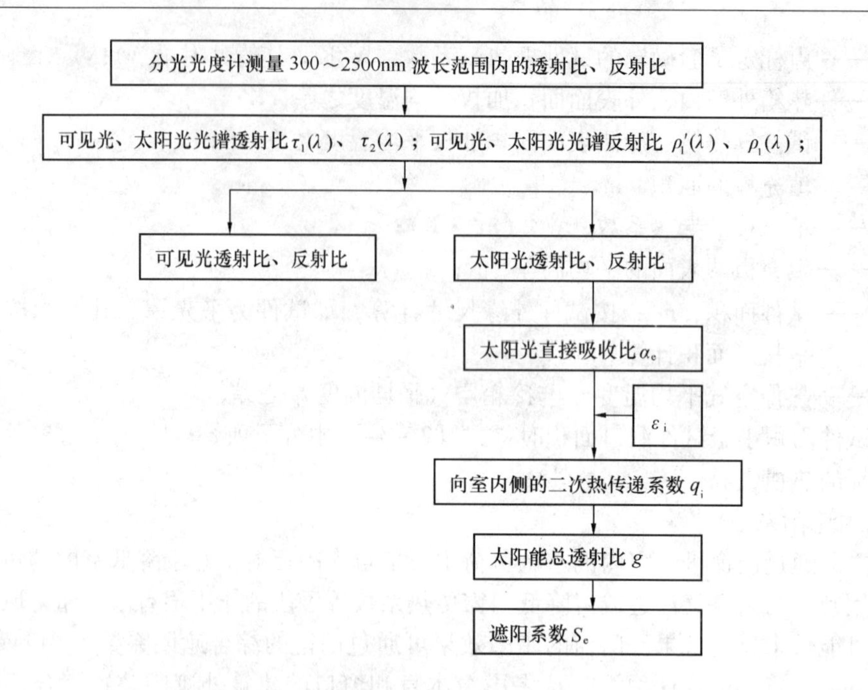

图2－11　单层玻璃遮阳系数测试及计算过程

- 波长400～1000nm，间隔不超过10nm；
- 波长1000～2500nm，间隔不超过50nm。

② 单片玻璃的可见光透射比τ_V按式（2－35）计算：

$$\tau_V=\frac{\int_{380}^{780}D_\lambda\tau(\lambda)V(\lambda)\mathrm{d}\lambda}{\int_{380}^{780}D_\lambda V(\lambda)\mathrm{d}\lambda}\approx\frac{\sum_{\lambda=380}^{780}D_\lambda\tau(\lambda)V(\lambda)\Delta\lambda}{\sum_{\lambda=380}^{780}D_\lambda V(\lambda)\Delta\lambda}\qquad(2-35)$$

式中　D_λ——光源D65的相对光谱功率分布，见附录B；

$\tau(\lambda)$——玻璃透射比的光谱；

$V(\lambda)$——人眼的视见函数，见附录B。

③ 单片玻璃的可见光反射比ρ_V应按式（2－36）计算：

$$\rho_V=\frac{\int_{380}^{780}D_\lambda\rho(\lambda)V(\lambda)\mathrm{d}\lambda}{\int_{380}^{780}D_\lambda V(\lambda)\mathrm{d}\lambda}\approx\frac{\sum_{\lambda=380}^{780}D_\lambda\rho(\lambda)V(\lambda)\Delta\lambda}{\sum_{\lambda=380}^{780}D_\lambda V(\lambda)\Delta\lambda}\qquad(2-36)$$

式中　$\rho(\lambda)$——玻璃反射比的光谱。

④ 单片玻璃的太阳能直接透射比τ_S应按式（2－37）计算：

$$\tau_S=\frac{\int_{300}^{2500}\tau(\lambda)S(\lambda)\mathrm{d}_\lambda}{\int_{300}^{2500}S(\lambda)\mathrm{d}_\lambda}\approx\frac{\sum_{\lambda=300}^{2500}\tau(\lambda)S(\lambda)\Delta\lambda}{\sum_{\lambda=300}^{2500}S(\lambda)\Delta\lambda}\qquad(2-37)$$

式中　$\tau(\lambda)$——玻璃透射比的光谱；

$S(\lambda)$——标准太阳光谱。

⑤ 单片玻璃的太阳能直接反射比ρ_S应按式（2-38）计算：

$$\rho_S = \frac{\int_{300}^{2500} \rho(\lambda) S(\lambda) d\lambda}{\int_{300}^{2500} S(\lambda) d\lambda} \approx \frac{\sum_{\lambda=300}^{2500} \rho(\lambda) S(\lambda) \Delta\lambda}{\sum_{\lambda=300}^{2500} S(\lambda) \Delta\lambda} \tag{2-38}$$

式中　$\rho(\lambda)$——玻璃反射比的光谱。

⑥ 单片玻璃的太阳能总透射比，按照式（2-39）计算：

$$g = \tau_S + \frac{A_s \cdot h_{in}}{h_{in} + h_{out}} \tag{2-39}$$

式中　h_{in}——玻璃室内表面换热系数；

h_{out}——玻璃室外表面换热系数；

A_s——单片玻璃的太阳辐射吸收系数。

单片玻璃的太阳辐射吸收系数A_s应按式（2-40）计算：

$$A_s = 1 - \tau_s - \rho_s \tag{2-40}$$

式中　τ_s——单片玻璃的太阳能直接透射比；

ρ_s——单片玻璃的太阳能直接反射比。

⑦ 单片玻璃的遮阳系数SC_{cg}应按式（2-41）计算：

$$SC_{cg} = \frac{g}{0.87} \tag{2-41}$$

（2）双层玻璃

双层窗玻璃遮阳系数测试及计算过程如图2-12所示。

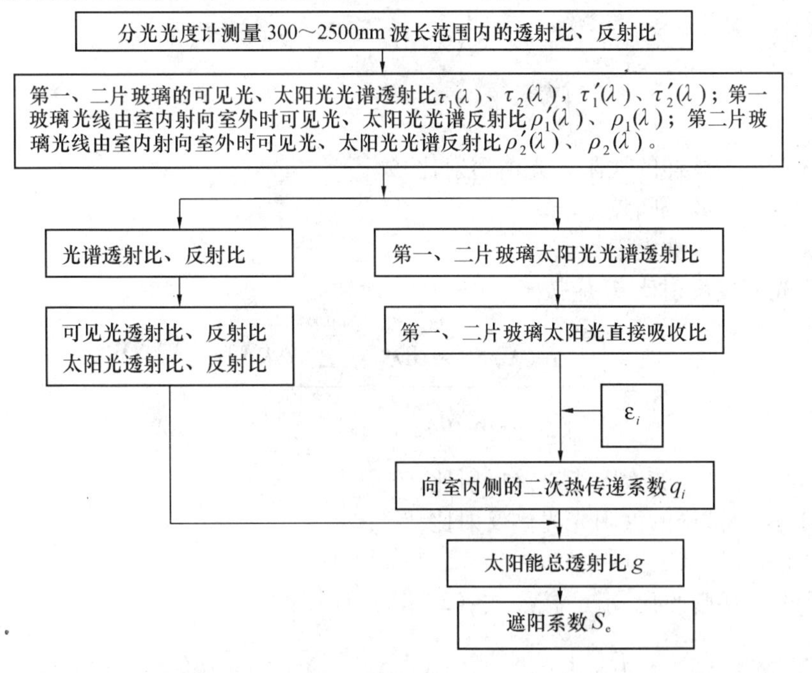

图2-12　双层玻璃构件遮阳系数测试及计算过程

① 对于中空玻璃，应测量组成玻璃系统的每一片单片玻璃的全太阳光谱范围内的透射

比、前反射比、后反射比和两个表面的半球辐射率，然后合成计算中空玻璃的遮阳系数。计算时，必须明确每片玻璃每一个面的位置，尤其对于镀（贴）膜玻璃不同的膜面安装位置将会导致完全不同的遮阳系数测试值。

② 双层玻璃的可见光透射比 $\tau(\lambda)$ 应按式（2-42）计算：

$$\tau(\lambda) = \frac{\tau_1(\lambda)\tau_2(\lambda)}{1-\rho_1(\lambda)\rho_2(\lambda)} \tag{2-42}$$

式中 $\tau(\lambda)$——双层窗玻璃构件的可见光光谱透射比，%；

$\tau_1(\lambda)$——第一片（室外侧）玻璃的可见光光谱透射比，%；

$\tau_2(\lambda)$——第二片（室内侧）玻璃的可见光光谱透射比，%；

$\rho'_1(\lambda)$——第一片玻璃，在光由室内侧射向室外侧条件下，所测定的可见光光谱反射比，%；

$\rho_2(\lambda)$——第二片玻璃，在光由室外侧射入室内侧条件下，所测定的可见光光谱反射比，%。

③ 双层玻璃的可见光反射比 $\rho(\lambda)$ 应按式（2-43）计算：

$$\rho(\lambda) = \rho_1(\lambda) + \frac{\tau_1^2(\lambda)\rho_2(\lambda)}{1-\rho_1(\lambda)\rho_2(\lambda)} \tag{2-43}$$

式中 $\rho(\lambda)$——双层窗玻璃构件的可见光光谱反射比，%；

$\rho_1(\lambda)$——第一片（室外侧）玻璃，在光由室外侧射入室内侧条件下，所测定的可见光光谱反射比，%；

$\tau_1(\lambda)$、$\rho'_1(\lambda)$、$\rho_2(\lambda)$——同式（2-42）。

④ 太阳光直接透射比 τ_e 应按式（2-44）计算：

$$\tau_e = \frac{\int_{300}^{2500}\tau(\lambda)S(\lambda)\mathrm{d}\lambda}{\int_{300}^{2500}S(\lambda)\mathrm{d}\lambda} \approx \frac{\sum_{\lambda=350}^{1800}\tau(\lambda)S(\lambda)\Delta\lambda}{\sum_{\lambda=350}^{1800}S(\lambda)\Delta\lambda} \tag{2-44}$$

式中 $\tau(\lambda)$——试样的太阳光光谱透射比，%；

$\Delta\lambda$——波长间隔，nm；

$S(\lambda)$——标准太阳光谱。

⑤ 太阳光直接反射比 ρ_e 应按式（2-45）计算：

$$\rho_e = \frac{\int_{300}^{2500}\rho(\lambda)S(\lambda)\mathrm{d}\lambda}{\int_{300}^{2500}S(\lambda)\mathrm{d}\lambda} \approx \frac{\sum_{\lambda=350}^{1800}\rho(\lambda)S(\lambda)\Delta\lambda}{\sum_{\lambda=350}^{1800}S(\lambda)\Delta\lambda} \tag{2-45}$$

式中 ρ_e——试样的太阳光直接反射比，%；

$\rho(\lambda)$——试样的太阳光光谱反射比，%；

$S(\lambda)$、$\Delta\lambda$——同式（2-44）。

⑥ 太阳光直接吸收比 $\alpha_{e_{1(2)}}$ 按照式（2-46）计算：

$$\alpha_{e_{1(2)}} = \frac{\int_{300}^{2500}S(\lambda)\alpha'_{12(1}(\lambda)\mathrm{d}\lambda}{\int_{300}^{2500}S(\lambda)\mathrm{d}\lambda} \approx \frac{\sum_{\lambda=350}^{1800}S(\lambda)\alpha'_{12(1}(\lambda)\Delta\lambda}{\sum_{\lambda=350}^{1800}S(\lambda)\Delta\lambda} \tag{2-46}$$

$$\alpha'_{12}(\lambda) = \alpha_1(\lambda) + \frac{\alpha'_1(\lambda)\tau_1(\lambda)\rho_2(\lambda)}{1 - \rho'_1(\lambda)\rho_2(\lambda)} \tag{2-47}$$

$$\alpha_1(\lambda) = 1 - \tau_1(\lambda) - \rho_1(\lambda) \tag{2-48}$$

$$\alpha'_1(\lambda) = 1 - \tau_1(\lambda) - \rho'_1(\lambda) \tag{2-49}$$

$$\alpha'_{12}(\lambda) = \frac{\alpha_2(\lambda)\tau_1(\lambda)}{1 - \rho'_1(\lambda)\rho_2(\lambda)} \tag{2-50}$$

$$\alpha_2(\lambda) = 1 - \tau_2(\lambda) - \rho_2(\lambda) \tag{2-51}$$

式中　$\alpha_{e_{1(2)}}$——双层窗玻璃构件第一或第二片玻璃的太阳光直接吸收比,%。

$\alpha'_{12}(\lambda)$——双层窗玻璃构件第一片玻璃的太阳光光谱吸收比,%。

$\alpha_1(\lambda)$——双层窗玻璃构件第二片玻璃的太阳光光谱吸收比,%。

$\alpha_1(\lambda)$——第一片玻璃，在光由室外侧射入室内侧条件下，测定的太阳光光谱吸收比,%。

$\alpha'_1(\lambda)$——第一片玻璃，在光由室内侧射向室外侧条件下，测定的太阳光光谱吸收比,%。

$\alpha_2(\lambda)$——第二片玻璃，在光由室外侧射入室内侧条件下，测定的太阳光光谱吸收比,%。

$\tau_1(\lambda)$——第一片玻璃的太阳光光谱透射比,%。

$\rho_1(\lambda)$——第一片玻璃，在光由室外侧射入室内侧条件下，测定的太阳光光谱反射比,%。

$\tau_2(\lambda)$——第二片玻璃的太阳光光谱透射比,%。

$\rho'_1(\lambda)$——第一片玻璃，在光由室内侧射向室外侧条件下，测定的太阳光光谱反射比,%。

$\rho_2(\lambda)$——第二片玻璃，在光由室外侧射入室内侧条件下，测定的太阳光光谱反射比,%。

⑦ 双层玻璃的太阳能总透射比，按照式（2-52）计算：

$$g = \tau_e + q_i \tag{2-52}$$

式中　g——试样的太阳能总透射比,%；

τ_e——试样的太阳光直接透射比,%；

q_i——试样向室内侧的二次热传递系数,%。

其中：

$$q_i = \frac{\dfrac{\alpha_{e_1} + \alpha_{e_2}}{h_e} + \dfrac{\alpha_{e_2}}{G}}{\dfrac{1}{h_i} + \dfrac{1}{h_e} + \dfrac{1}{G}} \tag{2-53}$$

$$h_i = 3.6 + \frac{4.4\varepsilon_i}{0.83} \tag{2-54}$$

式中　q_i——双层窗玻璃构件，向室内侧的二次热传递系数,%。

G——双层窗两片玻璃之间的热导，W/（$m^2 \cdot K$）；$G=1/R$，R 为热阻；

h_i——试样构件内侧表面的热传递系数，W/（$m^2 \cdot K$）；

h_e——试样构件外侧表面的热传递系数，$h_e=23$W/（$m^2 \cdot K$）；

ε_i——半球辐射率；

⑧ 双层玻璃的遮阳系数应按式（2－55）计算：

$$S_e = \frac{g}{\tau_s} \tag{2-55}$$

式中 S_e——玻璃遮阳系数；

g——玻璃的太阳能总透射比,%；

τ_s——3mm 厚的普通透明平板玻璃的太阳能总透射比，其理论值取 88.9%。

2）整樘窗的遮阳系数

窗由多个部分组成，窗框、玻璃（或其他面板）等部分的光学性能和传热特性各不一样，在计算整窗的遮阳系数时，应采用各部分的相应数值按面积进行加权平均计算。

（1）整樘窗几何描述

整樘窗应根据框截面的不同对窗框进行分类，每个不同类型窗框截面均应计算框传热系数、线传热系数。不同类型窗框相交部分的传热系数可采用邻近框中较高的传热系数代替。

① 窗面积划分

窗在进行热工计算时应按图 2－13 所示进行面积划分：

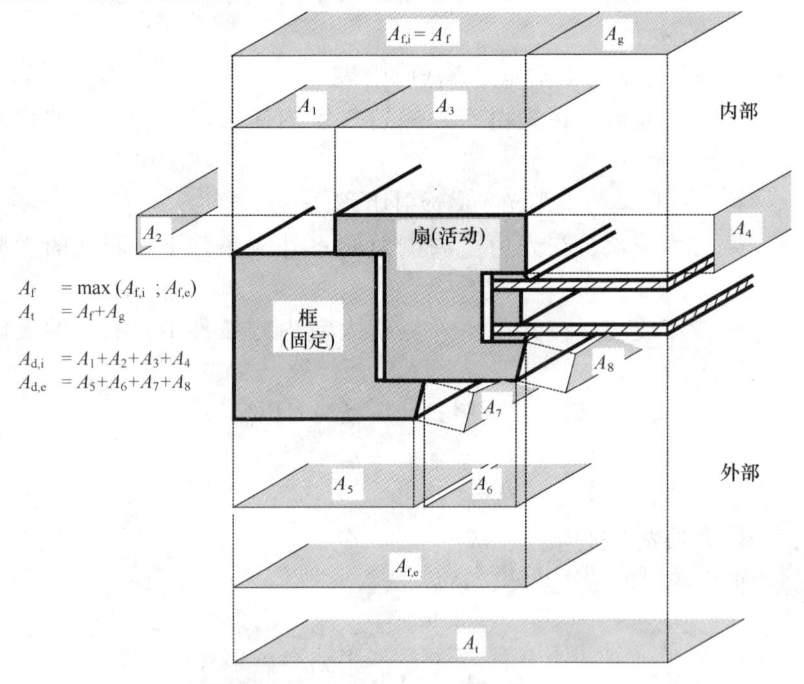

图 2－13 窗各部件面积划分示图

a. 窗框的投影面积 A_f：从室内、外两侧分别投影，得到的可视框投影面积中的较大值，简称“窗框面积”；

b. 玻璃的投影面积 A_g（或其他镶嵌板的投影面积 A_p）：指从室内、外侧可见玻璃（或其他镶嵌板）边缘围合面积的较小值，简称“玻璃面积”；

c. 整樘窗的总投影面积 A_t：窗框面积 A_f 与窗玻璃面积 A_g（或其他镶嵌板的面积 A_p）之和，简称“窗面积”。

② 窗玻璃区域周长划分

玻璃和框结合处的线传热系数对应的边缘长度 l_ψ 应为框与玻璃室内、外接缝长度的较大值，如图 2－14 所示。

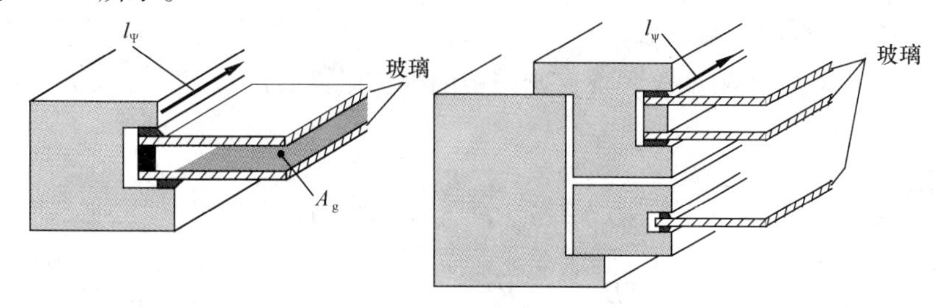

图 2－14　窗玻璃区域周长示图

（2）窗框太阳能总透射比

框的太阳能总透射比可按式（2－56）计算：

$$g_f = \alpha_f \cdot \frac{U_f}{\frac{A_{surf}}{A_f} h_{out}} \tag{2-56}$$

式中　h_{out}——室外表面换热系数，W/（$m^2 \cdot K$），取 16 W/（$m^2 \cdot K$）；

α_f——框表面太阳辐射吸收系数；

U_f——框的传热系数，W/（$m^2 \cdot K$）；

A_{surf}——框的外表面面积，m^2；

A_f——框面积，m^2。

（3）整樘窗遮阳系数计算

整樘窗的遮阳系数是指：在给定条件下，外窗的太阳能总透射比与相同条件下相同面积的标准玻璃（3mm 厚透明玻璃）的太阳能总透射比的比值。

首先按式（2－57）计算整樘窗的太阳能总透射比 g_t：

$$g_t = \frac{\sum g_g A_g + \sum g_f A_f}{A_t} \tag{2-57}$$

式中　g_t——整樘窗的太阳能总透射比；

A_g——窗玻璃（或者其他镶嵌板）面积，m^2；

A_f——窗框面积，m^2；

g_g——窗玻璃区域（或者其他镶嵌板）太阳能总透射比，按本章“玻璃遮阳系数”进行计算；

g_f——窗框太阳能总透射比；

A_t——整樘窗面积，m^2。

整樘窗的遮阳系数 S_C 采用式（2－58）计算：

$$S_C = \frac{g_t}{0.87} \tag{2-58}$$

式中　S_C——整樘窗的遮阳系数；

g_t——整樘窗的太阳能总透射比。

3）外遮阳设施的遮阳系数

建筑的外遮阳是非常有效的遮阳措施。它可以是永久性的建筑遮阳构造，如遮阳板、遮阳挡板、屋檐等；也可以是可拆卸的，如百叶、活动挡板、花格等。根据遮阳设施安装位置分为水平遮阳板、垂直遮阳板及其组合。

（1）水平遮阳板的外遮阳系数和垂直遮阳板的外遮阳系数应按式（2－59）～式（2－61）计算确定：

水平遮阳板：

$$SD_{H} = a_{h}PF^{2} + b_{h}PF + 1 \tag{2-59}$$

垂直遮阳板：

$$SD_{v} = a_{v}PF^{2} + b_{v}PF + 1 \tag{2-60}$$

遮阳板外挑系数：

$$PF = A/B \tag{2-61}$$

式中 SD_H——水平遮阳板夏季外遮阳系数；

SD_v——垂直遮阳板夏季外遮阳系数；

a_h，b_h，a_v，b_v——计算系数，按表2－14取定；

PF——遮阳板外挑系数，当计算出的 $PF>1$ 时，取 $PF=1$；

A——遮阳板外挑长度如图2－15所示；

B——遮阳板根部到窗对边距离如图2－15所示。

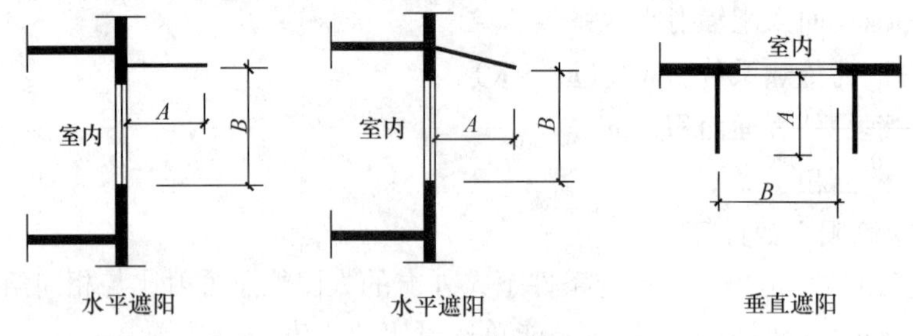

图2－15 遮阳板外挑系数（PF）计算示意

（2）水平遮阳板和垂直遮阳板组合成的综合遮阳，其外遮阳系数值应取水平遮阳板和垂直遮阳板的外遮阳系数的乘积。

表2－14 水平和垂直外遮阳计算系数

气候区	遮阳装置	计算系数	东	东南	南	西南	西	西北	北	东北
寒冷地区	水平遮阳板	a_h	0.35	0.53	0.63	0.37	0.35	0.35	0.29	0.52
		b_h	−0.76	−0.95	−0.99	−0.68	−0.78	−0.66	−0.54	−0.92
	垂直遮阳板	a_v	0.32	0.39	0.43	0.44	0.31	0.42	0.47	0.41
		b_v	−0.63	0.75	−0.78	−0.85	−0.61	−0.83	−0.89	−0.79
夏热冬冷地区	水平遮阳板	a_h	0.35	0.48	0.47	0.36	0.36	0.36	0.30	0.48
		b_h	−0.75	−0.83	−0.79	−0.68	−0.76	−0.68	−0.58	−0.83
	垂直遮阳板	a_v	0.32	0.42	0.42	0.42	0.33	0.41	0.44	0.43
		b_v	−0.65	−0.80	−0.80	−0.82	−0.66	−0.82	−0.84	−0.83
夏热冬暖地区	水平遮阳板	a_h	0.35	0.42	0.41	0.36	0.36	0.36	0.32	0.43
		b_h	−0，73	−0.75	−0，72	−0.67	−0.72	−0.69	−0.61	−0.78
	垂直遮阳板	a_v	0.34	0.42	0.41	0.41	0.36	0.40	0.32	0.43
		b_v	−0.68	−0.81	−0.72	−0.82	−0.72	−0.81	−0.61	−0.83

注：其他朝向的计算系数按上表中最接近的朝向选取。

（3）窗口前方所设置的并与窗面平行的挡板（或花格等）遮阳的外遮阳系数应按式(2－62)计算确定：

$$SD = 1 - (1 - \eta)(1 - \eta^*) \tag{2-62}$$

式中　η——挡板轮廓透光比。即窗洞口面积减去挡板轮廓由太阳光线投影在窗洞口上所产生的阴影面积后的剩余面积与窗洞口面积的比值。挡板各朝向的轮廓透光比按该朝向上的4组典型太阳光线入射角，采用平行光投射方法分别计算或实验测定，其轮廓透光比取4个透光比的平均值。典型太阳入射角按表2－15选取。

η^*——挡板构造透射比。

混凝土、金属类挡板取 $\eta^* = 0.1$；

厚帆布、玻璃钢类挡板取 $\eta^* = 0.4$；

深色玻璃、有机玻璃类挡板取 $\eta^* = 0.6$；

浅色玻璃、有机玻璃类挡板取 $\eta^* = 0.8$；

金属或其他非透明材料制作的花格、百叶类构造取 $\eta^* = 0.15$。

表2－15　典型的太阳光线入射角（°）

窗口朝向	南				东、西				北			
	1组	2组	3组	4组	1组	2组	3组	4组	1组	2组	3组	4组
太阳高度角	0	0	60	60	0	0	45	45	0	30	30	30
太阳方位角	0	45	0	45	75	90	75	90	180	180	135	－135

（4）幕墙的水平遮阳可转换成水平遮阳加挡板遮阳，垂直遮阳可转化成垂直遮阳加挡板遮阳，如图2－16所示。图中标注的尺寸 A 和 B 用于计算水平遮阳和垂直遮阳板的外挑系数 PF，C 为挡板的高度或宽度。挡板遮阳的轮廓透光比 η 可以近似取为1。

2.2.4　幕墙热工性能测试

幕墙（尤其是玻璃幕墙）是融建筑技术、建筑艺术、建筑功能为一体的建筑外围护构件，已成为现代建筑的标志。但其传热耗热量及冷风渗透耗热量所产生的热损失占全部建筑外围护结构能耗的40%～50%，可见提高幕墙的节能性能尤为重要。非透明幕墙的热工性能评价方法与墙体类似，可参阅2.2.2节，本节不再讨论。而玻璃幕墙最主要的热工性能指标与外门窗类似，主要也是气密性、传热系数、遮阳系数等，但由于玻璃幕墙一方面具有构造的特殊性，另一方面面积较大，其测试和评价方法也与门窗不尽相同。下面重点介绍幕墙传热系数的评价方法。

玻璃幕墙传热系数由玻璃传热系数、幕墙框传热系数、玻璃与面板接缝传热系数构成。其中，玻璃传热系数可通过实验室测定，而幕墙框、玻璃与面板接缝传热系数一般通过数值计算方法确定。

1. 玻璃传热系数

玻璃传热系数的测定一般采用光谱法。对于夹层玻璃、中空玻璃或真空玻璃，需要首先通过试验测定单片玻璃的传热系数，然后利用理论方法计算整体的传热系数。

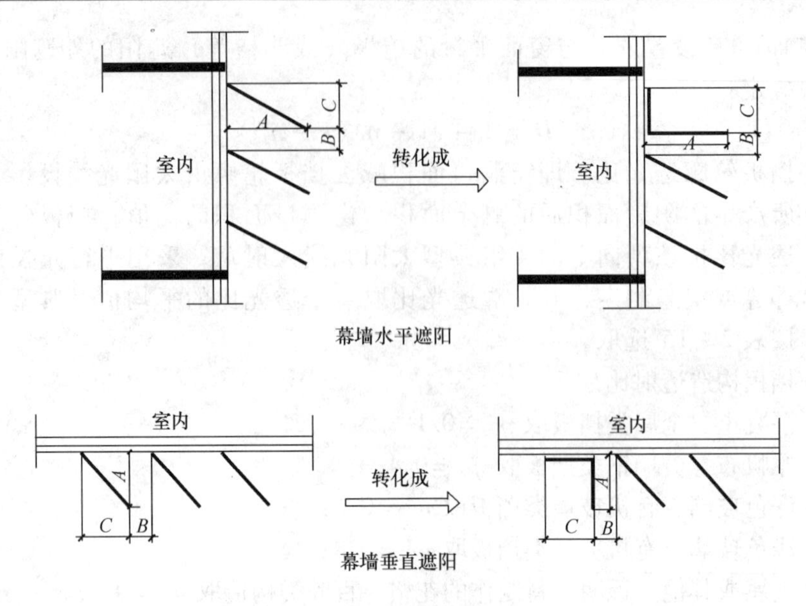

图 2－16　幕墙遮阳计算示意

光谱法是基于物质与辐射能作用时，测量由物质内部发生量子化的能级之间的跃迁而产生的发射、吸收或散射辐射的波长和强度进行分析的方法。光谱法可分为原子光谱法和分子光谱法。

原子光谱法是由原子外层或内层电子能级的变化产生的，它的表现形式为线光谱；属于这类分析方法的有原子发射光谱法（AES）、原子吸收光谱法（AAS）、原子荧光光谱法（AFS）以及 X 射线荧光光谱法（XFS）等。分子光谱法是由分子中电子能级、振动和转动能级的变化产生的，表现形式为带光谱；属于这类分析方法的有紫外－可见分光光度法（UV－Vis）、红外光谱法（IR）、分子荧光光谱法（MFS）和分子磷光光谱法（MPS）等。

玻璃传热系数是利用红外光谱法（IR）测试试样的热辐射光谱反射率，根据公式计算出玻璃的传热系数，具体计算过程如图 2－17 所示，红外光谱仪测试系统如图 2－18 所示。

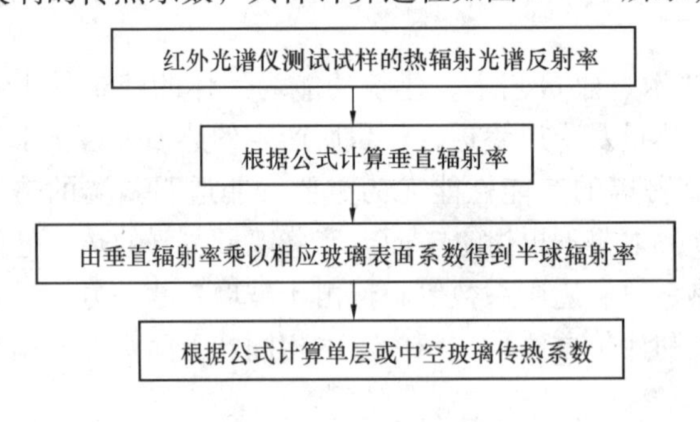

图 2－17　玻璃传热系数计算过程

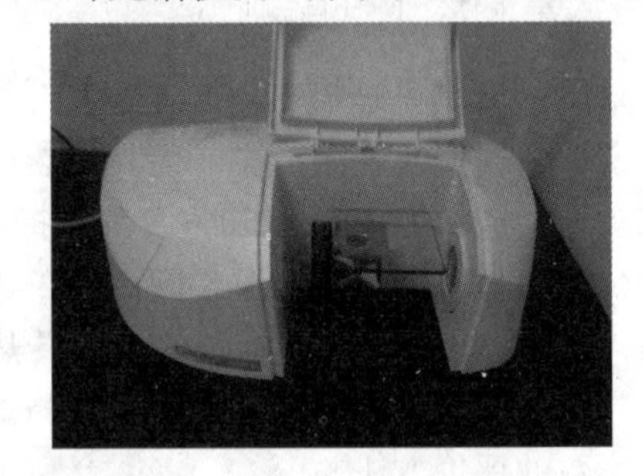

图 2－18　红外光谱仪测试系统

1）垂直辐射率 α_h

垂直辐射率 α_h 指对于垂直入射的热辐射的吸收率，按式（2－63）计算：

$$\begin{aligned}\alpha_h &= 1 - \tau_h - \rho_h \\ &\approx 1 - \rho_h\end{aligned} \tag{2-63}$$

$$\rho_h \approx \sum_{4.5}^{25} G_\lambda \cdot \rho_{(\lambda)} \tag{2-64}$$

式中　α_h——试样的热辐射吸收率，即垂直辐射率,%；

ρ_h——试样的热辐射反射率,%；

$\rho_{(\lambda)}$——试样实测热辐射光谱反射率,%（图 2－19）；

G_λ——绝对温度 293K 下，热辐射相对光谱分布，取值见表 2－16：

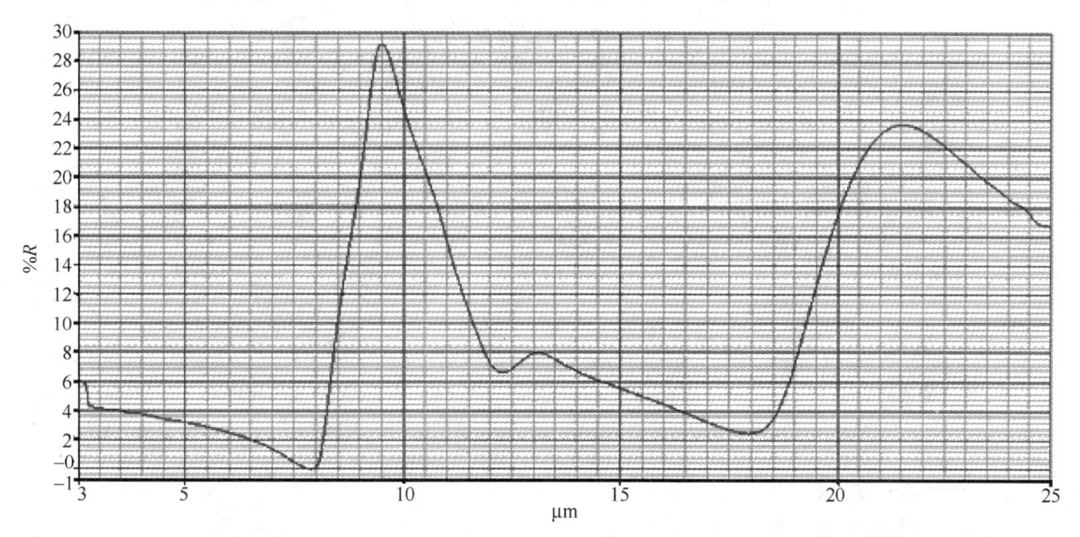

图 2－19　利用红外光谱仪测试试样热辐射光谱反射率

表 2－16　293K 热辐射相对光谱分布 G_λ

波长（μm）	G_λ	波长（μm）	G_λ
4.5	0.0053	15.0	0.0281
5.0	0.0094	15.5	0.0266
5.5	0.0143	16.0	0.0252
6.0	0.0194	16.5	0.0238
6.5	0.0244	17.0	0.0225
7.0	0.0290	17.5	0.0212
7.5	0.0328	18.0	0.0200
8.0	0.0358	18.5	0.0189
8.5	0.0379	19.0	0.0179
9.0	0.0393	19.5	0.0168
9.5	0.0401	20.0	0.0159
10.0	0.0402	20.5	0.0150
10.5	0.0399	21.0	0.0142
11.0	0.0392	21.5	0.0134
11.5	0.0382	22.0	0.0126
12.0	0.0370	22.5	0.0119
12.5	0.0356	23.0	0.0113
13.0	0.0342	23.5	0.0107
13.5	0.0327	24.0	0.0101
14.0	0.0311	24.5	0.0096
14.5	0.0296	25.0	0.0091

2）半球辐射率 ε_i

半球辐射率 ε_i 等于垂直辐射率乘以相应玻璃表面的系数：

未涂膜的平板玻璃表面，0.94；

涂金属氧化物膜的玻璃表面，0.94；

涂金属膜或含有金属膜的多层涂膜的玻璃表面，1.0。

几种常见玻璃的半球辐射率见表2－17：

表2－17　半球辐射率 ε_i

玻璃品种	半球辐射率 ε_i	
	可见光透射比≤15%	可见光透射比＞15%
普通透明玻璃	—	0.83
真空磁控阴极	0.45	0.70
溅射镀膜玻璃	0.45	0.70
离子镀膜玻璃	0.45	0.70
电浮法玻璃	—	0.83

3）单片玻璃和夹层玻璃玻璃传热系数

首先按式（2－65）计算玻璃热导：

$$h_t = \frac{\lambda}{d} \tag{2-65}$$

式中　h_t——玻璃热导，W/（m^2·K）；

λ——玻璃导热系数，W/（m·K）；

d——玻璃厚度，夹层玻璃为除去胶片后玻璃的净厚度，m。

然后按式（2－66）计算单片玻璃和夹层玻璃的传热系数：

$$\frac{1}{U} = \frac{1}{h_e} + \frac{1}{h_t} + \frac{1}{h_i} \tag{2-66}$$

式中　U——单片玻璃和夹层玻璃传热系数，W/（m^2·K）；

h_e——玻璃的室外表面换热系数；W/（m^2·K）；

h_i——玻璃的室内表面换热系数；W/（m^2·K）；

h_t——多层玻璃系统内部热传导系数。W/（m^2·K）。

4）中空玻璃传热系数

（1）按式（2－67）计算玻璃系统热导

$$\frac{1}{h_t} = \sum_{n=1}^{N} \frac{1}{h_s} + \frac{d}{\lambda} \tag{2-67}$$

式中　h_t——玻璃系统热导，W/（m^2·K）；

h_s——中空玻璃气体间隔层或真空玻璃间隙层热导，W/（m^2·K）；

N——气体间隔层数；

d——组成玻璃系数各单片玻璃厚度之和，m；

λ——玻璃导热系数，W/（m·K）。

（2）中空玻璃气体间隙层热导按式（2－68）计算：

$$h_s = h_g + h_r \tag{2-68}$$

式中　h_g——中空玻璃气体换热系数（包括传导和对流），按式（2－69）计算；

h_r——中空玻璃气体间隙层内两片玻璃之间辐射换热系数。

3）中空玻璃气体换热系数按式（2-69）计算：

$$h_g = N_u \frac{\lambda}{s} \tag{2-69}$$

式中　s——气体间隔层的厚度，m；

λ——气体导热系数，W/（m·K）；

（4）N_u 是努赛尔准数，按式（2-70）计算（如果 N_u <1，则将 N_u 取为1）：

$$N_u = A(G_r \cdot P_r)^n \tag{2-70}$$

式中　A、n 为常数，当玻璃垂直时，$A=0.035$，$n=0.38$；当玻璃水平时，$A=0.16$，$n=0.28$；当玻璃倾斜45°时，$A=0.10$，$n=0.31$；

G_r 为格拉晓夫准数，按式（2-71）计算：

$$G_r = \frac{9.81 s^3 \Delta T \rho^2}{T_m \mu^2} \tag{2-71}$$

P_r 为普朗特准数，按式（2-72）计算：

$$P_r = \frac{\mu c}{\lambda} \tag{2-72}$$

式中　ΔT——中空玻璃气体间隙层两玻璃内表面的温度差，可按15K取值；

ρ——气体密度，kg/m^3；

μ——气体的动态黏度，kg/（m·s）；

c——气体比热容，J/（kg·K）；

T_m——玻璃平均温度，可按283K取值。

各气体的相关参数见表2-18。

表2-18　气体特性

气体	温度 θ（℃）	密度 ρ（kg/m^3）	动态黏度 μ［10^{-5}kg/（m·s）］	导热系数 λ［10^{-2}W/（m·K）］	比热容 c［10^3J/（kg·K）］
空气	-10	1.326	1.383	2.336	1.008
	0	1.277	1.421	2.416	
	+10	1.232	1.459	2.496	
	+20	1.189	1.497	2.576	
氩气	-10	1.829	2.260	1.584	0.519
	0	1.762	2.330	1.634	
	+10	1.699	2.400	1.684	
	+20	1.640	2.228	1.734	
氟化硫	-10	6.844	1.383	1.119	0.614
	0	6.602	1.421	1.197	
	+10	6.360	1.459	1.275	
	+20	6.118	1.497	1.354	
氪气	-10	3.832	2.260	0.842	0.245
	0	3.690	2.330	0.870	
	+10	3.560	2.400	0.900	
	+20	3.430	2.470	0.926	

（5）中空玻璃气体间隙层内两片玻璃之间辐射热导按式（2-73）计算：

$$h_r = 4\sigma\left(\frac{1}{\varepsilon_1}+\frac{1}{\varepsilon_2}-1\right)^{-1} \times T_m^3 \tag{2-73}$$

式中　ε_1、ε_2——中空玻璃气体间隙层或真空玻璃间隙层两片玻璃内表面在平均绝对湿度 T_m 下的校正发射率，未镀低辐射膜玻璃表面校正发射率应按0.837取值；斯蒂芬－波尔兹曼常数 σ 按 5.67×10^{-8} W/（$m^2\cdot K$）取值。

（6）中空玻璃传热系数应按式（2－74）计算：

$$\frac{1}{U} = \frac{1}{h_e}+\frac{1}{h_t}+\frac{1}{h_i} \tag{2-74}$$

式中　U——中空玻璃传热系数，W/（$m^2\cdot K$）；

h_e——室外表面换热系数，W/（$m^2\cdot K$），按式（2－75）计算。一般情况下，h_e 可按23 W/（$m^2\cdot K$）取值；

h_t——玻璃系数热导，W/（$m^2\cdot K$）；

h_i——室内表面换热系数，W/（$m^2\cdot K$），按式（2－76）计算。如果玻璃室内表面未镀低辐射膜，可按8 W/（$m^2\cdot K$）取值。

$$h_e = 10.0 + 4.1\nu \tag{2-75}$$

式中　ν——玻璃表面附近风速，m/s。

$$h_i = 3.6 + 4.4\varepsilon/0.837 \tag{2-76}$$

式中　ε——玻璃室内表面校正发射率，由标准发射率 ε_n 乘以表2－19给出的系数得到。

表2－19　校正发射率与标准发射率之间的关系

标准发射率 ε_n	系数 $\varepsilon/\varepsilon_n$	标准发射率 ε_n	系数 $\varepsilon/\varepsilon_n$
0.03	1.22	0.5	1.00
0.05	1.18	0.6	0.98
0.1	1.14	0.7	0.96
0.2	1.10	0.8	0.95
0.3	1.06	0.89	0.94
0.4	1.03		

注：其他值可以通过线性插值或外推获得。

对于镀膜玻璃，其标准发射率（ε_n）的确定按如下方法进行：

在接近正常入射状况下，采用红外光谱仪测试玻璃反射曲线。然后在反射曲线上，按表2－20给出的30个波长值，测定相应的反射率 $R_n(\lambda_i)$，然后按式（2－77）计算283K温度下的标准反射率：

$$R_n = \frac{1}{30}\sum_{i=1}^{30} R_n(\lambda_i) \tag{2-77}$$

最后，按式（2－78）计算283K温度下的标准发射率：

$$\varepsilon_n = 1 - R_n \tag{2-78}$$

5）真空玻璃传热系数

真空玻璃传热系数的计算步骤与中空玻璃基本相同，两者的主要区别在于式（2－79）中 h_s（中空玻璃气体间隔层或真空玻璃间隙层热导）的确定方法不同。对于真空玻璃，间隙层热导应按式（2－79）计算：

表 2－20　用于测定 283K 下标准反射率 R_n 的波长（单位：μm）

序 号	波 长	序 号	波 长
1	5.5	16	14.8
2	6.7	17	15.6
3	7.4	18	16.3
4	8.1	19	17.2
5	8.6	20	18.1
6	9.2	21	19.2
7	9.7	22	20.3
8	10.2	23	21.7
9	10.7	24	23.3
10	11.3	25	25.2
11	11.8	26	27.7
12	12.4	27	30.9
13	12.9	28	35.7
14	13.5	29	43.9
15	14.2	30	50.0

$$h_s = h_c + h_z + h_r \qquad (2-79)$$

式中　h_s——真空玻璃间隙层热导；

　　h_c——真空玻璃残余气体热导；

　　h_z——真空玻璃中支撑物热导；

　　h_r——真空玻璃间隙层内两片玻璃之间的辐射热导。

（1）真空玻璃残余气体热导应按式（2－80）计算：

$$h_c = 0.6P \qquad (2-80)$$

式中　P——真空玻璃中残余气体压强，Pa。

（2）真空玻璃中支撑物热导应按式（2－81）计算：

$$h_z = \frac{2\lambda a}{b^2} \qquad (2-81)$$

式中　λ——玻璃导热系数，W/（m·K）；

　　a——支撑物半径，m；

　　b——支撑物方阵间距，m。

（3）真空玻璃间隙层内两片玻璃之间的辐射热导的 h_r 确定方法与中空玻璃相同。

（4）按式（2－65）计算得到玻璃系数热导 h_t 后，即可按式（2－74）计算真空玻璃的传热系数。

2. 幕墙传热系数计算

幕墙玻璃传热系数确定以后，可按稳态热传导（目前一般为二维）分析，计算幕墙框传热系数及玻璃与面板接缝传热系数的理论值。

1）计算框的传热系数 U_f

框的传热系数 U_f 应在计算幕墙的某一框截面的二维热传导的基础上获得；在框的计算截面中，用一块导热系数 $\lambda = 0.03$W/（m·K）的板材替代实际的玻璃（或其他镶嵌板），板材的厚度等于所替代面板的厚度，嵌入框的深度按照面板嵌入的实际尺寸，可见部分的板

材宽度 b_p 不应小于200，如图2-20所示：

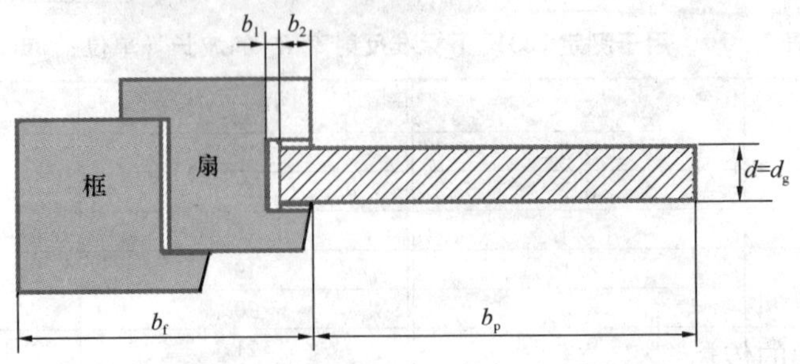

图2-20　框传热系数计算模型示意图

在室内外标准条件下，用二维热传导计算程序计算流过图2-20截面的热流 q_w，并应按式（2-82）整理：

$$q_W = \frac{(U_f \cdot b_f + U_p \cdot b_p) \cdot (T_{n,in} - T_{n,out})}{b_f + b_p} \tag{2-82}$$

$$U_f = \frac{L_f^{2D} - U_p \cdot b_p}{b_f} \tag{2-83}$$

$$L_f^{2D} = \frac{q_W(b_f + b_p)}{T_{n,in} - T_{n,out}} \tag{2-84}$$

式中　U_f——框的传热系数，W/（m^2·K）；

L_f^{2D}——框截面整体的线传热系数，W/（m·K）；

U_p——板材的传热系数，W/（m^2·K）；

b_f——框的投影宽度，m；

b_p——板材可见部分的宽度，m；

$T_{n,in}$——室内环境温度，K；

$T_{n,out}$——室外环境温度，K。

2）计算框与玻璃系统（或其他镶嵌板）接缝的线传热系数 ψ

用实际的玻璃系统（或其他镶嵌板）替代导热系数 $\lambda=0.03$W/（m·K）的板材，其他尺寸不改变，如图2-21所示。

用二维热传导计算程序，计算在室内外标准条件下流过图2-21截面的热流 q_ψ，q_ψ 按式（2-85）整理：

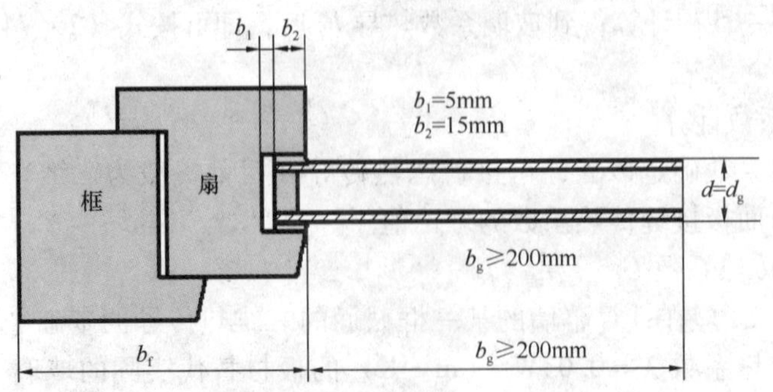

图2-21　框与面板接缝传热系数计算模型示意图

$$q_{\psi} = \frac{(U_f \cdot b_f + U_g \cdot b_g + \psi) \cdot (T_{n,in} - T_{n,out})}{b_f + b_g} \tag{2-85}$$

$$\psi = L_{\psi}^{2D} - U_f \cdot b_f - U_g \cdot b_g \tag{2-86}$$

$$L_{\psi}^{2D} = \frac{q_{\psi}(b_f + b_g)}{T_{n,in} - T_{n,out}} \tag{2-87}$$

式中　ψ——框与玻璃（或其他镶嵌板）接缝的线传热系数，W/（m·K）；

L_{ψ}^{2D}——框截面整体线传热系数，W/（m（K）；

U_g——玻璃的传热系数，W/（m^2·K）；

b_g——玻璃可见部分的宽度，m。

$T_{n,in}$——室内环境温度，K；

$T_{n,out}$——室外环境温度，K。

3）计算幕墙传热系数 U_{CW}

利用幕墙框传热系数、玻璃与面板接缝传热系数的理论值并与玻璃传热系数按式（2－88）计算幕墙传热系数 U_{CW}：

$$U_{CW} = \frac{\sum U_g A_g + \sum U_p A_p + \sum U_f A_f + \sum \psi_g l_g + \sum \psi_p l_p}{\sum A_g + \sum A_p + \sum A_f} \tag{2-88}$$

式中　U_{CW}——单幅幕墙的传热系数，W/（m^2·K）；

A_g——玻璃或透明面板面积，m^2；

l_g——玻璃或透明面板边缘长度，m；

U_g——玻璃或透明面板传热系数，W/（m^2·K）；

ψ_g——玻璃或透明面板边缘的线传热系数，W/（m·K）；

A_p——非透明面板面积，m^2；

l_p——非透明面板边缘长度，m；

U_p——非透明面板传热系数，W/（m^2·K）；

ψ_p——非透明面板边缘的线传热系数，W/（m·K）；

A_f——框面积，m^2；

U_f——框的传热系数，W/（m^2·K）。

4）计算软件及算例

由于幕墙构件构造较为复杂，幕墙传热系数的计算一般需借助数值方法（如有限元）。目前，国内外已相继研发出了一些门窗幕墙传热性能计算软件。如：美国劳伦斯实验室依据NFRC 标准开发了 LNBL 系列软件，可准确计算玻璃、门窗和幕墙的热工性能；我国广东省建筑科学院依据我国现行标准《建筑门窗玻璃幕墙热工计算规程》（JGJ/T 151—2008）开发了“幕墙门窗热工性能计算软件”；等等。下面通过一个算例来介绍一下幕墙传热系数的计算方法及过程。

图 2－22 是上海某工程项目施工用墙的幅面图，图 2－23 ~ 图 2－28 是该幕墙的各部分框结构的节点图，该幕墙采用 10Low－E＋12A＋8 双层中空镀膜玻璃。根据幕墙幅面图，框节点图，以及玻璃物性可以使用幕墙门窗热工性能计算软件计算该幕墙的传热系数。

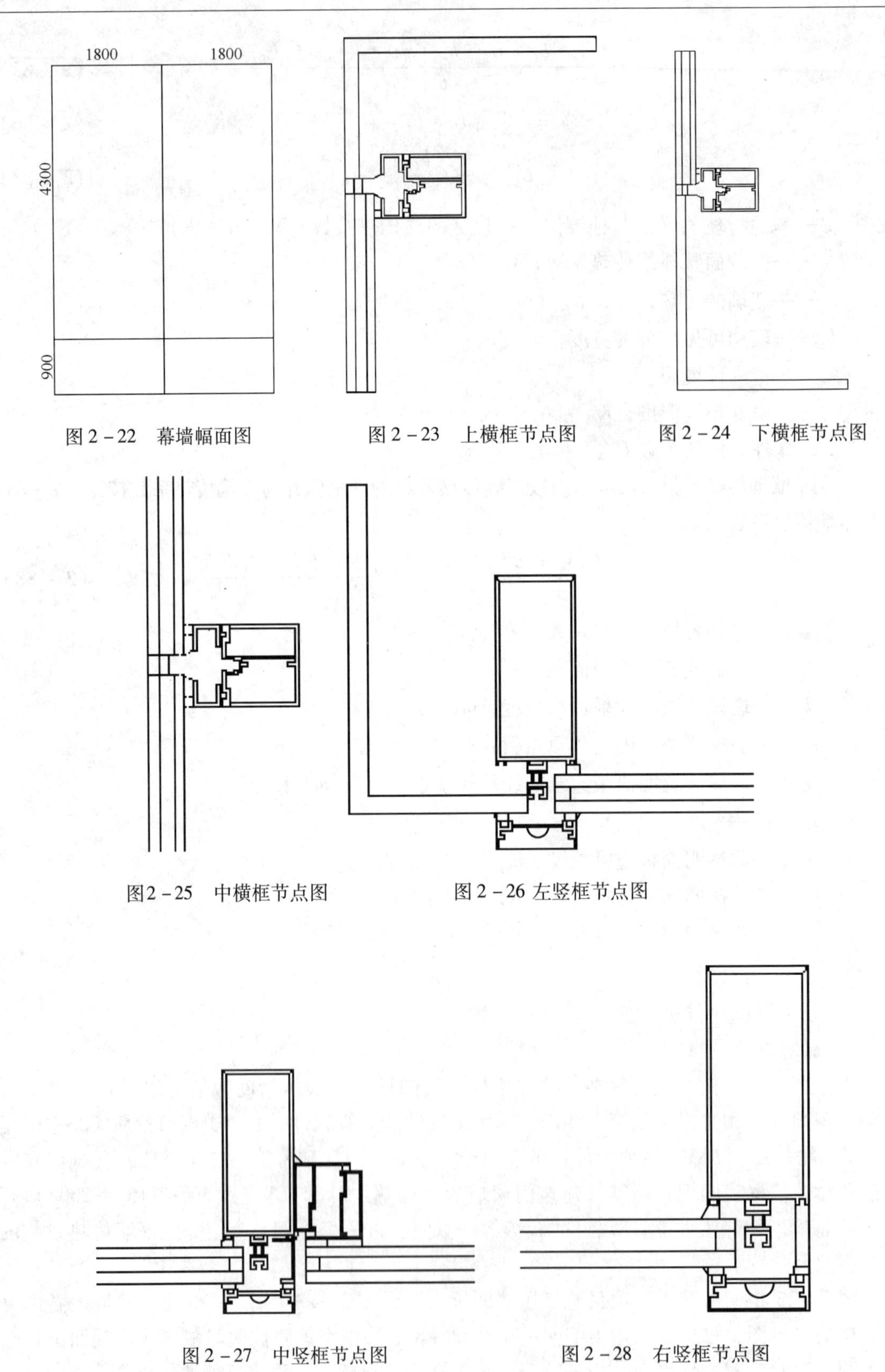

图 2－22　幕墙幅面图

图 2－23　上横框节点图

图 2－24　下横框节点图

图2－25　中横框节点图

图 2－26 左竖框节点图

图 2－27　中竖框节点图

图 2－28　右竖框节点图

计算流程如下：

新建工程，开始工程计算之前，选择设计类型。本工程位于上海，选择“工程设计”类型，所在区域设置为“上海”，软件将自动导出上海气象参数，如图2－29所示。主要计算流程为：玻璃系数热工性能计算，框节点传热性能计算，幅面传热系数计算。

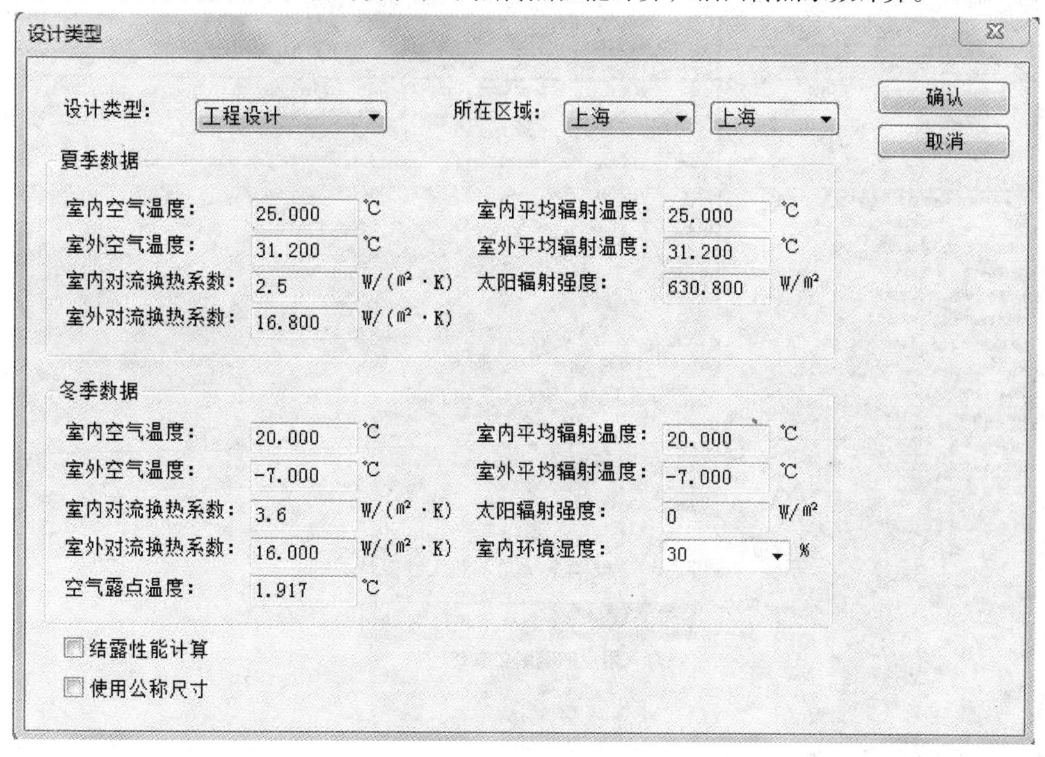

图2－29　设计类型设置

（1）玻璃系统热工性能计算

首先进行玻璃系统的热工性能计算。在玻璃系统操作界面中，依据标准JGJ/T 151—2008，选用“上海环境条件”，新建一个玻璃系统，命名“10Low-E＋12A＋8”，根据玻璃属性对玻璃和空气层进行设置。此玻璃系统为10＋12A＋8的外层Low-E镀膜玻璃系统，点击“计算”按钮，软件自动计算出玻璃系统传热系数，并显示出该玻璃系统的光谱图，如图2－30所示。该玻璃系统的冬季传热系数与夏季传热系数分别为2.017W/（$K\cdot m^2$）和2.233 W/（$K\cdot m^2$）。

如果玻璃系统数据库中找不到该种玻璃，也可通过红外光谱法测试中空玻璃四个面的辐射光谱反射率，再运行菜单栏“玻璃库I/O”中的“导入用户玻璃库文本”，如图2－31所示，选择导入的路径及文件即可。导入的玻璃数据放置在“用户玻璃数据库”中。

（2）框节点传热性能计算

玻璃传热性能计算完成之后，在软件操作面板中新建节点，首先导入上横框节点图，设置框的材料属性，并插入新建的玻璃系统“10Low-E＋12A＋8”，按照上海环境条件设置室内外边界条件，点击计算。软件将自动生成框节点网格线，计算传热性能，如图2－32所示。该幕墙上横框的传热系数为3.02W/（$m^2\cdot K$）。然后依次计算其他各框的传热系数，得到表2－21所示结果。

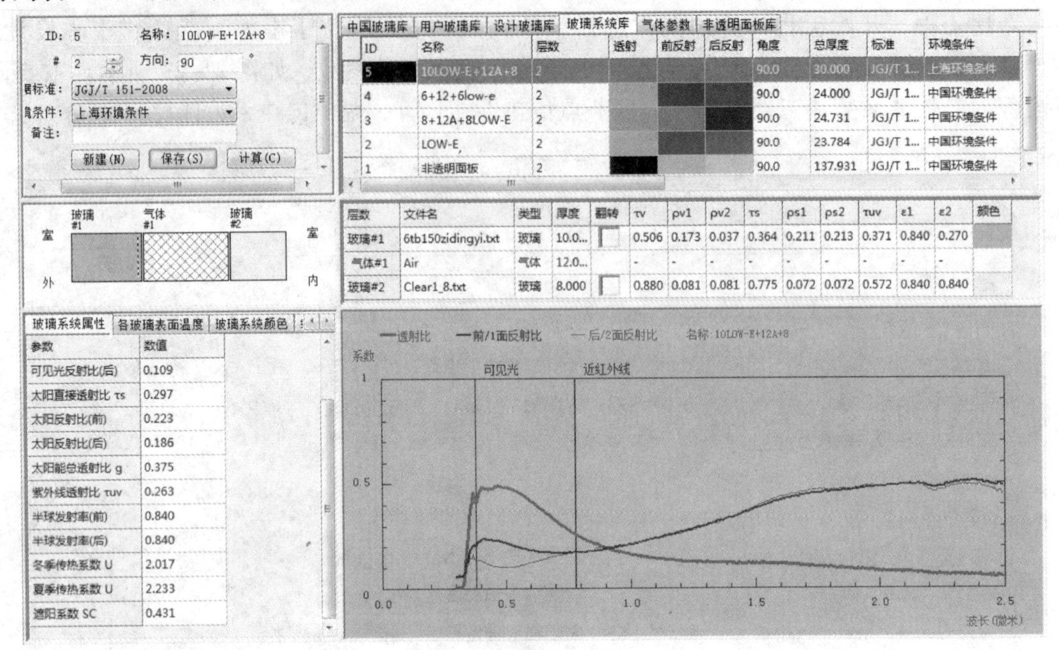

图2－30　玻璃系统光学热工性能计算

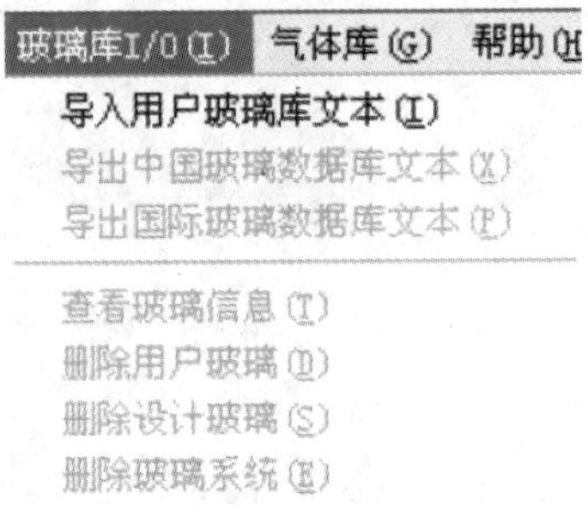

玻璃库I/O (I)　气体库(G)　帮助(H)

导入用户玻璃库文本(I)

导出中国玻璃数据库文本(X)

导出国际玻璃数据库文本(P)

查看玻璃信息(T)

删除用户玻璃(D)

删除设计玻璃(S)

删除玻璃系统(E)

图2－31　导入用户玻璃库文本

表2－21　框节点传热系数结算结果

编　号	名　称	传热系数［W/（m^2·K）］
1	上横框	3.02
2	下横框	5.39
3	中横框	3.95
4	左竖框	3.61
5	中竖框	6.79
6	右竖框	3.66

（3）幅面功能计算

在工程面板中新建幅面，导入幕墙的幕墙图。将计算好的框节点图和玻璃系统导入到幕墙幅面中，点击计算。得到该幕墙幅面的传热系数为2.683 W/（m^2·K），如图2－33所示。

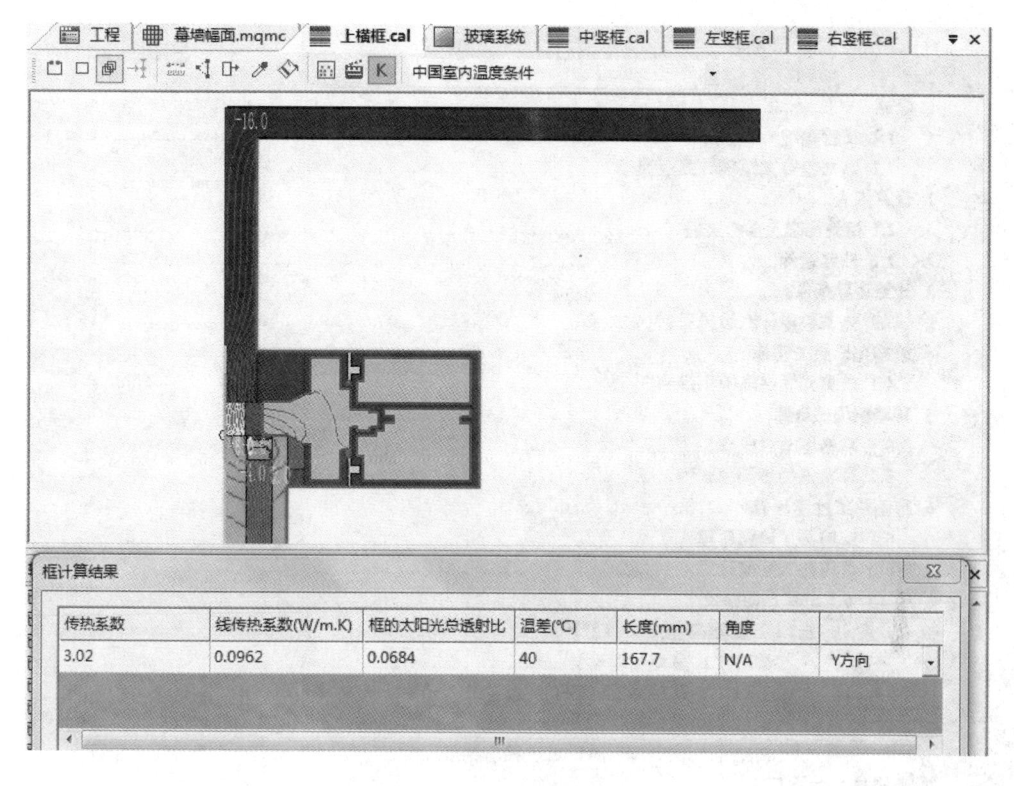

图 2－32　上横框节点传热性能计算

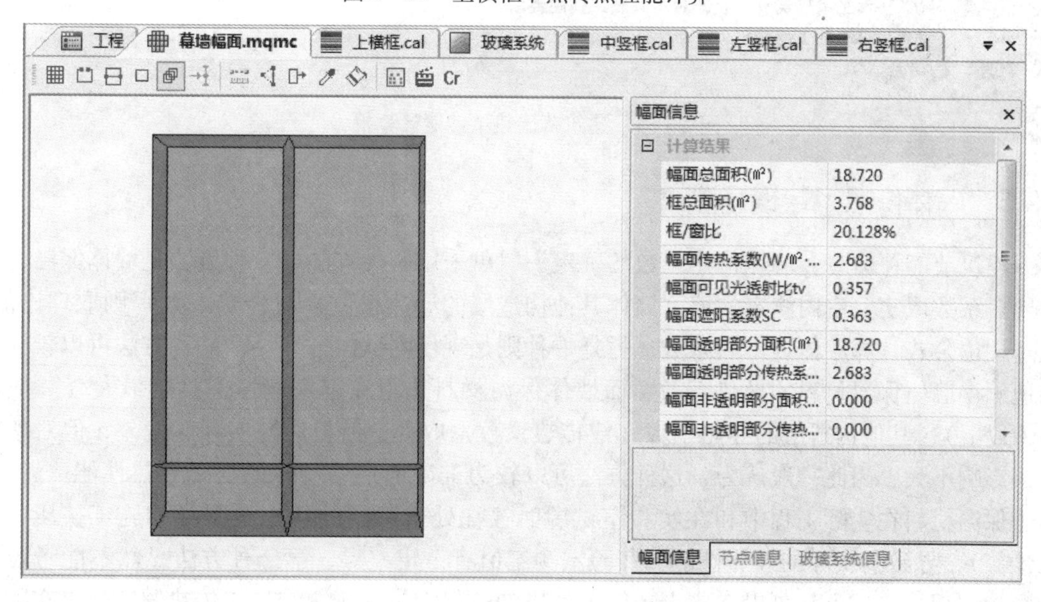

图 2－33　幕墙幅面传热性能计算

（4）生成计算分析报告

完成幕墙幅面计算之后，可以点击软件工程中自动生成报告的图标，软件将自动生成幕墙计算书，如图 2－34 所示。

目　录

1 概述......1
　1.1 工程概况......1
　1.2 本工程热工性能计算项目......1
2 计算依据......1
　2.1 相关标准及参考文件......1
　2.2 计算软件......1
3 计算边界条件......1
　3.1 热工性能计算边界条件......1
4 玻璃光学热工性能......2
　4.1 玻璃光学性能检测报告......2
5 幕墙框传热计算......3
　5.1 幕墙框节点选取......3
　5.2 幕墙框传热计算原理......3
6 幕墙热工性能计算......5
　6.1 幕墙热工计算原理......5
　6.2 幕墙热工性能计算......7
　　6.2.1 幕墙幅面......7
　　　6.2.1.1 幕墙幅面热工性能计算......8
　　　　6.2.1.1.1 幕墙幅面设计......8
　　　　6.2.1.1.2 透明面板（玻璃）光学热工性能计算......9
　　　　6.2.1.1.3 框传热计算结果......10
　　　　6.2.1.1.4 幕墙幅面的计算过程与结果......11
7 幕墙热工性能汇总......13
　7.1 本工程建筑节能设计对幕墙热工性能要求......13
　7.2 幕墙热工性能汇总表......13
8 结论......14

图 2-34　建筑幕墙热工性能计算报告

2.2.5　墙体传热系数现场测试

建筑节能评估时，墙体传热系数的确定一般可采用两种方法，一种方法是墙体保温材料的导热系数取实验室内测定的值，墙体其他构造层的导热系数（或传热系数）则取理论值，通过理论公式计算墙体的传热系数；另外一种则是现场测试的方法。前一种方法可以较为准确地测得墙体保温材料的导热系数，而墙体保温材料热阻在整个墙体中贡献最大（一般占85%以上），其他构造层的导热系数（或传热系数）取理论值虽然与实际有偏差，但对整体结果影响不大，因此一般认为，这种方法可以较为准确地估计墙体的实际导热性能。然而，由于保温材料在实际工程中和在实验室试验时往往处于不同的状态之下（如施工挤压、含水量等），导致其实际的导热性能和实验室测定值有一定差异，第一种方法显然不能考虑这种影响。现场测试方法可以考虑上述问题的影响，但它是基于一维稳态传热假定的，实际测试时，一维和稳态这两个条件往往都难以实现，导致测试结果可能偏离较大。前一种方法在后面章节有专门介绍，本节主要介绍现场测试法。

1. 热流计法现场检测墙体传热系数基本原理

在被测部位布置热流计，在热流计周围的内外表面布置热电偶，通过导线把所测试的各部分连接起来，将测试信号直接输入微机，通过计算机数据处理，可测试出热流值及温度读数。当传热过程稳定后，开始计量。为使测试结果准确，测试时应在连续采暖并维持稳定温度的房间中进行。一般来说，室内温差愈大，其测量误差相对愈小，所得结果亦较为精确。由于在工程现场往往密封条件差，并且缺少制造温差的手段，所以目前用的比较多的是在热流计外面加上一个温度控制箱的温控式热流计法传热系数检测。

2. 布置测点

为了尽可能地创造接近一维传热的条件，测点位置远离门窗、热桥、构造有突变的部位、有裂缝和有空气渗漏的部位、受加热、制冷装置和风扇直接影响的部位、阳光直射的部位等，一般可采用红外热像仪辅助确定。

3. 安装检测仪器

热流计不少于2个，直接安装在受检围护结构的内表面上，且应与表面完全接触。表面温度传感器不少于3个。温度传感器应在受构围护结构内外两侧表面安装。内表面温度传感器应靠近热流计安装，外表面温度传感器宜在与热流计相对应的位置安装。温度传感器连同0.1m长引线应与受检表面紧密接触，传感器表面的辐射系数应与被测表面基本相同。

4. 测试时间

检测时间宜选在冬季且应避开气温剧烈变化的天气，室内外平均温差大于15℃。可采取电加热的方式建立室内外温差，且检测过程中的任何时刻，受检围护结构两侧表面温度的高低关系应保持一致。检测持续时间不应少于96h。检测期间，室内空气温度逐时值的波动不宜超过2℃，热流计不得受阳光直射，围护结构受检区域的外表面宜避免雨雪侵袭和阳光直射。

检测期间，应逐时记录热流密度和内外表面温度。可记录多次采样数据的平均值，采样时间间隔宜短于传感器最小时间常数的1/2。

5. 数据处理

数据分析宜采用动态分析法。当满足下列条件时，可采用算术平均法：

（1）末次围护结构的热阻 R 计算值与24h之前的 R 计算值相关不大于5%。

（2）检测期间（DT）内第一个INT（2×DT/3）天内与最后一个同样长的天数内的 R 计算值相差不大于5%。（INT表示取整）

采用算术平均法进行数据分析时，应采用室内加热稳定后至少72h的数据，按式（2－89）计算围护结构的热阻。

$$R = (\theta_i - \theta_e)/q \tag{2-89}$$

式中　R——围护结构的热阻，$m^2 \cdot K/W$；

θ_i——围护结构内表面温度的测量平均值，℃；

θ_e——围护结构外表面温度的测量平均值，℃；

q——热流密度的测量平均值，W/m^2；

围护结构传热系数的检测应在受检墙体或屋面施工完成后至少三个月后进行。如检测为施工完成一年后进行，外围护结构的传热系数可按式（2－90）计算。

$$K = 1/(R_i + R + R_e) \tag{2-90}$$

式中　K——围护结构的传热系数，$W/m^2 \cdot K$；

R_i——内表面换热阻，取 $0.11m^2 \cdot K/W$；

R_e——外表面换热阻，取 $0.11m^2 \cdot K/W$；

当测试过程不满足上述条件时，一般需采用动态分析法。

动态分析法是利用热平衡方程对墙体传热系数进行计算。特别是在温度和热流变化较大的情况下，可以采用动态分析法从对热流计测量的数据进行分析，求得建筑物围护结构的稳态热性能。尤其是室外环境的不可控制性使得围护结构几乎不会存在稳态的情况，动态分析法对实验条件要求较为宽松，测试时间短，不需要围护结构达到稳态或准稳态，并可较好的满足工程需要的精度。国际标准中给出了动态分析法的数学模型，见式（2－91）：

$$q_i = \frac{1}{R}(T_{Li} - T_{Ei}) + K_1 \dot{T}_{Li} - K_2 \dot{T}_{Ei} + \sum_n P_n \sum_{j=i-p}^{i-1} T_{Lj}(1-\beta_n)\beta_n(i-j) + \sum_n Q_n \sum_{j=i-p}^{i-1} T_{Ej}(1-\beta_n)\beta_n(i-j) \tag{2-91}$$

式中 q_i——i 时刻壁面热流，W/m^2；

R——围护结构热阻，$m^2 \cdot k/W$；

T_{Li}、T_{Ei}——i 时刻内、外壁面温度，K；

P——辅助参数；

$\dot{T}_{Li}$、$\dot{T}_{Ei}$——T_{Li}、T_{Ei} 的时间差分，h；

K_1、K_2、P_n、Q_n——共为 $2n+2$ 个未知变量；

$\beta_n = exp(-\Delta t/\tau_n)$ 为时间常数 τ_n 的指数函数，Δt 为时间间隔。

上述方程可利用线性方程组数值计算技术求解，进而得到墙体的传热系数。

2.2.6 围护结构隔热性能现场测试

在夏季，围护结构内表面温度的最高值如果不超过人体皮肤平均温度（33～35℃），人体会感觉比较舒适，若高于此值，尤其在36℃以上，身体的热感非常明显。

建筑外围护结构隔热质量的控制指标主要有三种：围护结构内表面最高温度、结构的热惰性指标和隔热指数。用围护结构内表面最高温度作为隔热指标能直观反映围护结构的隔热质量及综合反映围护结构的隔热效果，以下简要介绍夏季内表面温度的检测。

隔热性能现场检测应在夏季进行，检测持续时间不少于24h，数据记录时间间隔应不大于60min。检测期间室外气候条件应符合下列规定：

（1）检测开始前2d应为晴天或少云天气；

（2）检测日应为晴天或少云天气，水平面的太阳辐射照度最高值不宜低于《民用建筑热工设计规范》（GB 50176）给出的当地夏季太阳辐射照度最高值的90%；

（3）检测日室外最高空气温度宜在34.1～38.1℃；

（4）检测日室外风速不应超过6m/s。

（5）受检围护结构内表面所在房间应有良好的自然通风环境，围护结构外表面的直射阳光在白天不应被其他物体遮挡，检测时房间的窗应全部开启且应有自然通风在室内形成。

检测时应同时记录室内、外空气温度，受检围护结构内、外表面温度，室外风速，室外太阳辐射强度。内、外表面各布置3个测点，取其平均值，室外空气温度测点置于百叶箱内，以内表面最高温度不大于室外空气温度为合格。

2.2.7 围护结构热工缺陷现场测试

由于设计或施工原因，建筑围护结构可能存在一些部位缺少保温材料、保温材料受潮或由于构件质量、构件安装质量而引起空气渗漏等，造成这些部位的热工性能与主体部位的热工性能差异较大，这种现象被称为建筑物围护结构的热工缺陷。

围护结构的热工缺陷通常分为热桥缺陷、施工缺陷和空气渗透缺陷三类。热桥（以往又称冷桥，现统一定名为热桥）是指处在外墙和屋面等围护结构中的钢筋混凝土或金属梁、柱、肋等部位。因这些部位传热能力强，热流较密集，内表面温度较低，故称为热桥。热桥缺陷是指由设计或施工等原因造成的热桥部位保温材料厚度不够、保温材料受潮或施工方法不当，使得热桥部位的热损失大于主体墙面（屋面）的热损失而形成的缺陷。施工缺陷是指主体墙面（屋面）由于施工原因，漏设、人为不设保温层或由于施工管理不当而使保温材料受潮，导致该部位的热损失大于其他部位的热损失而形成的缺陷。空气渗透缺陷主要包括外门窗本身的渗漏和外门窗的安装质量，如外门窗外框与门窗空洞连接处的缝隙等形成的缺陷，既有建筑墙体、屋顶的连接部位或构件本身的渗漏也会形成此类缺陷。

围护结构热工缺陷是影响建筑物节能效果和热舒适性的重要因素。由于墙体及屋面的热工缺陷人的肉眼是看不到的，用常规的检测手段也难于判定。根据传热机理，建筑外围护结构内部缺陷的存在将导致结构的表面温度也将是非均匀的，因此根据结构表面温度场的变化可以判断结构内部是否存在热工缺陷。对于非均匀表面温度的测量，目前主要应用的方法有接触式测量和非接触式测量两种。其中非接触式测量法的感温元件不与被测介质接触，不破坏被测对象的温度场，不受被测介质的影响，从而不会改变被测表面的热状态，测试误差较小。红外热像法则是非接触式测量温度的典型方法。

1. 红外热像法基本原理

红外线是一种波长为0.781～1000μm的电磁波。按波长可分为近红外、中红外和远红外。只要物体的温度高于绝对零度，物体表面的原子和分子运动就会释放出红外线能量。红外热像法（Infrared ThermalImage Technology）测温是基于物体本身的热辐射，因目标与背景的温度和发射率不同，而产生在能量和光谱分布上的辐射差异，这种辐射差异所携带的目标信息，经红外热像仪转换成相应电信号，通过信息处理后，在显示器上显示出被测物体表面温度分布的热图像。红外热像法测温原理如图2－35所示。用红外摄像仪拍摄的表示物体表面表观辐射温度的图片称作热像图（thermogram）。

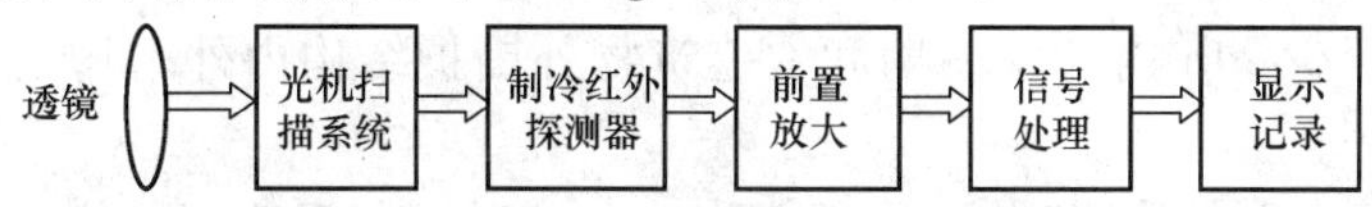

图2－35　红外热像法测温原理

红外热像仪能使人眼看不到的围护结构外表面温度分布，变成人眼可以看到的代表目标表面温度分布的热谱图。不同的构造，其热谱图也不相同。通过红外热谱图分析可推知墙体保温是否存在缺陷。

红外热像仪的检测结果与目标的特性（温度、辐射率）及热像仪性能（临时视场角、工作波段、光谱效应等）有关，还与测量对象所处的气候条件（温度、湿度、风速、日照、灯光、雷、雨、雾、雪等）、被测物体的辐射系数、背景噪声等因素有关。为减少气候因素及环境因素对围护结构外表面红外检测的影响，一般采用温差而不是温度来作为热工缺陷判定的依据。

为便于分析，将外围护结构表面无缺陷区域称为主体区域，将有缺陷区域称为缺陷区域。主体区域的平均温度记为T_1，缺陷区域最高（最低）温度记为T_2，围护结构外表面主体区域平均温度与缺陷区域最高（最低）温度的温差ΔT（最高温度用于采暖建筑、最低温度用于空调建筑）如式（2－92）所示：

$$\Delta T = |T_1 - T_2| \times 100\% \tag{2-92}$$

一般将与主体区域平均温度差大于等于1℃的等温线所包围的区域定义为缺陷区域。缺陷区域最高（最低）温度是反映缺陷严重程度的主要指标，因此将外表面主体区域平均温度与缺陷区域最高（最低）温度差作为判定指标之一。

尽管$|T_1 - T_2|$可以反映外表面热工缺陷的严重程度，但并不能说明由此缺陷造成的危害大小。热工缺陷造成的危害程度还与缺陷区域的大小有关。为此采用相对面积ψ来作为外围护结构热工缺陷的辅助判定指标，如式（2－93）所示。

$$\psi = \frac{\sum A_i}{A_0} \times 100\% \tag{2-93}$$

式中　ψ——相对面积；

A_i——缺陷区域面积，m^2；

A_0——围护结构主体区域面积，m^2。

A_0是指所检测的部位所在外墙面（不包括门窗）或者屋面面积，按照缺陷所在楼层的房间的外围尺寸计算；$\sum A_i$是指所检测的部位所在外墙面（不包括门窗）或者屋面上所有缺陷区域的面积之和。

2. 红外热像法检测技术要点

1）红外热像仪的要求

红外热像仪及其温度测量范围应符合现场检测要求。红外热像仪设计适用波长范围应为8.0～14.0μm，传感器温度分辨率（NETD）应小于0.08℃，温差检测不确定度应小于0.5℃，红外热像仪的像素不应少于76800点。

2）检测环境条件

（1）检测前至少24h内室外空气温度的逐时值与开始检测时的室外空气温度相比，其变化不应大于10℃。

（2）检测前至少24h内和检测期间，建筑物外围护结构内外平均空气温度差不宜小于10℃。

（3）检测期间与开始检测时的空气温度相比，室外空气温度逐时值变化不应大于5℃，室内空气温度逐时值的变化不应大于2℃。

（4）1h内室外风速（采样时间间隔为30min）变化不应大于2级（含2级）。

（5）检测开始前至少12h内受检的外表面不应受到太阳直接照射，受检的内表面不应受到灯光的直接照射。

（6）室外空气相对湿度不应大于75%，空气中粉尘含量不应异常。

3）检测步骤

检测前宜采用表面式温度计在受检表面上测出参照温度，调整红外热像仪的发射率，使红外热像仪的测定结果等于该参照温度；宜在与目标距离相等的不同方位扫描同一个部位，以评估临近物体对受检外围护结构表面造成的影响；必要时可采取遮挡措施或关闭室内辐射源，或在合适的时间段进行检测。

受检表面同一个部位的红外热像图不应少于2张。当拍摄的红外热像图中，主体区域过小时，应单独拍摄1张以上（含1张）主体部位红外热像图。应用图说明受检部位的红外热像图在建筑中的位置，并附上可见光照片。红外热像图上应标明参照温度的位置，并随红外热像图一起提供参照温度的数据。

图2－36（a）、（b）分别为某办公楼立面局部区域的可见光照片和红外热像图，图中表明该区域温度分布均匀，可判定无明显的热工缺陷。图2－37（a）、（b）为某居住楼立面局部区域的可见光照片和红外热像图，图中表明该区域存在明显的温度异常区，经判定所检区域有明显的热工缺陷。

(a)　　(b)

图2－36
（a）可见光照片；（b）红外热像图照片

(a)　　(b)

图2－37
（a）可见光照片；（b）红外热像图照片

2.3　节能指标计算与评价

在我国现行建筑节能标准中设置了两种指标来控制围护结构节能设计，第一种指标称为规定性指标，该指标规定建筑的围护结构传热系数、窗墙比、体形系数等参数限值，当所设计的建筑能够符合这些规定时，该建筑就可判定为符合标准要求的节能建筑。规定性指标的优点是使用简单，无需复杂的计算。但是规定性指标也在一定程度上限制了建筑设计人员的创造性。如近年来公共建筑的窗墙面积比有越来越大的趋势，建筑立面更加通透美观，建筑形态也更为丰富，传统建筑设计中对窗墙面积比的规定往往不能满足规定性指标的要求。

鉴于这种情况，有关标准中又提出了性能性指标的概念，也就允许围护结构的传热系数、窗墙比等参数可以突破规定性指标的限值，但围护结构整体的热工性能经过综合权衡计算后，必须保证建筑能耗不超过一定的限值（如参照建筑能耗）。性能性指标的优点在于可以突破建筑设计的刚性限制，节能目标可以通过调整围护结构的热工性能等措施来达到。单使用性能性指标来审核时需要经过复杂的计算，而且这种计算一般只能用专门的计算软件来实现。

2.3.1 规定性指标

我国幅员辽阔，各地气候条件差异很大，在建筑节能设计时，一般将我国划分为五个气候分区，并针对每个分区的气候特点制定了不同的节能指标要求，见表 2－22 所示。

表 2－22 全国主要城市所处气候分区

气候分区	代表性城市
严寒地区 A 区	海伦、博克图、伊春、呼玛、海拉尔、满洲里、齐齐哈尔、富锦、哈尔滨、牡丹江、克拉玛依、佳木斯、安达
严寒地区 B 区	长春、乌鲁木齐、延吉、通辽、通化、四平、呼和浩特、抚顺、大柴旦、沈阳、大同、本溪、阜新、哈密、鞍山、张家口、酒泉、伊宁、吐鲁番、西宁、银川、丹东
寒冷地区	兰州、太原、唐山、阿坝、喀什、北京、天津、大连、阳泉、平凉、石家庄、德州、晋城、天水、西安、拉萨、康定、济南、青岛、安阳、郑州、洛阳、宝鸡、徐州
夏热冬冷地区	南京、蚌埠、盐城、南通、合肥、安庆、九江、武汉、黄石、岳阳、汉中、安康、上海、杭州、宁波、宜昌、长沙、南昌、株洲、永州、赣州、韶关、桂林、重庆、达县、万州、涪陵、南充、宜宾、成都、贵阳、遵义、凯里、绵阳
夏热冬暖地区	福州、莆田、龙岩、梅州、兴宁、英德、河池、柳州、贺州、泉州、厦门、广州、深圳、湛江、汕头、海口、南宁、北海、梧州

1. 公共建筑

根据建筑所处城市的建筑气候分区，公共建筑围护结构的热工性能指标应分别符合表 2－23至表 2－28 的规定，其中外墙的传热系数为包括结构性热桥在内的平均值 K_m。当建筑所处城市属于温和地区时，应判断该城市的气象条件与表 2－22 中的哪个城市最接近，则围护结构的热工性能应符合该城市所属气候分区的规定。

表 2－23 严寒地区 A 区围护结构传热系数限值

围护结构部位	体形系数≤0.3 传热系数 K [W/（m^2·K）]	0.3＜体形系数≤0.4 传热系数 K [W/（m^2·K）]
屋面	≤0.35	≤0.30
外墙（包括非透明幕墙）	≤0.45	≤0.40
底面接触室外空气的架空或外挑楼板	≤0.45	≤0.40
非采暖房间与采暖房间的隔墙或楼板	≤0.6	≤0.6

续表

围护结构部位		体形系数≤0.3 传热系数 K [W/(m^2·K)]	0.3<体形系数≤0.4 传热系数 K [W/(m^2·K)]
单一朝向外窗（包括透明幕墙）	窗墙面积比≤0.2	≤3.0	≤2.7
	0.2<窗墙面积比≤0.3	≤2.8	≤2.5
	0.3<窗墙面积比≤0.4	≤2.5	≤2.2
	0.4<窗墙面积比≤0.5	≤2.0	≤1.7
	0.5<窗墙面积比≤0.7	≤1.7	≤1.5
屋顶透明部分		≤2.5	

表2-24　严寒地区B区围护结构传热系数限值

围护结构部位		体形系数≤0.3 传热系数 K [W/(m^2·K)]	0.3<体形系数≤0.4 传热系数 K [W/(m^2·K)]
屋　　面		≤0.45	≤0.35
外墙（包括非透明幕墙）		≤0.50	≤0.45
底面接触室外空气的架空或外挑楼板		≤0.50	≤0.45
非采暖房间与采暖房间的隔墙或楼板		≤0.8	≤0.8
单一朝向外窗（包括透明幕墙）	窗墙面积比≤0.2	≤3.2	≤2，8
	0.2<窗墙面积比≤0.3	≤2.9	≤2，5
	0.3<窗墙面积比≤0.4	≤2.6	≤2.2
	0.4<窗墙面积比≤0.5	≤2.1	≤1.8
	0.5<窗墙面积比≤0.7	≤1.8	≤1.6
屋顶透明部分		≤2.6	

表2-25　寒冷地区围护结构传热系数和遮阳系数限值

围护结构部位		体形系数≤0.3 传热系数 K [W/(m^2·K)]	0.3<体形系数≤0.4 传热系数 K [W/(m^2·K)]
屋　　面		≤0.55	≤0.45
外墙（包括非透明幕墙）		≤0.60	≤0.50
底面接触室外空气的架空或外挑楼板		≤0.60	≤0.50
非采暖空调房间与采暖空调房间的隔墙或楼板		≤1.5	≤1.5
外窗（包括透明幕墙）		传热系数 K [W/(m^2·K)]	传热系数 K [W/(m^2·K)]
单一朝向外窗（包括透明幕墙）	窗墙面积比≤0.2	≤3.5	≤3.0
	0.2<窗墙面积比≤0.3	≤3.0	≤2.5
	0.3<窗墙面积比≤0.4	≤2.7	≤2.3
	0.4<窗墙面积比≤0.5	≤2.3	≤2.0
	0.5<窗墙面积比≤0.7	≤2.0	≤1，8
屋顶透明部分		≤2.7	≤2.7

注：有外遮阳时，遮阳系数=玻璃的遮阳系数×外遮阳的遮阳系数；无外遮阳时，遮阳系数=玻璃的遮阳系数。

表 2－26　夏热冬冷地区围护结构传热系数和遮阳系数限值

围护结构部位		传热系数 K［W/（m^2·K）］
屋　　面		≤0. 70
外墙（包括非透明幕墙）		≤1. 0
底面接触室外空气的架空或外挑楼板		≤1. 0
外窗（包括透明幕墙）		传热系数 K［W/（m^2·K）］
单一朝向外窗（包括透明幕墙）	窗墙面积比≤0. 2	≤4. 7
	0. 2＜窗墙面积比40. 3	≤3. 5
	0. 3＜窗墙面积比40. 4	≤3. 0
	0. 4＜窗墙面积比40. 5	≤2. 8
	0. 5＜窗墙面积比≤0. 7	≤2. 5
屋顶透明部分		≤3. 0

注：有外遮阳时，遮阳系数＝玻璃的遮阳系数×外遮阳的遮阳系数；无外遮阳时，遮阳系数＝玻璃的遮阳系数。

表 2－27　夏热冬暖地区围护结构传热系数和遮阳系数限值

围护结构部位		传热系数 K［W/（m^2·K）］
屋面		≤0. 90
外墙（包括非透明幕墙）		≤1. 5
底面接触室外空气的架空或外挑楼板		≤1. 5
外窗（包括透明幕墙）		传热系数 K［W/（m^2·K）］
单一朝向外窗（包括透明幕墙）	窗墙面积比≤0. 2	≤6. 5
	0. 2＜窗墙面积比40. 3	≤4. 7
	0. 3＜窗墙面积比≤0. 4	≤3. 5
	0. 4＜窗墙面积比≤0. 5	≤3. 0
	0. 5＜窗墙面积比≤0. 7	≤3. 0
屋顶透明部分		≤3. 5

注：有外遮阳时，遮阳系数＝玻璃的遮阳系数×外遮阳的遮阳系数；无外遮阳时，遮阳系数＝玻璃的遮阳系数。

表 2－28　不同气候区地面和地下室外墙热阻限值

气候分区	围护结构部位	传热系数 K［W/（m^2·K）］
严寒地区 A 区	地面：周边地面 非周边地面	≥2. 0 ≥1. 8
	采暖地下室外墙（与土壤接触的墙）	≥2. 0
严寒地区 B 区	地面：周边地面 非周边地面	≥2. 0 ≥1. 8
	采暖地下室外墙（与土壤接触的墙）	≥1. 8
寒冷地区	地面：周边地面 非周边地面	≥1. 5
	采暖、空调地下室外墙（与土壤接触的墙）	≥1. 5

续表

气候分区	围护结构部位	传热系数 K [W/(m²·K)]
夏热冬冷地区	地面	≥1.2
	地下室外墙（与土壤接触的墙）	≥1.2
夏热冬暖地区	地面	≥1.0
	地下室外墙（与土壤接触的墙）	≥1.0

注：周边地面系指距外墙内表面2m以内的地面；地面热阻系指建筑基础持力层以上各层材料的热阻之和；地下室外墙热阻系指土壤以内各层材料的热阻之和。

外窗气密性不应低于《建筑外窗气密性能分级及其检测方法》（GB 7107）规定的4级。透明幕墙的气密性不应低于《建筑幕墙物理性能分级》（GB/T 21086—2007）规定的3级。

2. 居住建筑

在严寒和寒冷地区居住建筑节能设计标准中，将严寒地区进一步细分为严寒（A）区、严寒（B）区和严寒（C）区，将寒冷地区细分为寒冷（A）区和寒冷（B）区。限于篇幅，本节主要介绍寒冷（B）区（北京所在气候区）的有关指标。在夏热冬暖地区居住建筑节能设计标准中，将夏热冬暖地区细分为南北两个区，本节主要介绍夏热冬暖地区南区（广州所在气候区）的有关指标。各气候分区居住建筑围护结构的热工性能指标应分别符合表2－29～表2－37的规定。

表2－29　严寒和寒冷地区居住建筑的体形系数限值

	建筑层数			
	≤3层	（4～8）层	（9～13）层	≥14层
严寒地区	0.50	0.30	0.28	0.25
寒冷地区	0.52	0.33	0.30	0.26

表2－30　严寒和寒冷地区居住建筑的窗墙面积比限值

朝向	窗墙面积比	
	严寒地区	寒冷地区
北	0.25	0.30
东、西	0.30	0.35
南	0.45	0.50

表2－31　寒冷（B）区围护结构热工性能参数限值

围护结构部位	传热系数 K [W(m²·K)]		
	≤3层建筑	（4～8）层的建筑	≥9层建筑
屋面	0.35	0.45	0.45
外墙	0.45	0.60	0.70
架空或外挑楼板	0.45	0.60	0.60
非采暖地下室顶板	0.50	0.65	0.65
分隔采暖与非采暖空间的隔墙	1.5	1.5	1.5

续表

围护结构部位		传热系数 K [W (m² · K)]		
		≤3 层建筑	(4~8) 层的建筑	≥9 层建筑
分隔采暖与非采暖空间的户门		2.0	2.0	2.0
阳台门下部门芯板		1.7	1.7	1.7
外窗	窗墙面积比≤0.2	2.8	3.1	3.1
	0.2<窗墙面积比≤0.3	2.5	2.8	2.8
	0.3<窗墙面积比≤0.4	2.0	2.5	2.5
	0.4<窗墙面积比≤0.5	1.8	2.0	2.3
围护结构部位		保温材料层热阻 R [W/ (m² · K)]		
周边地面		0.83	0.56	—
地下室外墙(与土壤接触的外墙)		0.91	0.61	—

表 2-32 寒冷(B)区外窗综合遮阳系数限值

围护结构部位		遮阳系数 SC(东、西向/南、北向)		
		≤3 层建筑	(4~8) 层的建筑	≥9 层建筑
外窗	窗墙面积比≤0.2	—/—	—/—	—/—
	0.2<窗墙面积比≤0.3	—/—	—/—	—/—
	0.3<窗墙面积比≤0.4	0.45/—	0.45/—	0.45/—
	0.4<窗墙面积比≤0.5	0.35/—	0.35/—	0.35/—

表 2-33 夏热冬冷地区建筑围护结构各部分的传热系数(K)和热惰性指标(D)的限值

围护结构部位		传热系数 K [W/ (m² · K)]	
		热惰性指标 D≤2.5	热惰性指标>2.5
体形系数≤0.40	屋面	0.8	1.0
	外墙	1.0	1.5
	地面接触室外空气的架空或外挑楼板	1.5	
	分户墙、楼板、楼梯间隔墙、外走廊隔墙	2.0	
	户门	3.0(通往封闭空间)2.0(通往非封闭空间)	
	外窗(含阳台门透明部分)	应符合 JGJ 134—2010 表 4.0.5-1、表 4.0.5-2 的规定	
体形系数>0.40	屋面	0.5	0.6
	外墙	0.80	1.0
	地面接触室外空气的架空或外挑楼板	1.0	
	分户墙、楼板、楼梯间隔墙、外走廊隔墙	2.0	
	户门	3.0(通往封闭空间)2.0(通往非封闭空间)	
	外窗(含阳台门透明部分)	应符合 JGJ 134—2010 表 4.0.5-1、表 4.0.5-2 的规定	

表 2－34　夏热冬冷地区不同朝向外窗的窗墙面积比限值

朝向	窗墙面积比
北	0.40
东、西	0.35
南	0.45
每套房间允许一个房间（不分朝向）	0.60

表 2－35　夏热冬冷地区不同朝向、不同窗墙面积比的外窗传热系数和综合遮阳系数限值

建筑	窗墙面积比	传热系数 K［W/（m^2·K）］	外窗综合遮阳系数 SC_w（东、西向/南向）
体形系数≤0.40	窗墙面积比≤0.20	4.7	—/—
	0.20 < 窗墙面积比≤0.30	4.0	—/—
	0.30 < 窗墙面积比≤0.40	3.2	夏季≤0.40/夏季≤0.45
	0.40 < 窗墙面积比≤0.45	2.8	夏季≤0.35/夏季≤0.40
	0.45 < 窗墙面积比≤0.60	2.5	东、西、南向设置外遮阳 夏季≤0.25 冬季≥0.60
体形系数 > 0.40	窗墙面积比≤0.20	4.0	—/—
	0.20 < 窗墙面积比≤0.30	3.2	—/—
	0.30 < 窗墙面积比≤0.40	2.8	夏季≤0.40/夏季≤0.45
	0.40 < 窗墙面积比≤0.45	2.5	夏季≤0.35/夏季≤0.40
	0.45 < 窗墙面积比≤0.60	2.3	东、西、南向设置外遮阳 夏季≤0.25 冬季≥0.60

注：1. 表中的“东、西”代表从东或西偏北 30°（含 30°）至偏南 60°（含 60°）的范围；“南”代表从南偏东 30°至偏西 30°的范围；

2. 楼梯间、外走廊的窗不按本表规定执行。

表 2－36　夏热冬暖地区屋顶和外墙的传热系数 K［W/（m^2·K）］、热惰性指标 D

屋　顶	外　墙
K≤1.0，D≥2.5	K≤2.0，D≥3.0 或 K≤1.5，D≥3.0 或 K≤1.0，D≥2.5
K≤0.5	K≤0.7

注：D < 2.5 的轻质屋顶和外墙，还应满足国家标准《民用建筑热工设计规范》（GB 50176—93）所规定的隔热要求。

表 2－37　夏热冬暖地区南区居住建筑外窗的综合遮阳系数限值

外墙（p≤0.8）	外墙的综合遮阳系数 S_w				
	平均窗墙面积比 C_M≤0.25	平均窗墙面积比 0.25 < C_M≤0.3	平均窗墙面积比 0.3 < C_M≤0.35	平均窗墙面积比 0.35 < C_M≤0.4	平均窗墙面积比 0.4 < C_M≤0.45
K≤2.0，D≥3.0	≤0.6	≤0.5	≤0.4	≤0.4	≤0.3
K≤1.5，D≥3.0	≤0.8	≤0.7	≤0.6	≤0.5	≤0.4
K≤1.0，D≥2.5 或 K≤0.7	≤0.9	≤0.8	≤0.7	≤0.6	≤0.5

注：1. 本条文所指的外窗包括阳台门的透明部分；

2. 南区居住建筑的节能设计对外窗的传热系数不作规定；

3. p 是外墙外表面的太阳辐射吸收系数。

居住建筑外窗及敞开式阳台门应具有良好的密闭性能。严寒和寒冷地区、夏热冬冷地区1~6层的外窗及敞开式阳台门的气密性等级不应低于国家标准《建筑外门窗气密、水密、抗风压性能分级及检测方法》(GB/T 7106—2008)中规定的4级，7层及7层以上不应低于6级。夏热冬暖地区居住建筑1~9层外窗的气密性，在10Pa压差下，每小时每米缝隙的空气渗透量不应大于2.5m^3，且每小时每平方米面积的空气渗透量不应大于7.5m^3；10层及10层以上外窗的气密性，在10Pa压差下，每小时每米缝隙的空气渗透量不应大于1.5m^3，且每小时每平方米面积的空气渗透量不应大于4.5m^3。

2.3.2 围护结构热工性能权衡计算

围护结构热工性能权衡计算是当实际建筑（在设计阶段则是设计建筑，下同）不能完全满足规定的围护结构热工设计要求（参见上一节）时，计算其全年的采暖和空气调节能耗，并与某一基准进行比较，判定围护结构的总体热工性能是否符合节能要求。目前，严寒和寒冷地区居住建筑采用建筑物耗热量限值作为比较的基准，实际建筑（设计建筑）物耗热量的计算采用较为粗略的简化计算公式；而公共建筑、夏热冬冷地区及夏热冬暖地区的居住建筑都是采用“参照建筑”作为比较的基准，能耗计算也是采用较为精细的数值模拟方法。以下主要对后者进行介绍。

1. 参照建筑

参照建筑是符合节能标准要求的假想建筑，作为围护结构热工性能综合判断时，与实际建筑相对应的计算全年采暖和空气调节能耗的比较对象。

对于公共建筑，参照建筑的选择应符合以下几个方面的要求：

1）参照建筑的形状、大小、朝向、内部的空间划分和使用功能应与所设计建筑完全一致。

2）在严寒和寒冷地区，当所实际建筑（在设计阶段则是设计建筑，下同）的体形系数大于0.40时，参照建筑的每面外墙均应按比例缩小，至参照建筑的体形系数小于等于0.40；当所实际建筑（设计建筑）的窗墙面积比大于等于0.70时，参照建筑的每个窗户（透明幕墙）均应按比例缩小，至参照建筑的窗墙面积比小于0.70；当所设计建筑的屋顶透明部分的面积大于屋顶总面积的20%时，参照建筑的屋顶透明部分的面积应按比例缩小，至参照建筑的屋顶透明部分的面积小于等于屋顶总面积的20%。

3）参照建筑外围护结构的热工性能参数取值取表2-23~表2-28中的限值。

对于夏热冬冷地区居住建筑，参照建筑的选择应符合以下几个方面的要求：

（1）参照建筑的建筑形状、大小、朝向以及平面划分均应与设计建筑完全相同。

（2）当设计建筑的体形系数超过表2-38的规定时，应按同一比例将参照建筑每个开间外墙和屋面的面积分为传热面积和绝热面积两部分，并应使得参照建筑外围护的所有传热面积之和除以参照建筑的体积等于下表中对应的体形系数限值。

表2-38 夏热冬冷地区居住建筑的体形系数限值

建筑层数	≤3层	(4~11层)	≥12层
建筑的体形系数	0.55	0.40	0.35

（3）参照建筑外墙的开窗位置应与设计建筑相同，当某个开间的窗面积的传热面积之

比大于表 2 – 34 的规定时，应缩小该开间的窗面积，并应使的窗面积与该开间的传热面积之比符合表 2 – 34 的规定；当某个开间的窗面积的传热面积之比小于表 2 – 34 的规定时，该开间的窗面积不作调整。

（4）参照建筑屋面、外墙、架空或外挑楼板的传热系数应取表 2 – 33 中的限值，外窗的传热系数应取表 2 – 35 中的限值。

对于夏热冬暖地区居住建筑，参照建筑的选择应符合以下几个方面的要求：

（1）参照建筑的建筑形状、大小和朝向均应与所设计建筑完全相同。

（2）参照建筑各朝向和屋顶的开窗面积应与所设计建筑相同，但当所设计建筑北向窗墙面积比超过 0.45、东西向窗墙面积比超过 0.30、南向窗墙面积比超过 0.50 时，参照建筑该朝向（或屋顶）的窗面积应减小至窗墙面积比符合要求。

（3）参照建筑外墙和屋顶的各项性能指标应为表 2 – 36 和表 2 – 37 中规定的限值。其中墙体、屋顶外表面的太阳辐射吸收率应取 0.7；当所设计建筑的墙体热惰性指标大于 2.5 时，墙体传热系数应取 1.5W/（m^2·K），屋顶的传热系数应取 1.0 W/（m^2·K），北区窗的综合遮阳系数应取 0.6；当所设计建筑的墙体热惰性指标小于 2.5 时，墙体传热系数应取 0.7 W/（m^2·K），屋顶的传热系数应取 0.5 W/（m^2·K），北区窗的综合遮阳系数应取 0.6。

2. 计算条件

1）公共建筑

（1）假设所设计建筑和参照建筑空气调节和采暖都采用两管制风机盘管系统，水环路的划分与所设计建筑的空气调节和采暖系统的划分一致。

（2）参照建筑空气调节和采暖系统的年运行时间表应与所设计建筑一致。当设计文件没有确定所设计建筑空气调节和采暖系统的年运行时间表时，可按风机盘管系统全年运行计算。

（3）参照建筑空气调节和采暖系统的日运行时间表应与所设计建筑一致。当设计文件没有确定所设计建筑空气调节和采暖系统的日运行时间表时，可按表 2 – 39 确定风机盘管系统的日运行时间表。

表 2 – 39　风机盘管系统的日运行时间表

类别		系统工作时间
办公建筑	工作日	7：00—18：00
	节假日	—
宾馆建筑	全年	1：00～24：00
商场建筑	全年	8：00～21：00

（4）参照建筑空气调节和采暖区的温度应与所设计建筑一致。当设计文件没有确定所设计建筑空气调节和采暖区的温度时，可按表 2 – 40、表 2 – 41 确定空气调节和采暖区的温度。

（5）参照建筑各个房间的照明功率应与所设计建筑一致。当设计文件没有确定所设计建筑各个房间的照明功率时，可按表 2 – 42 确定照明功率。

表 2－40　公共建筑集中采暖系统室内计算温度

序号	建筑类型及房间名称	室内温度（℃）	序号	建筑类型及房间名称	室内温度（℃）
1	办公楼：		6	体育：	
	门厅、楼（电）梯	16		比赛厅（不含体操）、练习厅	16
	办公室	20		休息厅	18
	会议室、接待室、多功能厅	18		运动员、教练员更衣、休息	20
	走道、洗手间、公共食堂	16		游泳馆	26
	车库	5	7	商业：	
2	餐饮：			营业厅（百货、书籍）	18
	餐厅、饮食、小吃、办公	18		鱼肉、蔬菜营业厅	14
	洗碗间	16		副食（油、盐、杂货）、洗手间	16
	制作间、洗手间、配餐	16		办公	20
	厨房、热加工间	10		米面贮藏	5
	干菜、饮料库	8		百货仓库	10
3	影剧院：		8	旅馆：	
	门厅、走道	14		大厅、接待	16
	观众厅、放映室、洗手间	16		客房、办公室	20
	休息厅、吸烟室	18		餐厅、会议室	18
	化妆	20		走道、楼（电）梯间	16
4	交通：			公共浴室	25
	民航候机厅、办公室	20		公共洗手间	16
	候车厅、售票厅	16	9	图书馆：	
	公共洗手间	16		大厅	16
5	银行：			洗手间	16
	营业大厅	18		办公室、阅览	20
	走道、洗手间	16		报告厅、会议室	18
	办公室	20		特藏、胶卷、书库	14
	楼（电）梯	14		楼（电）梯	14

表 2－41　公共建筑空气调节系统室内计算参数

参数		冬季	夏季
温度（℃）	一般房间	20	25
	大堂、过厅	18	室内外温差≤10
风速（v）（m/s）		$0.10 \leq v \leq 0.20$	$0.15 \leq v \leq 0.30$
相对湿度（%）		30～60	40～65

表2-42　照明功率密度值（W/m^2）

建筑类别	房间类别	照明功率密度
办公建筑	普通办公室	11
	高档办公室、设计室	18
	会议室	11
	走廊	5
	其他	11
宾馆建筑	客房	15
	餐厅	13
	会议室、多功能厅	18
	走廊	5
	门厅	15
商场建筑	一般商店	12
	高档商店	19

（6）参照建筑各个房间的电器设备功率应与所设计建筑一致。当不能按设计文件确定设计建筑各个房间的电器设备功率时，可按表2-43确定电器设备功率。

表2-43　不同类型房间电器设备功率（W/m^2）

建筑类别	房间类别	电器设备功率
办公建筑	普通办公室	20
	高档办公室、设计室	13
	会议室	5
	走廊	0
	其他	5
宾馆建筑	普通客房	20
	高档客房	13
	会议室、多功能厅	5
	走廊	0
	其他	5
商场建筑	一般商店	13
	高档商店	13

（7）参照建筑空调系统性能参数按表2-44、表2-45和表2-46取值。

表2-44　冷水（热泵）机组制冷性能系数

类型		额定制冷量（kW）	性能系数（W/W）
水冷	活塞式/涡旋式	<528 528~1163 >1163	3.8 4.0 4.2
	螺杆式	<528 528~1163 >1163	4.10 4.30 4.60
	离心式	<528 528~1163 >1163	4.40 4.70 5.10
风冷或蒸发冷却	活塞式/涡旋式	≤50 >50	2.40 2.60
	螺杆式	≤50 >50	2.60 2.80

表2-45　溴化锂吸收式机组性能参数

<table>
<tr><th rowspan="3">机型</th><th colspan="3">名义工况</th><th colspan="3">性能参数</th></tr>
<tr><th rowspan="2">冷（温）水进/出口温度（℃）</th><th rowspan="2">冷却水进/出口温度（℃）</th><th rowspan="2">蒸汽压力（MPa）</th><th rowspan="2">单位制冷量蒸汽耗量［kg/（kWh）］</th><th colspan="2">性能参数（W/W）</th></tr>
<tr><th>制冷</th><th>供热</th></tr>
<tr><td rowspan="4">蒸汽双效</td><td>18/13</td><td rowspan="4">30/35</td><td>0.25</td><td rowspan="2">≤1.4</td><td></td><td></td></tr>
<tr><td rowspan="3">12/7</td><td>0.4</td><td></td><td></td></tr>
<tr><td>0.6</td><td>≤1.31</td><td></td><td></td></tr>
<tr><td>0.8</td><td>≤1.28</td><td></td><td></td></tr>
<tr><td rowspan="2">直燃</td><td>供冷12／7</td><td>30/35</td><td></td><td></td><td>≥1.1</td><td></td></tr>
<tr><td>供热出口60</td><td></td><td></td><td></td><td></td><td>≥0.9</td></tr>
</table>

注：直燃机性能系数为：制冷量（供热量）［加热源消耗量（以低位热值计）+电力消耗量（折算成一次能）］。

表2-46　单元式机组能效比

类型		能效比（W/W）
风冷式	不接风管	2.60
	接风管	2.30
水冷式	不接风管	3.00
	接风管	2.70

2）夏热冬冷地区居住建筑

对于夏热冬冷地区居住建筑相关参数计算指标应符合下列要求：

（1）整栋建筑每套住宅室内计算温度，冬季应全天为18℃，夏季应全天为26℃；

（2）采暖计算期应为当年12月1日至次年2月28日，空调计算期应为当年6月15日至8月31日；

（3）室外气象计算参数应采用典型气象年；

（4）采暖和空调时，换气次数为1.0次/h；

（5）采暖、空调设备为家用空气源热泵空调器，制冷时额定能效比取2.3，采暖时额定能效比取1.9；当采用电机驱动压缩机的蒸汽压缩循环冷水（热泵）机组或制冷量大于7100W单元式空气调节机或蒸气、热水型溴化锂吸收式冷水机组及直燃型溴化锂吸收式冷水机组时，机组能效比应取表2-42～表2-44中的限值；

（6）室内得热平均强度取4.3W/m^2。

3）夏热冬暖地区居住建筑

对于夏热冬暖地区居住建筑相关参数计算指标应符合下列要求：

（1）室内计算温度：冬季16℃，夏季26℃；

（2）室外计算气象参数采用当地典型气象年；

（3）换气次数取1.0次/h；

（4）空调额定能效比取2.7，采暖额定能效比取1.5；

（5）室内不考虑照明得热和其他内部得热；

（6）建筑面积按墙体中轴线计算；计算体积时，墙仍按中轴线计算，楼层高度按楼板面至楼板面计算；外表面积的计算按墙体中轴线和楼板面计算。

2.3.3　建筑节能率计算

工业生产中的节能率一般是指是在生产的一定可比条件下，采取节能措施之后节约能源的数量，与未采取节能措施之前能源消费量的比值，它表示所采取的节能措施对能源消费的节约程度，也可以理解为能源利用水平提高的幅度。建筑节能率的概念与之类似，是以20世纪80年代改革开放初期建造的建筑作为比较能耗的基础（称为基准建筑），在保持与目前标准约定的室内环境参数相同、气象条件选取各地区典型气象年数据的条件下（注：典型气象年是指以近10年的月平均值为依据，从近10年的资料中选取一年各月接近10年的平均值。由于选取的月平均值在不同的年份，资料不连续，还需要进行月间平滑处理），计算得出的实际建筑（如果是设计阶段则是设计建筑）全年的暖通空调系统和照明系统的能耗与基准建筑能耗的差值，与基准建筑能耗的比值，一般以百分比表示，如式（2－94）所示。

$$\text{节能率} = \frac{W_{\text{基准}} - W}{W_{\text{基准}}} \times 100\% \qquad (2-94)$$

式中　$W_{\text{设计}}$——设计建筑建筑单位面积全年能耗；

$W_{\text{基准}}$——基准建筑建筑单位面积全年能耗。

计算节能率时采用的基准建筑，其围护结构、暖通空调设备及系统、照明设备的参数，都按当时情况选取，对于公共建筑可按下列数据取值：外墙 K 值取1.28W/（m^2·K）（哈尔滨）；1.70 W/（m^2·K）（北京）；2.00 W/（m^2·K）（上海）；2.35 W/（m^2·K）（广州）。屋顶 K 值取0.77 W/（m^2·K）（哈尔滨）；1.26 W/（m^2·K）（北京）；1.50 W/（m^2·K）（上海）；1.55 W/（m^2·K）（广州）。外窗 K 值取3.26 W/（m^2·K）（哈尔滨）；6.40 W/（m^2·K）（北京）；6.40W/（m^2·K）（上海）；6.40 W/（m^2·K）（广州），遮阳系数 SC 均取0.80。采暖热源设定燃煤锅炉，其效率为0.55；空调冷源设定为水冷机组，离心机能效比4.2，螺杆机能效比3.8；照明参数取25 W/m^2。

建筑节能率是建筑能效评估星级评定时所依据的基础参数，其计算步骤与围护结构热工性能权衡计算基本相同，两者的不同点主要在于：

（1）比较的基准不同。围护结构热工性能权衡计算是实际建筑（设计建筑）与参照建筑相比；建筑节能率计算是实际建筑（设计建筑）与基准建筑相比。两者的定义及建立方法不同。

（2）考虑的侧重点不同。围护结构热工性能权衡计算主要是判断围护结构对节能的贡献，因此计算时实际建筑（设计建筑）和参照建筑暖通空调系统能效比都取一样的值，即不考虑提高用能系统效率对节能的贡献。而节能率计算时不仅考虑围护结构对节能的贡献，还考虑用能系统的贡献，故实际建筑（设计建筑）暖通空调系统能效比取实际值（设计值），而基准建筑取20世纪80年代的值。

（3）计算结果不同。围护结构热工性能权衡计算结果是如果实际建筑（设计建筑）能耗比参照建筑低，则判定为合格，否则为不合格；建筑节能率计算结果则是用百分比表示的一个数值，其值越大，节能性能越优。

（4）一般认为，参照建筑的能耗值基本位于节能率50%附近，因此，当实际建筑（设计建筑）的能耗小于参照建筑时，可认为实际建筑（设计建筑）满足节能率50%的要求。

实际建筑（设计建筑）的能耗比参照建筑小得越多，则节能率越高；实际建筑（设计建筑）用能系统效率越高，则节能率越高。

2.3.4 建筑能耗动态模拟计算原理及软件

围护结构热工性能的权衡计算以及建筑节能率的计算都需要建筑能耗的模拟。建筑物的传热过程是一个动态过程，建筑物的得热或失热是随时随地随着室内外气候条件变化的，为了较准确地计算采暖空调负荷，需要采用动态计算方法分析建筑能耗及影响其大小的因素。建筑能耗动态模拟的数学模型由三个部分组成：（1）输入变量，包括可控制的变量和无法控制的变量（如天气参数）；（2）系统结构和特性，即对于建筑系统的物理描述（如建筑围护结构的传热特性、空调系统的特性等）；（3）输出变量，系统对于输入变量的反应，通常指冷（热）负荷或能耗。在输入变量和系统结构和特性这两个部分确定之后，输出变量（能耗）就可以得以确定。

动态计算方法有很多，国际上较为通用的 DOE-2 计算软件是用反应系数法来计算建筑围护结构的传热量。反应系数法是先计算围护结构内外表面温度和热流。由一个单位三角波温度扰量的反应计算出围护结构的吸热、放热和传热反应系数，然后将任意变化的室外温度分解成一个个可迭加的三角波，利用导热微分方程可迭加的性质，将围护结构对每一个温度三角波的反应迭加起来，得到任意一个时刻围护结构表面的温度和热流。

反应系数的计算可以参考专门的资料或使用专门的计算程序，有了反应系数后就可以利用式（2－95）计算第 n 个时刻，室内从室外通过板壁围护结构的传热得热量 HG（n）。

$$HG(n) = \sum_{j=0}^{\infty} Y(j)t_z(n-j) - \sum_{j=0}^{\infty} Z(j)t_r(n-j) \tag{2-95}$$

式中 t_z（$n-j$）——第 $n-j$ 时刻室外综合温度；

t_r（$n-j$）——第 $n-j$ 时刻室内温度。

当室内温度 tr 不变时，此式还可以简化成：

$$HG(n) = \sum_{j=0}^{\infty} Y(j)t_z(n-j) - K \cdot t_r \tag{2-96}$$

式中 K——板壁的传热系数。

在计算思路上，DOE-2 是一种正向思维，即根据室外气象条件，围护结构情况，计算出室内温度以及室内得热量。对要控制室内热环境的房间，由选定的采暖空调系统根据室内负荷情况提供冷（热）量，以维持室温在允许的范围内波动。DOE-2 的计算过程是一个动态平衡的过程，后一时刻室内的温度、冷热负荷以及采暖空调设备的耗电量要受前一时刻的影响。程序根据输入的建筑情况和室内设定温度值的要求，动态计算出建筑物的全年能耗情况。

为了使操作更加便捷和贴合我国有关规范，我国有关机构在 DOE-2 的基础上开发了一些建筑能耗模拟软件，比较著名的有 PKPM 和 DeST 等。下面以在国内应用较广的由上海凯创科技有限公司开发的 PKPM 能效测评软件为例，介绍建筑能耗模拟软件的主要环节和操作方法。该软件以 DOE-2 软件作为计算内核，其最大的特点是与现行标准及规范紧密结合，并提供有大量不同保温体系的墙体、屋面和楼板类型库，设备性能参数和基础建筑定义可以方便地修改，自动计算建筑的各项能耗指标以及建筑节能率，生成能效测评需要的各种表格。另一个比较大的优势在于界面比较友好，输入比较方便，它和国内多种建筑软件都有接口，设计人员可将CAD图纸直接转换成模型中需要的数据，同时也兼顾了对工程实际的指导，在设计时能够较好地结合能耗分析和经济指标进行最佳方案的选择。

1. 模型导入

建筑节能能耗评测软件可以导入建筑平面图或三维模型图，实现直接从方案、扩初、施工图等各阶段设计文件提取建筑模型。现介绍使用较多的平面图纸导入，如图2－38所示：

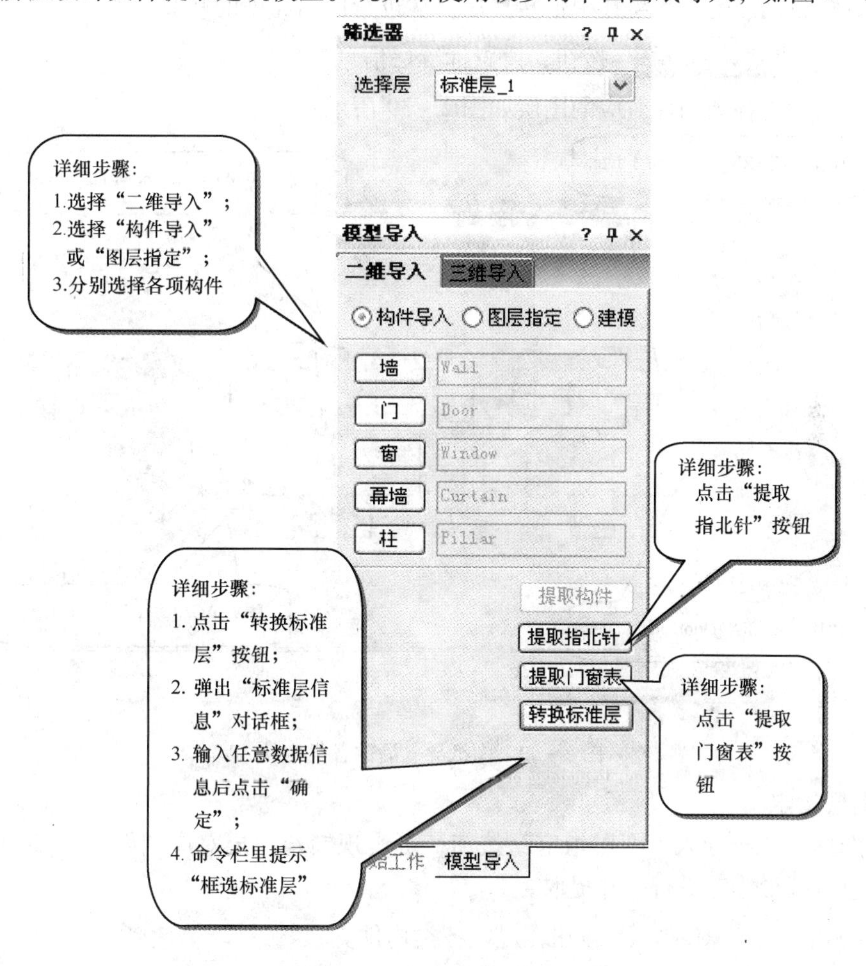

图2－38　平面图纸导入

1）构件导入

（1）选择“二维导入－构件导入”菜单中的“ 墙 ”按钮，通过“提取墙设置”对话框中的参数设置，可以达到较理想的模型提取效果。

（2）选择“二维导入－构件导入”菜单中的“ 门 ”按钮，提取“门”构件，生成到ACARX_ DoorLine_ Layer图层。

（3）选择“二维导入－构件导入”菜单中的“ 窗 ”按钮，提取“窗”构件，生成到ACARX_ WindowLine_ Layer图层。

（4）选择“二维导入－构件导入”菜单中的“ 幕墙 ”按钮，提取“幕墙”构件，生成到ACARX_ WallCurtainLine_ Layer图层。

（5）选择“二维导入－构件导入”菜单中的“ 柱 ”按钮，提取“柱”或“剪力墙”构件，生成到 ACARX_ PillarLine_ Layer 图层。

（6）点击“提取指北针”。

（7）点击“提取门窗表”，软件自动将工程的门窗类型数据导入计算模型，并在标准层转化后会进行自动匹配，无需在模型转换后再次进行门窗高度的修改。

（8）点击“ 转换标准层 ”按钮，设置标准层信息。

图纸导入后的各类构件对应的图层如图 2－39 所示：

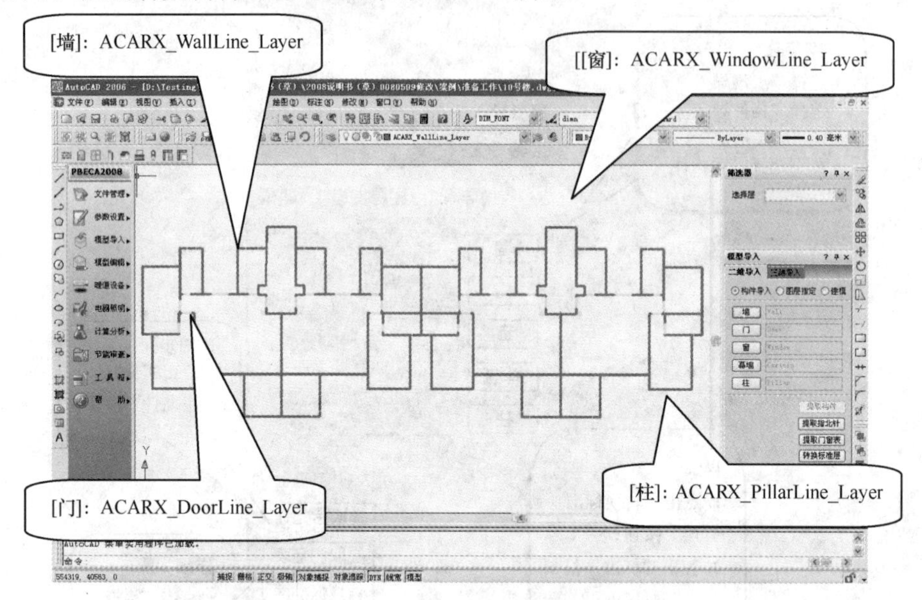

图 2－39　图纸导入后的各类构件

2）图层指定

（1）选择“二维导入－图层指定”按钮，可实现锁定图层对应图纸上构件信息，根据图层、颜色、线形等，进行一并提取。

（2）点击“ 提取构件 ”按钮，提取各类构件。

（3）点击“ 提取门窗表 ”按钮，提取门窗表。

（4）点击“ 转换标准层 ”按钮，确认标准层信息，进行转换。

3）建模

用户可通过“二维导入－建模”，自行建模。

（1）选择“二维导入－建模”，用户可对构件提取之后的墙、门、窗、幕墙、柱进行编辑。

（2）点击一种构件（比如墙），那么 AutoCAD 当前图层自动成为“ACARX_ WallLine_ Layer”，用户只需用 CAD 命令即可对构件进行编辑，也可直接用于建立模型。

2. 标准层编辑

对于已生成的（. bdl 文件）模型，用户可通过“模型导入－标准层编辑”菜单，对各标准层进行层高修改、标准层复制和删除，以及外部 bdl 文件的导入拼装，如图 2－40 所示。

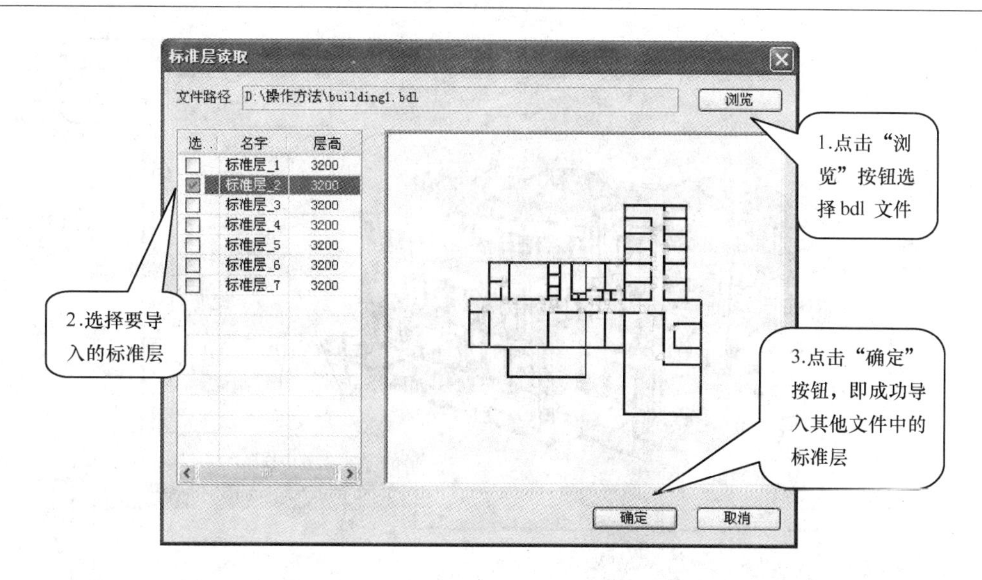

图2－40　工程拼装

3. 楼层组装

用户可按照建筑实际的设计情况进行最终的楼层组装，产生真正的物理楼层，如图2－41所示，并由程序构建建筑的整个三维空间：

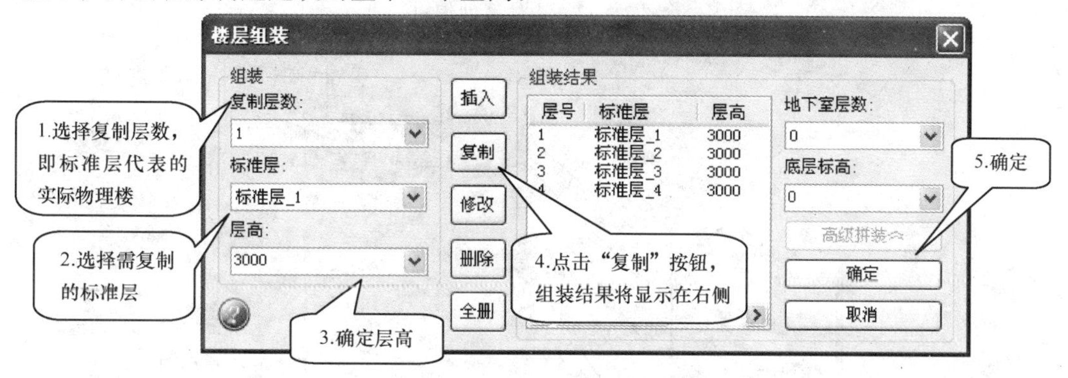

图2－41　楼层组装

居住建筑和公共建筑均应考虑地下室的因素，因此菜单中特别设立了指定地下室层数的功能，用户在建模时将地下室标准层作为第1标准层。

对于具有半地下室的住宅建筑，其设置同上，但请注意，需设置室外地坪标高为实际数值。

4. 三维分析

点击“模型导入－三维查看”菜单，查看楼层组装后的模型，选择建筑模型的构件，右侧属性选项内将显示构件的相关参数，构件尺寸、材料和热工性能参数，供用户查看和编辑，如图2－42所示。

5. 模型编辑

建筑节能能耗评测软件全新的模型编辑功能，在右侧操作面板内实现，包括：墙设置、门窗幕墙、遮阳设置、屋顶设置、热桥设置、阳台设置和房间设置，操作面板下方配有操作说明，如图2－43所示。

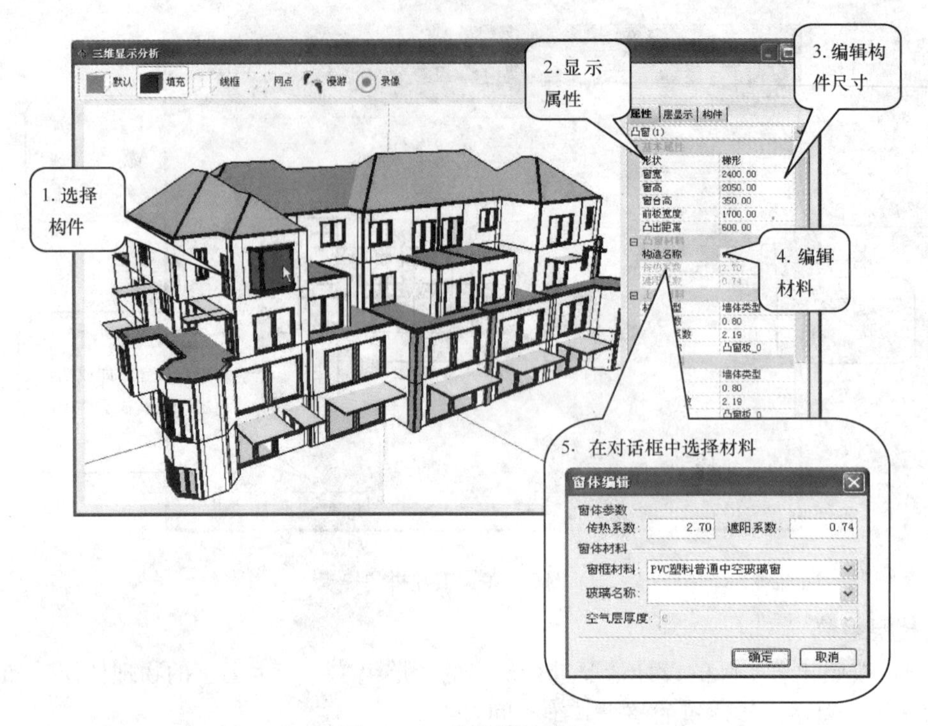

图 2－42 构件属性编辑

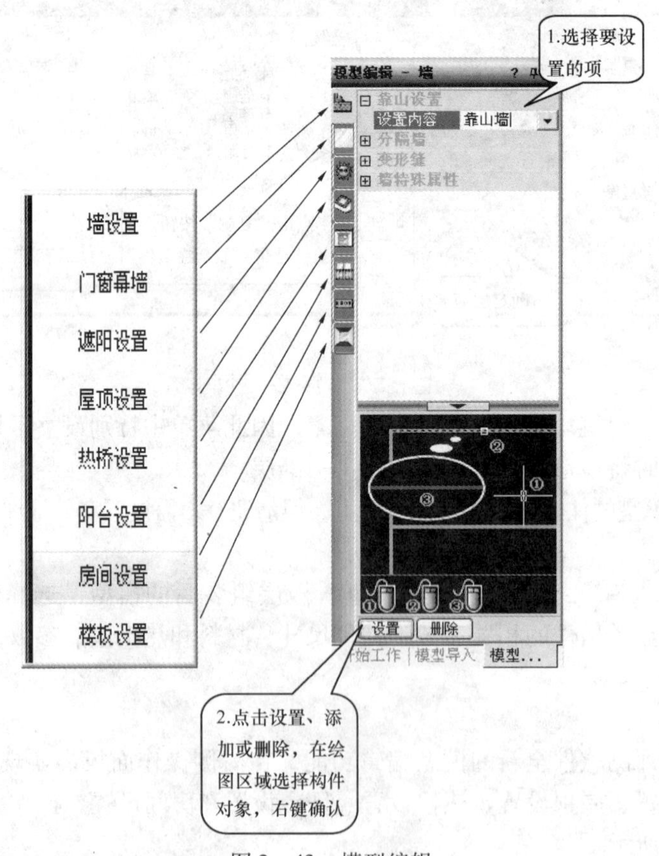

图 2－43 模型编辑

6. 围护结构参数设置

在“围护节能”菜单下，包含了“材料编辑”，可实现为建筑模型设定围护结构节能设计方案，或快速选择和编辑软件内置的常用方案，如图 2 - 44 所示。软件中内置了各种常见建筑材料的热工性能参数，当该软件用于设计时，可直接调用，如图 2 - 45 所示。当用于建筑竣工后的评估时，可根据实际测试结果手动输入各材料的热工参数。

在模型数据文件形成之后系统会给所有的建筑构件添加默认的节能材料，用户可能会有一套现有的方案，也可以在此基础上适当调整节能设计方案，或者用户可根据已有的“节能设计说明”自行调整节能参数进行节能设计。

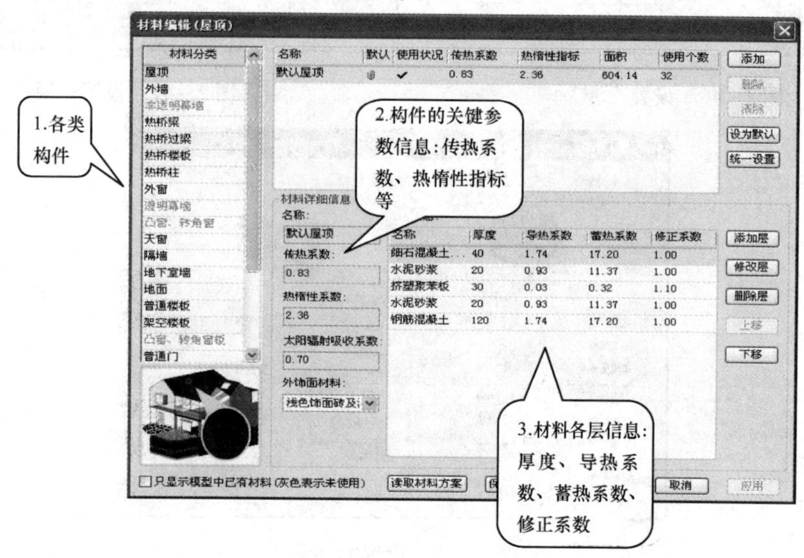

图 2 - 44　材料编辑对话框

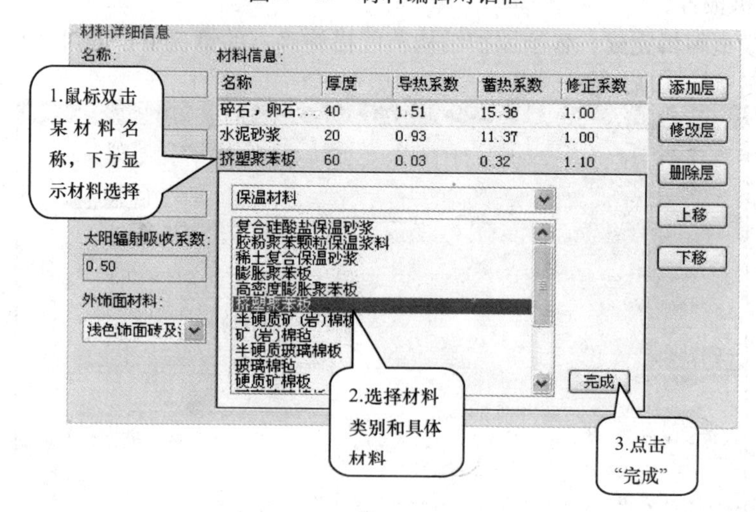

图 2 - 45　材料构造编辑

7. 冷热源选型

在设备系统主菜单里点击选冷热源即进入冷热源选型。根据建筑物负荷和各项指标要求，选择合适的机组设备并调整参数，如图 2 - 46 ~ 图 2 - 48 所示。

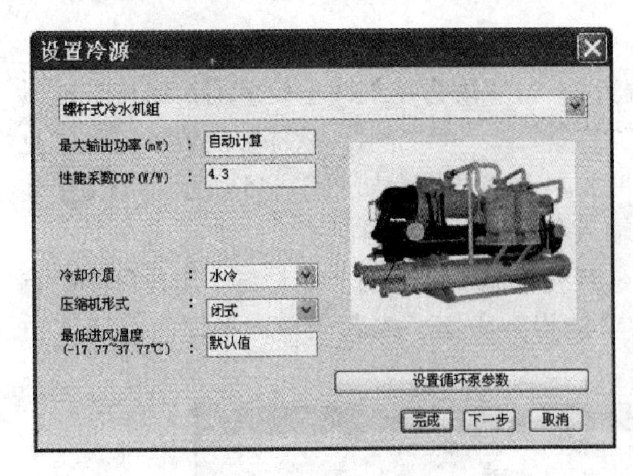

图2-46　设置冷源

图2-47　设置热源

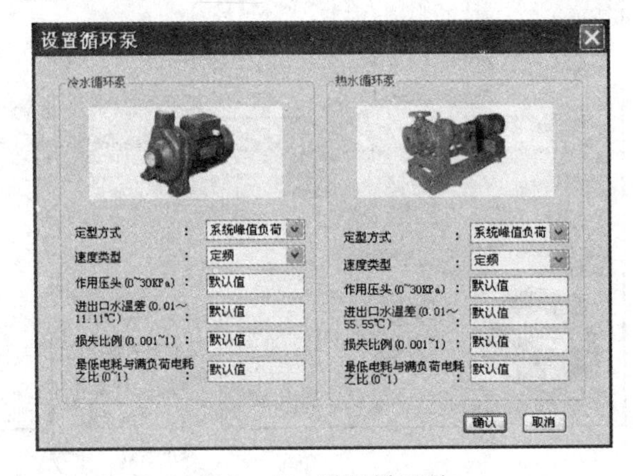

图2-48　设置循环泵

8. 计算分析报告。

在建筑物模型编辑完成、各项围护结构节能措施确定的情况下，即可模拟计算得出负荷分布情况，如图2-49所示。

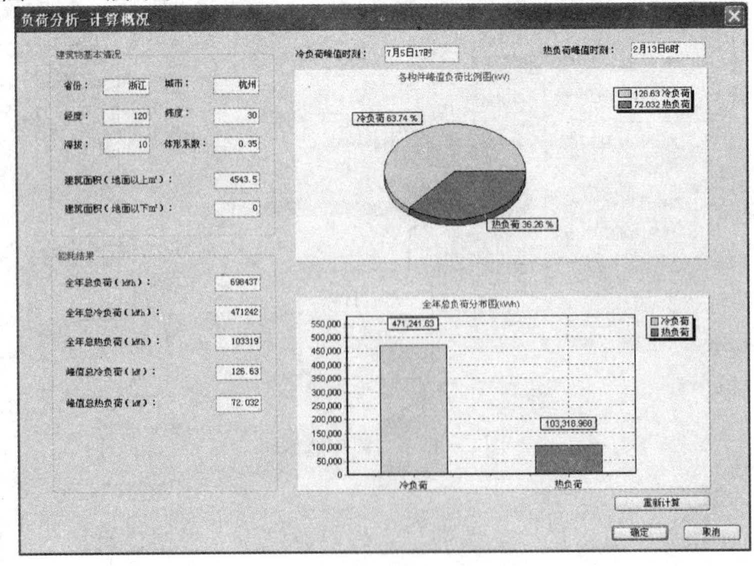

图2-49　负荷计算概况

计算完毕后，软件可以自动在“查阅报告”对话框显示已经生成的各种文档，可以选择性勾选进行查阅，如图 2－50 和图 2－51 所示。

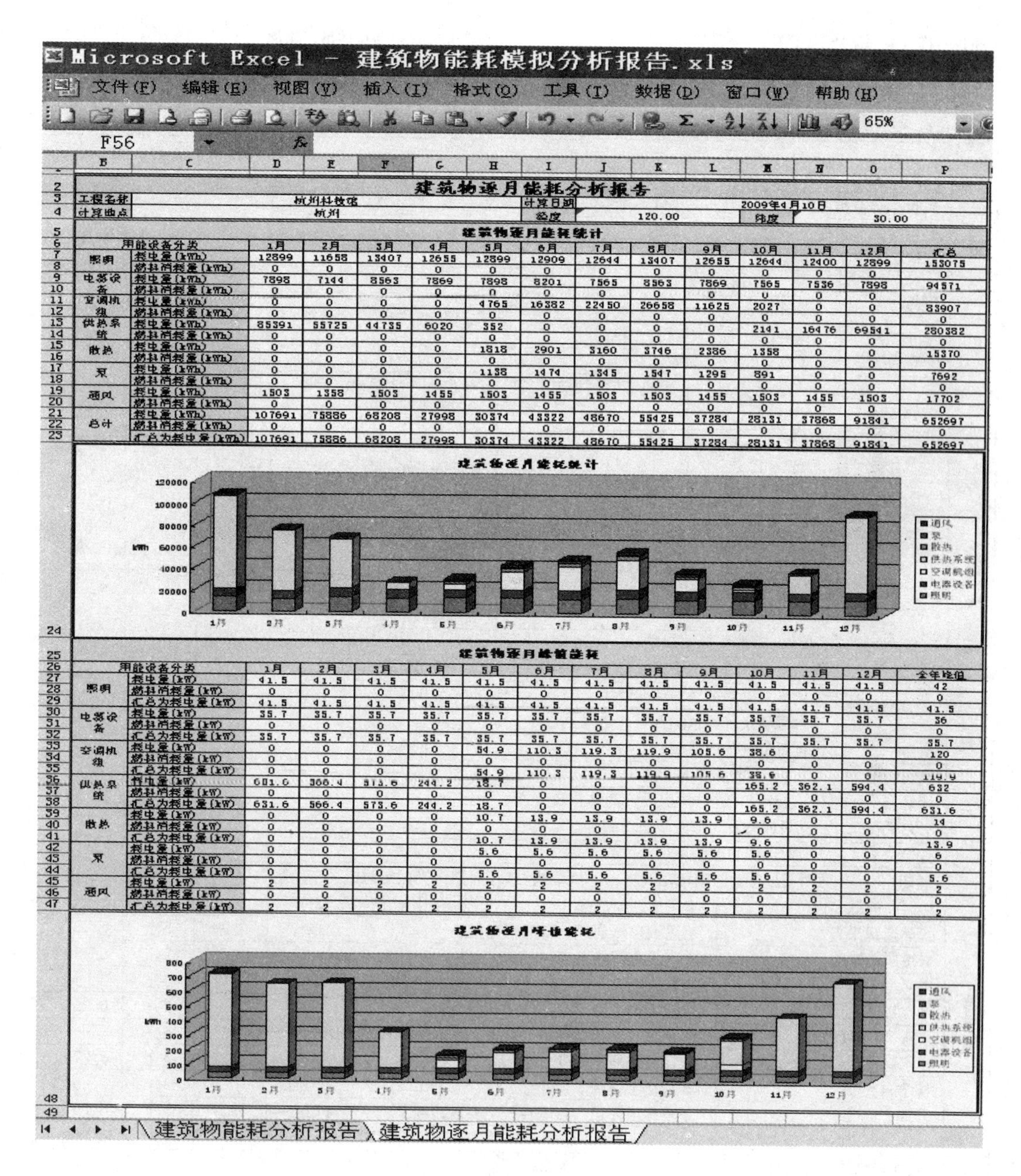

建筑物逐月能耗分析报告

工程名称	杭州科技馆	计算日期	2009年4月10日
计算地点	杭州	经度	120.00
		纬度	30.00

建筑物逐月能耗统计

用能设备分类		1月	2月	3月	4月	5月	6月	7月	8月	9月	10月	11月	12月	汇总
照明	耗电量(kWh)	12899	11658	13407	12655	12899	12909	12644	13407	12655	12644	12400	12899	153075
	燃料消耗量(kWh)	0	0	0	0	0	0	0	0	0	0	0	0	0
电器设备	耗电量(kWh)	7898	7144	8563	7869	7898	8201	7565	8563	7869	7565	7536	7898	94571
	燃料消耗量(kWh)	0	0	0	0	0	0	0	0	0	0	0	0	0
空调机组	耗电量(kWh)	0	0	0	0	4765	16382	22450	26658	11625	2027	0	0	83907
	燃料消耗量(kWh)	0	0	0	0	0	0	0	0	0	0	0	0	0
供热系统	耗电量(kWh)	85391	55725	44735	6020	352	0	0	0	0	2141	16476	69541	280382
	燃料消耗量(kWh)	0	0	0	0	0	0	0	0	0	0	0	0	0
散热	耗电量(kWh)	0	0	0	0	1818	2901	3160	3746	2386	1358	0	0	15370
	燃料消耗量(kWh)	0	0	0	0	0	0	0	0	0	0	0	0	0
泵	耗电量(kWh)	0	0	0	0	1138	1474	1345	1547	1295	891	0	0	7692
	燃料消耗量(kWh)	0	0	0	0	0	0	0	0	0	0	0	0	0
通风	耗电量(kWh)	1503	1358	1503	1455	1503	1455	1503	1503	1455	1503	1455	1503	17702
	燃料消耗量(kWh)	0	0	0	0	0	0	0	0	0	0	0	0	0
总计	耗电量(kWh)	107691	75886	68208	27998	30374	43322	48670	55425	37284	28131	37868	91841	652697
	燃料消耗量(kWh)	0	0	0	0	0	0	0	0	0	0	0	0	0
	汇总为耗电量(kWh)	107691	75886	68208	27998	30374	43322	48670	55425	37284	28131	37868	91841	652697

建筑物逐月峰值能耗

用能设备分类		1月	2月	3月	4月	5月	6月	7月	8月	9月	10月	11月	12月	全年峰值
照明	耗电量(kW)	41.5	41.5	41.5	41.5	41.5	41.5	41.5	41.5	41.5	41.5	41.5	41.5	42
	燃料消耗量(kW)	0	0	0	0	0	0	0	0	0	0	0	0	0
	汇总为耗电量(kW)	41.5	41.5	41.5	41.5	41.5	41.5	41.5	41.5	41.5	41.5	41.5	41.5	41.5
电器设备	耗电量(kW)	35.7	35.7	35.7	35.7	35.7	35.7	35.7	35.7	35.7	35.7	35.7	35.7	36
	燃料消耗量(kW)	0	0	0	0	0	0	0	0	0	0	0	0	0
	汇总为耗电量(kW)	35.7	35.7	35.7	35.7	35.7	35.7	35.7	35.7	35.7	35.7	35.7	35.7	35.7
空调机组	耗电量(kW)	0	0	0	0	54.9	110.3	119.3	119.9	105.6	38.6	0	0	120
	燃料消耗量(kW)	0	0	0	0	0	0	0	0	0	0	0	0	0
	汇总为耗电量(kW)	0	0	0	0	54.9	110.3	119.3	119.9	105.6	38.6	0	0	119.9
供热系统	耗电量(kW)	631.6	566.4	573.6	244.2	18.7	0	0	0	0	165.2	362.1	594.4	632
	燃料消耗量(kW)	0	0	0	0	0	0	0	0	0	0	0	0	0
	汇总为耗电量(kW)	631.6	566.4	573.6	244.2	18.7	0	0	0	0	165.2	362.1	594.4	631.6
散热	耗电量(kW)	0	0	0	0	10.7	13.9	13.9	13.9	13.9	9.6	0	0	14
	燃料消耗量(kW)	0	0	0	0	0	0	0	0	0	0	0	0	0
	汇总为耗电量(kW)	0	0	0	0	10.7	13.9	13.9	13.9	13.9	9.6	0	0	13.9
泵	耗电量(kW)	0	0	0	0	5.6	5.6	5.6	5.6	5.6	5.6	0	0	6
	燃料消耗量(kW)	0	0	0	0	0	0	0	0	0	0	0	0	0
	汇总为耗电量(kW)	0	0	0	0	5.6	5.6	5.6	5.6	5.6	5.6	0	0	5.6
通风	耗电量(kW)	2	2	2	2	2	2	2	2	2	2	2	2	2
	燃料消耗量(kW)	0	0	0	0	0	0	0	0	0	0	0	0	0
	汇总为耗电量(kW)	2	2	2	2	2	2	2	2	2	2	2	2	2

图 2－50　能耗模拟分析报告书

公共建筑能效测评汇总表

项目名称：某写字楼　　　　　　　　　　　　　　　　项目地址：上海

建筑面积(m^2)/层数：451203/8　　　　　　　　　　　气候区域：夏热冬冷

建设单位：某建工　　　　　　　设计单位：某设计院　　　　　　　施工单位：某建筑公司

测评内容							测评方法	测评结果	备注
基础项	采暖热负荷指标(W/m^2)	2345678	采暖度日数	77					6.1.1
	空调冷负荷指标(W/m^2)	4234567	空调度日数	99					
	单位面积全年耗能量(kWh/m^2)	112							
规定项	围护结构	外窗、透明玻璃气密性	4级						6.2.1
		热桥部位	内表面温度高于露点温度						6.2.2
	空调采暖冷热源	空调冷源	螺杆冷水机组						6.2.3
		采暖热源	热水锅炉						6.2.4
	空调采暖设备	冷水（热泵）机组	类型	单机额定制冷量(kW)	台数	性能系数(COP)			6.2.5 6.2.6 6.2.7 6.2.8
			螺杆冷机	850	2	4.5			
		单元式机组	类型	单机额定制冷量(kW)	台数	能效比(FFR)			
		溴化锂吸收式机组	机型	设计工况	单位制冷量蒸汽耗量kg/(kW·h)或性能系数(W/W)				
		锅炉	类型	额定热效率(%)					
			燃气热水锅炉	89					
	水泵与风机	空调水系统冷水泵输送能效比	0.024						6.2.9 6.2.10 6.2.11
		空调水系统热水泵输送能效比	0.004						
		热水采暖系统热水循环泵耗电输热比	0.5						
		风机单位风量耗功率	0.48						
	室温调节	已采取室温调节措施							6.2.12
	计量方式	分区计量，冷热源房设置冷热计量装置							6.2.13
	水力平衡	已采取有效的水力平衡措施							6.2.14
	控制方式	设有监测和控制系统							6.2.15
	照明	照明密度符合照明标准要求，采用节能灯具，自然采光区定时或光电控制							6.2.16
选择项	可再生能源	太阳能，地热能	比例	72%				50分	6.3.1
	自然通风采光	已采取自然通风，自然采光措施						5分	6.3.2
	蓄冷蓄热技术	太阳能能蓄热大半						3分	6.3.3
	能量回收	无有效装置						0分	6.3.4
	余热废热利用	生活用水主要靠余热废热利用						5分	6.3.5
	全新风/变新风比	空调系统能根据负荷变化而采取全新风变新风调节						5分	6.3.6
	变水量/变风量	空调系统能进行变水量与变风量控制						3分	6.3.7
	楼宇自控	实现楼宇自控						3分	6.3.8
	管理方式	分项分区计量：楼宇自控能实现冷热源，系统自动启停						3分	6.3.9
	其他								6.3.10
民用建筑能效测评机构意见： 测评人员：　测评机构：　年　月　日									

图2－51　公共建筑能效测评汇总表

思 考 题

1. 什么是围护结构？围护结构如何分类？

2. 墙体及门窗节能技术有哪些？

3. 墙体传热系数的测试原理是什么？

4. 现有三樘相同类型、结构及规格尺寸的窗，检测其气密性能，实验室温度 19.6℃，室内气压 101.6kPa，量得试件开启缝长度为 2.58m，窗面积 1.5m²，检测数据见表 2－47，试确定该窗气密性级别。

表 2－47 三樘窗的气密性能检测表

检测压差 Pa	各试件附加和总空气渗透量（m^3/h）					
	试件一		试件二		试件三	
	Q_f	Q_Z	Q_f	Q_Z	Q_f	Q_Z
50	4.2	10.5	4.3	12.2	4.5	12.4
100	10.6	21.4	10.1	24.6	10.8	24.2
150	13.1	30.1	13.2	35.2	13.6	35.5
100	11.3	23.4	11.5	20.5	11.1	20.5
50	4.6	9.8	4.4	11.6	4.5	11.2
－50	4.9	17.4	4.4	16.4	4.8	16.6
－100	10.7	26.3	10.6	29.7	10.6	29.3
－150	14.8	39.9	14.4	41.8	14.4	41.1
－100	11.2	20.8	11.5	26.4	11.6	26.5
－50	5.2	10.2	5.8	16.6	5.8	16.8

5. 有一新型材料的空心砌块，结构如图 2－52 所示，尺寸单位为 mm，砌块实心部分的导热系数 $\lambda_1 = 0.78W/(m \cdot K)$，空心部分的导热系数 $\lambda_2 = 0.28W/(m \cdot K)$。求该墙体的热阻和传热系数。

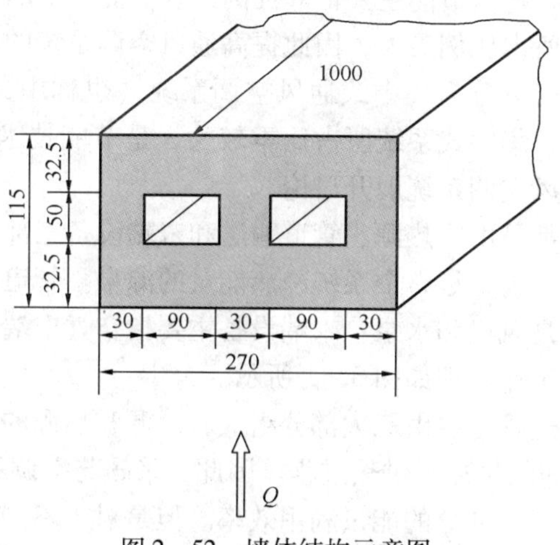

图 2－52 墙体结构示意图

第3章　用能系统节能评估

建筑物用能系统是指与建筑物同步设计、同步安装的用能设备和设施。用能设备是指采暖通风空调系统、照明系统、热水供应系统、动力设备及其他设备；设施是指与设备相配套的、为满足设备运行需要而设置的服务系统。

随着经济的高速发展，人民生活水平的大幅提高，人们对工作和居住的舒适性不断提出更高的要求，建筑内用能设备也随之不断增加，单位面积能耗不断攀升。加强建筑围护结构的保温隔热性能和选用节能型用能系统是实现建筑节能的基本途径。但建筑节能最终是通过用能系统来体现的，如我们通常所说的“建筑节能50%”是指节约采暖空调能耗的50%。

用能系统的节能与围护结构的节能有两个显著不同的特点：一是用能系统节能更强调系统的概念，节能设备不一定能连成节能系统，因此其技术体系更为复杂；二是用能系统的节能不仅取决于设计及施工质量，还和人的操作运行及管理密切相关。

用能系统节能是通过提高用能设备的能效比、合理的能源回收以及有效的控制与管理等方法在满足建筑使用功能和室内热湿环境质量的前提下，减少用能设备的能源消耗量，从而达到节能的目的。

本章主要对建筑能耗中占比例最大的空调系统及照明系统的节能技术及其测试评估技术进行介绍。

3.1　通风空调系统节能技术

对于一确定建筑而言，建筑节能主要依靠提高建筑用能系统的能源利用效率。而在建筑总能耗中，通风空调系统所占比例最大，因此提高通风空调系统的能源利用率对建筑节能有着重要意义。通风空调系统可分为集中式通风空调系统（也称中央空调）和分散式通风空调系统。对公共建筑而言，集中式系统所占比重较大，是节能技术及评估技术研究的重点，本章也主要针对集中式通风空调系统展开讨论。

集中式空调系统一般都是由冷热源、管道输送和末端设备三部分组成。其中冷热源部分是整个集中式空调系统的心脏，是整个系统冷热能量的源泉。管道输送部分包括动力部分和管道部分，动力部分主要是风机和水泵；末端设备主要指空气末端处理设备和风口，如风机盘管等。集中式空调系统工作原理如图3－1所示。

采暖空调系统的用能过程主要由三大部分组成：冷源和热源的能量转换，冷、热量载体（水和空气）的输送，房间的供冷、供热过程。因此，采暖与空调系统的节能实质上是如何利用管理和技术手段提高这三部分的能量利用效率。但是对于不同的空调系统，这三部分的节能侧重点各有不同，要做到合理的节能必须充分了解这些采暖空调系统的特点，采用有效的技术手段，从而达到节能的目的。

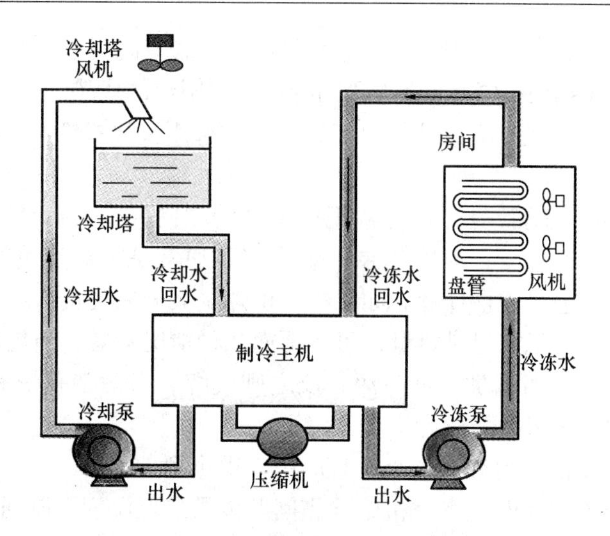

图 3－1　集中式空调系统原理图

3.1.1　冷热源节能技术

在采暖空调系统的三部分能耗中，冷热源的能耗约占总能耗的一半，是节能的主要部分，同时也是污染防治的重要组成部分。空调冷热源的能耗主要有冷水机组、热泵、锅炉能耗等。实现冷热源系统的节能，一方面要合理选择设备的规格参数，避免出现“大马拉小车”等不合理现象，同时可借助变频技术，尽可能地提高系统实际工作时的效率；另一方面则可通过新能源的开发和利用、冰蓄冷技术、冷热电联产技术等节能技术来实现。后一种情况将在本书的后续章节中简单介绍，本节主要关注冷热源系统的选型及变频技术的应用。

1. 冷热源设备选型

1）冷水机组选型

（1）对大型集中空调系统的冷源，宜选用结构紧凑、占地面积小及压缩机、电动机、冷凝器、蒸发器和自控组件等都组装在同一框架上的冷水机组。对小型全空气调节系统，宜采用直接蒸发式机组。

（2）对有合适热源特别是有余热或废热等场所或电力缺乏的场所，宜采用吸收式冷水机组。

（3）制冷机组一般以选用 2～4 台为宜，中小型规模宜选用 2 台，较大型可选用 3 台，特大型可选用 4 台。机组之间要考虑互为备用和切换使用的可能性。同一机房内可采用不同类型、不同容量的机组搭配的组合式方案，以节约能耗。并联运行的机组中至少应选择一台自动化程度较高、调节性能较好、能保证部分负荷下能高效运行的机组。选择活塞式冷水机组时，宜优先选用多机头自动联控的冷水机组。

（4）选择电力驱动的冷水机组时，当单机空调制冷量 $\varphi > 1163$kW 时，宜选用离心式；$\varphi = 582 \sim 1163$kW 时，宜选用离心式或螺杆式；$\varphi < 582$kW 时，宜选用螺杆式或涡旋式。

（5）电力驱动的制冷机的制冷系数 COP 比吸收式制冷机的热力系数高，前者为后者的二倍以上。单位能耗由低到高的顺序为：离心式、螺杆式、活塞式、吸收式（国外机组螺杆式排在离心式之前）。但各类机组各有其特点，应用其所长。

（6）选择制冷机时应考虑其对环境的污染：一是噪声与振动，要满足周围环境的要求；

二是制冷剂 CFCs 对大气臭氧层的危害程度和产生温室效应的大小，特别要注意 CFCs 的禁用时间表。在防止 CFCs 污染方面，吸收式制冷机有着明显的优势。

（7）无专用机房位置或空调改造加装工程可考虑选用模块式冷水机组。

2）风冷热泵机组选型

（1）热泵机组的冷负荷计算方法与常规空调系统相同，热负荷计算方法与采暖系统大致相同，但需考虑新风耗热量；风冷热泵机组的容量通常是根据建筑物的夏季冷负荷来选择，同时对冬季热负荷进行校核计算。如果机组供热量大于采暖负荷，则该机组满足冬季采暖要求；如果采暖负荷大于机组供热量，可按下面 2 种情况考虑：当机组供热量大于等于采暖负荷的 50% ~60% 时，可增加辅助热源；反之则应综合考虑初投资和运行费用来确定机组的容量，即适当加大机组的装机容量。

（2）风冷热泵机组的单台容量较小，宜应用于中小型工程。

（3）冬季采用风冷热泵时应考虑机组除霜问题以及最低温度限制问题。

（4）选型时要注意当地是否有足够的水源（包括水量、水温及水质）、电源和热源（包括热源性质、品位高低）。

（5）风冷热泵机组的供水温度一般为 45℃，需要注意风机盘管机组和组合式空调机组等设备样本中的额定容量确定的国家标准要求。选择热泵机组时，夏热冬冷地区以南区域一般应以夏季供冷负荷作为选择依据，同时校核冬季的热负荷。

（6）风冷热泵机组的额定供热量，通常都是标准工况（环境温度 t_0 =7℃，出水温度 t_s =45℃）条件下的数值，当环境温度低于 7℃时，供热量将大幅度降低。一般的降低幅度大致如下：t_0 =5℃时，下降百分比为 5% ~8%；t_0 =3℃时，下降百分比为 12% ~14%，t_0 = 0℃时，下降百分比为 25% ~32%；t_0 = −3℃时，下降百分比为 45% ~50%；t_0 = −5℃时，下降百分比为 55% ~65%。

（7）风冷热泵机组空调系统的辅助热源有以下几种形式可供选择：①在风机盘管系统中设置小型锅炉，以此来提高冬季机组的供水温度；②在有另外热源（热水或废热水）时，可采用板式热交换器提高冬季供水温度；③采用直烧式（气源可为水煤气、天然气、柴油等）加热器提高冬季供水温度；④采用电加热器提高冬季供水温度。

（8）在选择风冷热泵机组时还应考虑建筑物的蓄冷（热）负荷。一般公共建筑，空调设备往往是间歇运行，即白天运行、夜间关闭，这样在第 2 天运行时，由于建筑物的蓄冷（热），房间温度需要运行一定的时间后才能达到设定值，如果要求缩短这一时间，在选择机组时就要考虑蓄冷（热）负荷。它与预冷（热）时间有关，一般预冷（热）时间为 2 ~3h。

（9）对于商场、餐厅等内部负荷和新风负荷特别大的建筑物，由于供暖负荷一般仅为供冷负荷的 60% ~70% 左右。所以，宜采用热泵机组与单冷机组联合供应的方式，例如“3 +1”模式，即 3 台风冷热泵机组加 1 台单冷机组。

（10）在相对湿度较高的地区，选用热泵时，应特别注意分析运行条件，并采取有效的除霜措施。

3）地（水）源热泵机组选型

（1）地（水）源热泵的机房内热泵机组部分可以参照下列步骤进行选型：

①水源热泵机组的容量不要过大。集中空调冷热源设备选型时，设备制冷（热）量约

为设计冷（热）负荷的1.05~1.10。

②水源热泵机组选型时，应尽量接近设计冷（热）负荷。若机组偏大时，运行时间短，启动频繁。机组容量合适，运行时间长，有利于除湿。

③居住建筑设计时要考虑采暖空调建筑物的同时使用系数。同时使用系数的取值与建筑物类型有关，与建筑物的数量有关，需通过理论计算和实测确定。文献《住宅建筑空调负荷计算中同时使用系数的确定》列出数据是：当住户小于100户时，该系数为0.7；当户数为100~150户时，为0.65~0.7；当户数为150~200户时为0.6。

（2）地热换热器的选型包括形式和结构的选取，对于给定的建筑场地条件应尽量使设计在满足运行需要的同时成本最低。地热换热器的选型主要涉及以下几个方面：

①地热换热器的布置形式，包括埋管方式和联结方式。埋管方式可分为水平式和垂直式。选择主要取决于场地大小、当地土壤类型以及挖掘成本，如果场地足够大且无坚硬岩石，则水平式较经济；如果场地面积有限时则采用垂直式布置，很多场合下这是唯一的选择。地埋管道的联结方式有串联和并联两种，在串联系统中只有一个流体通道，而并联系统中流体在管路中可有两个以上的通道。采用串联或并联取决于成本的大小，串联系统较并联系统采用的管子管径要大，而大直径的管子成本要高。

②塑料管的选择应考虑包括材料、管径、长度、循环流体的压头损失等各种因素。聚乙烯是地热换热器中最常用的管材。这种管材的柔韧性好，且可以通过加热熔合形成比管子自身强度更好的连接接头。管材系统的选择需遵循以下两条原则：其一，循环泵的能耗较小；其二，使管内的流体处于紊流区，使流体和管内壁之间的换热效果好。同时在设计时还要考虑到安装成本的大小问题。

③循环泵的选择。选择的循环泵应该能够满足驱动流体持续地流过热泵和地热换热器，而且消耗功率较低。

4）直燃机机组选型

（1）直燃机设计选型时要确保同时满足冷热负荷的需要，但不宜设过大余量，以防造成主机投资浪费。一个系统最好配置两台以上主机且分别配置独立的冷却水循环泵、冷却塔及冷热水循环泵，这样可以使系统可靠性更高，低负荷时水泵电耗更低。

（2）标准型直燃机供热量一般是制冷量的80%。如果热负荷大（如制冷或供暖时供卫生热水，或供暖负荷大于制冷负荷），则可选择高压发生器加大型以提高供热能力，或选择大冷量机组来实现（这样初投资较大）。每加大一号高压发生器，供热能力增加20%左右。若需加大机组型号满足使用要求，则夏季靠调节燃烧器以保证经济运行。在过渡季节系统则靠调节燃烧器火头以保证经济运行。另外，制冷量和供热量的比例也可利用一些阀门调节来实现。

2. 变频控制技术

空调变频技术始于20世纪80年代的日本，它是在普通空调的基础上增加了变频器，通过变频器改变电源频率，从而改变压缩机的转速，使之始终处于最佳的转速状态，达到提高系统能效比的目的。

变频控制系统主要由驱动电路、室外机电源电路、室内机电源电路、室外机风扇电机控制电路、室内外机通信电路、单片微电脑及其外围构成的主控电路等组成。按压缩机的变频原理可分为交流变频空调和直流变频空调两种。

1）交流变频

交流变频技术是通过变频器先将市用的220V交流电经过整流成为直流电，然后再逆变成频率可变的三相交流电，通过交流变频压缩机的定子线圈，在压缩机内形成旋转磁场，转子感应出感应电动势，进而产生感应电流，转子金属导体中的感应电流又会产生感应磁场，这个磁场与定子线圈产生的旋转磁场相互作用，从而使电动机的转子随着定子的旋转磁场转动起来。

变频器的控制是通过传感器将室内温度信息传递给微电脑，输出一定频率变化的波形，控制变频器的频率。当室内急速降温或急速升温时，室内空调负荷加大，压缩机转速加快，制冷量按比例增加，相反，当室内空调负荷减少时，压缩机正常运转或减速。交流变频控制的原理图如图3－2所示。

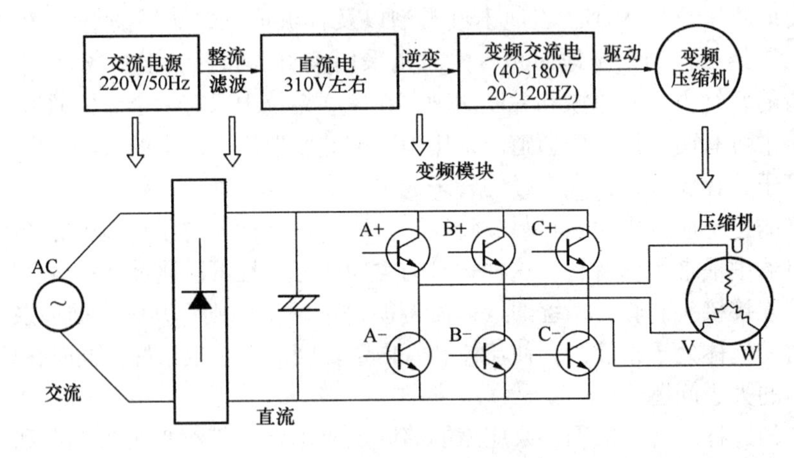

图3－2　交流变频控制原理图

2）直流变频

直流变频技术是将市用220V交流电经过整流成为直流电，然后将直流分为三相输入直流变频压缩机定子线圈，形成随着转子位置变化而变化的定子磁场，与转子永磁体的磁场相互作用，同步控制转子运行。

直流变频空调中功率模块也同样受微电脑控制，所不同的是模块所输出的是电压可变的直流电源，压缩机使用的是直流电机，所以直流变频空调器也可以称为全直流变速空调器。直流变频控制的原理图如图3－3所示。

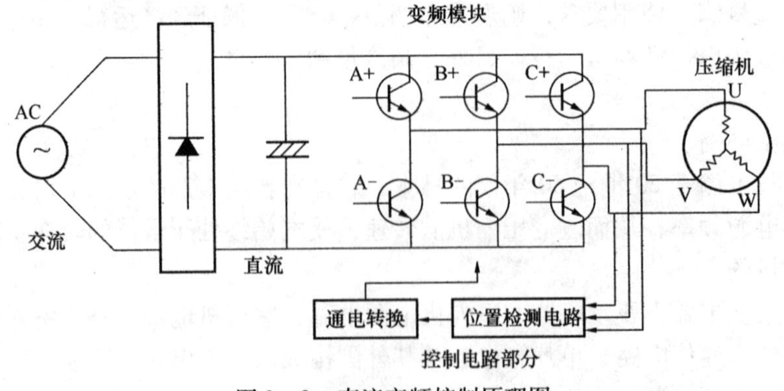

图3－3　直流变频控制原理图

总的来说直流变频系统在电路结构上与交流变频系统比较相近，同样具有把工频交流电转换为直流电的整流环节和把直流电二次转化成交流电的逆变环节。它们之间的区别一方面是采用的电机不同，直流调速系统采用的是永磁同步电机，不同于交流变频系统所采用的三相异步感应电机，从电机的角度来说效率更高；另一方面直流调速系统具有位置检测环节，通过对压缩机转子的位置进行检测来实现对压缩机电机的闭环控制，相比较交流变频系统的开环控制来说，控制的精度更高，其效率也更高。

与常规空调相比变频空调具有以下优点：

（1）节能省电

由于变频空调压缩机不会频繁开启，而是保持一个稳定的工作状态，这可以使空调整体达到节能15%～30%的效果。

（2）低噪声

由于变频空调采用的是双转子压缩机，大大降低了回旋不平衡度，使室外机的振动非常小，约为常规空调的1/2。

（3）降温速度快

当室温和调定温度相差较大时，变频空调一开机，即以最大的功率工作，使室温迅速上升或下降到调定温度，制冷（热）效果明显，速度比常规空调快1～2倍。

（4）温度控制精度高

变频空调可根据房间冷（热）负荷的变化自动调整压缩机的运转频率，达到设定温度后变频空调以较低的频率运转，这样可以更加精确地控制室内温度变化，舒适感更好。

3.1.2 输送系统节能技术

空调系统的输送系统包括空调风系统和空调水（制冷剂）系统。通过合理选择动力设备（主要是水泵和风机）的型号和规格参数，提高水泵的能效比以及合理的调节输送系统的流量可以达到节能的目的。

水泵和风机的运行工作点不仅受其自身特性的影响，而且也取决于所在管路系统的阻力特性，所以选型时要研究管路的阻力特性，选择合适的设备。由于空调系统中的设备大部分时间在部分负荷下运行，从节能的角度要把设备的最高效率点选在峰值负荷的70%～80%状态，在非峰值负荷时常常采用改变设备流量的方式来调节，如传动系统采用变频技术等。下面主要介绍变风量、变水量和变制冷剂流量来实现输送系统节能的技术。

1. 变风量（VAV）空调系统

变风量空调系统（Variable Air System，VAV系统），是一种可根据室内负荷变化或室内要求参数的变化，自动调节空调系统送风量，从而使室内参数达到要求的全空气空调系统。虽然从表面上看，似乎VAV系统只不过比CAV系统多了一些末端装置和风量调节功能，可是，就因为VAV系统风量的变化和增加的末端设备，使得VAV系统从方案设计到设备选择、施工图设计，直到施工和调试都具有不同于定风量系统的特殊性。VAV控制的原理图如图3－4所示。

由于空调系统在全年大部分时间里是在部分负荷下运行，而变风量空调系统是通过改变送风量来调节室温的，因此VAV系统可以大幅度减少送风风机的动力耗能。据模拟测算，当风量减少到80%时，风机耗能将减少到51%；当风量减少到50%时，风机耗能将减少到

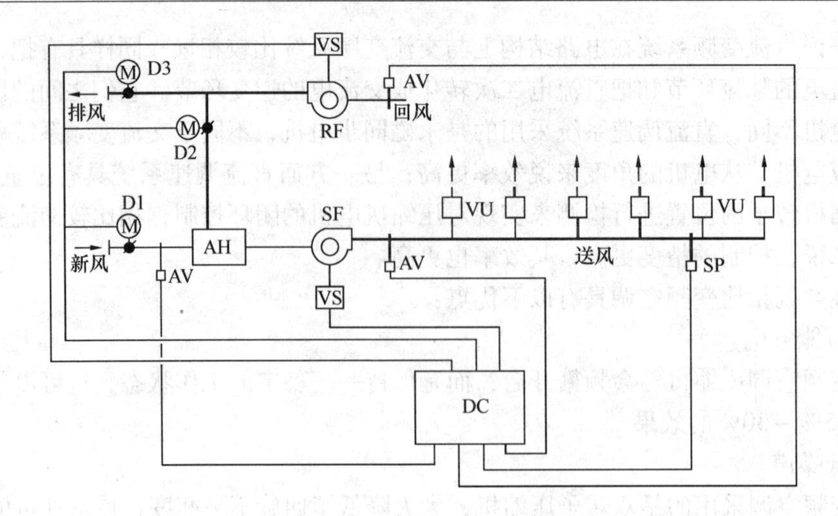

图 3－4　VAV 系统的风量控制原理图

SP—静压传感器；AV—风速（风量）传感器；VS—变频调速器；

AH—空气处理机组；VU—变风量末端机组

15%。全年空调负荷率为 60% 时，变风量空调系统（变静压控制）可节约风机动力耗能 78%。

2. 变水量空调系统

变水量空调系统的原理是利用特殊的水泵，根据水温来调节系统的循环水量，在满足负荷要求的前提下，提高水泵的电能效率。

变水量空调系统按水泵布置方式不同主要可以分为定速水泵阶梯式变流量系统、一次泵变水量系统、二次泵变水量系统、三次泵变水量系统。其中，二次泵变水量系统是目前应用最广泛的一种变水量系统，尤其是在一些大型高层民用建筑和多功能建筑群中，由于变水量系统可以根据负荷要求改变系统循环水量，降低水泵的运行功率，从而达到节能的目的。

3. 变制冷剂流量系统

变制冷剂流量（VRF）空调系统是制冷剂流量可以自动调节的一大类直接蒸发式空调设备的总称。它通过控制系统采集室内舒适性参数、室外环境参数和表征制冷系统运行状况的参数来调节压缩机的输气量，保证室内环境的舒适性。

4. 水环热泵系统

水环热泵空调系统是指小型的水/空气热泵机组的一种应用方式，即用水环路将小型的水/热泵机组并联在一起，形成一个封闭环路，构成一套回收建筑物内部余热作为其低位热源的热泵供暖、供冷的空调系统。

水环热泵空调系统的基本工作原理是：在水/空气热泵机组制热时，以水循环环路中的水为加热源；机组制冷时，则以水为排热源。当水环热泵空调系统制热运行的吸热量小于制冷运行的放热量时，循环环路中的水温度升高，到一定程度时利用冷却塔放出热量；反之循环环路中的水温度降低，到一定程度时通过辅助加热设备吸收热量。只有当水/空气热泵机组制热运行的吸热量和制冷运行的放热量基本相等时，循环环路中的水才能维持在一定温度范围内，此时系统高效运行。该系统的原理图如图 3－5 所示。

由于水环热泵空调系统各机组可独立启停，仅有部分房间需要空调时不会浪费能源；在

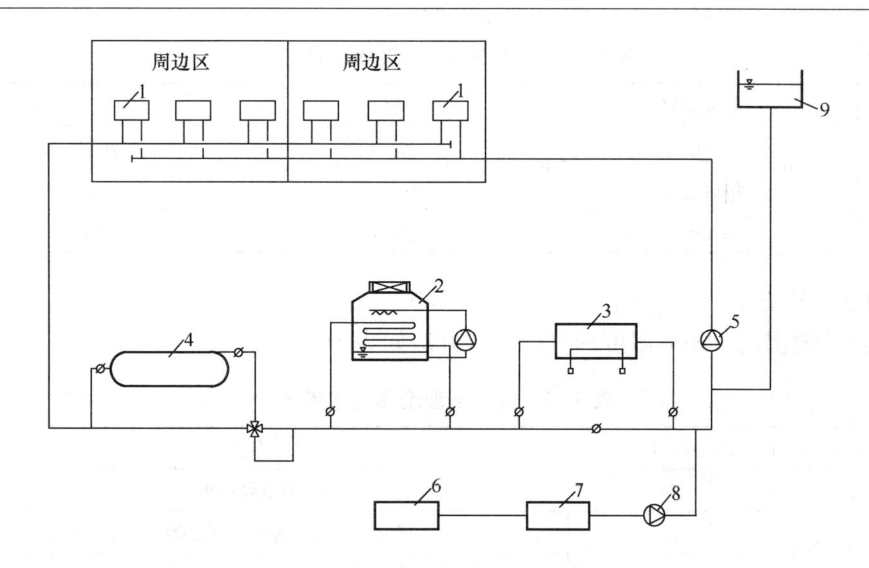

图3-5　水环热泵空调系统原理图

1—水/空气热泵机组；2—闭式冷却塔；3—加热设备（如燃油、燃气、电锅炉）；4—蓄热熔器；5—水环路的循环水泵；6—水处理装置；7—补给水水箱；8—补给水泵；9—定压装置

过渡季节可根据不同需要，各机组独立供热或供冷，能量交替转移利用，不需要启动冷热源。因此，水环热泵空调系统有很好的节能效果，在满足相同的建筑使用功能和室内热湿环境质量下，水环热泵空调系统比风机盘管系统节能15%～30%。

此外，水环热泵系统中同时存在水系统和制冷剂系统，可以根据负荷要求改变水环路的水量和制冷剂的流量，单独设置的风系统也可根据需要改变送风量。因此，水环热泵系统是同时利用变水量、变制冷剂流量和变风量的典型例子。

3.1.3　末端设备节能技术

空调系统末端设备主要由管式（板式）换热器、风机及控制系统组成，典型的如风机盘管和风柜等。虽然这些末端设备的用能设备主要是风机耗电，在整个空调系统中耗能量也少，但是它们是室内冷热负荷的直接承担者，通过安装室温控制器，可以随时根据室温变化调节输送系统中水（制冷剂）的流量或改变风机的转速来调节室温，从而达到节能的目的。

3.2　通风空调系统的测试与评估

3.2.1　室内热环境测试

室内热环境是指影响人体冷热感觉的环境因素。这些因素主要包括室内空气温度、空气湿度、气流速度。适宜的室内热环境是指室内空气温度、空气湿度、气流速度适当，使人体易于保持热平衡从而感到舒适的室内环境条件。

1．检测仪器

室内热环境检测仪器的性能应符合表3-1的要求。

表3-1　室内热环境检测仪器性能要求

序　号	测量参数	检测仪器	仪表准确度
1	温度	温度计（仪）	0.5℃热响应时间不应大于90s
2	相对湿度	相对湿度仪	5%RH
3	空气流速	风速自记仪	不低于0.5级

2. 测点布置方法

室内热环境温度、相对湿度的测点布置方法如表3-2所示：

表3-2　室内温湿度测点布置方法

面积（m^2）	布点数（个）	布点方法
0<S<16	1	测点是中央1点
16≤S<30	2	居室对角线三等分，其二等分点作为测点
30≤S<60	3	居室对角线四等分，其三等分点作为测点
60≤S<100	5	二对角线上梅花设点

注：100 m^2 及以上每增加20~50m^2 酌情增加12个测点（均匀布置）

室内空气流速的测点布置应将被测空间划分为若干体积相等的正方体，在每个小的正方体内悬挂布置小型风速自记仪，测点位置和数量由被测空间的大小和工艺要求确定。

3. 检测方法和步骤

室内热环境温度、相对湿度的检测方法和步骤如下：

（1）根据设计图纸绘制房间平面图，对各房间进行统一编号；

（2）检查测试仪表是否满足使用要求；

（3）检查空调系统是否正常运行，对于舒适性空调，系统运行时间不少于6h；

（4）根据系统形式和测点布置原则布置测点；

（5）待系统运行稳定后，依据仪表的操作规程，对各项参数进行检测并记录测试数据；

（6）对于舒适性空调系统测量一次；

（7）数据处理：室内平均温度、平均相对湿度按式(3-1)~式(3-4)计算。

室内平均温度按式(3-1)、式(3-2)进行计算：

$$t_{rm} = \frac{\sum_{i=1}^{n} t_{rm,i}}{n} \tag{3-1}$$

$$t_{rm,i} = \frac{\sum_{j=1}^{p} t_{i,j}}{p} \tag{3-2}$$

式中　t_{rm}——检测持续时间内受检房间的室内平均温度，℃；

$t_{rm,i}$——检测持续时间内受检房间第i个室内逐时温度，℃；

n——检测持续时间内受检房间的室内逐时温度的个数；

$t_{i,j}$——检测持续时间内受检房间第j个测点的第i个温度逐时值，℃。

室内平均相对湿度按式(3-3)、式(3-4)进行计算：

$$\varphi_{\mathrm{rm}} = \frac{\sum_{i=1}^{n} \varphi_{\mathrm{rm},i}}{n} \tag{3-3}$$

$$\varphi_{\mathrm{rm},i} = \frac{\sum_{j=1}^{p} \varphi_{i,j}}{p} \tag{3-4}$$

式中　φ_{rm}——检测持续时间内受检房间的室内平均相对湿度,%；

$\varphi_{\mathrm{rm},i}$——检测持续时间内受检第 i 个室内逐时相对湿度,%；

n——检测持续时间内受检的室内逐时相对湿度的个数；

$\varphi_{i,j}$——检测持续时间内受检房间第 j 个测点的第 i 个相对湿度逐时值,%；

p——检测持续时间内受检房间布置的相对湿度测点的点数。

室内气流速度的测试方法和步骤如下：

（1）对所有测点的风速自动记录仪校对时间，设置自动记录的启动时间和时间间隔；

（2）开启被测空间工艺设备进行送风，待稳定后人员离开被测试空间；

（3）风速自动记录仪按照预先设定进行自动测量和存储，测试完成后应使用相应的软件将数据下载进行分析。

3.2.2　循环水系统测试

循环水系统是中央空调系统中重要组成部分，水系统测试的基础参数主要包括水温、水流量和水压。空调冷冻水及冷却水供回水温度及水流量能直接反映制冷机组的制冷能力，因此，水系统水温及流量检测是空调系统节能检测评估工作中尤为重要的环节。此外，为评估水泵的效率，我们还应了解水系统中水压的测试方法。

1. 检测仪器

水系统温度、流量及压力的检测仪表的性能应符合表3-3中的要求。

表3-3　水系统温度、流量的检测仪表的性能

序　号	测量参数	检测仪器	仪表准确度
1	温度	玻璃水银温度计、铂电阻温度计等各类温度计（仪）	0.2℃（空调） 0.5℃（采暖）
2	流量	超声波流量计或其他形式的流量计	≤2%（测量值）
3	压力	压力仪表	≤5%（测量值）

（1）水银温度计

水银温度计是膨胀式温度计的一种，是利用物质的体积随温度升高而膨胀的特性制作的温度计。水银温度计的水银不粘玻璃，不易氧化，容易获得很高的精度，在相当大的温度范围内（-38～356℃）保持液态，在200℃以下，其膨胀系数几乎和温度成线性关系，所以可作为精密的标准温度计。

（2）铂电阻温度计

铂电阻温度计是电阻温度计的一种，它是利用导体或半导体的电阻值随温度而变化的特性，在温度变化不大的情况下，其电阻与温度近似成线性关系，在更大的温度范围，通常可用简单的二次多项式表示。通过测量金属的电阻，便可推算温度值。此种温度计通常用白金线制成，可精确到10^{-3}℃，常用于精密测量。由于白金熔点高，所以可测量的温度范围更大，约在 -250℃～1200℃左右。铂电阻温度计是由热电阻、显示仪表或变送器、调节器和连接导线等几部分组成。由于其测量精度较高，响应速度快，并在整个测量范围内呈线性关系，故可以实现远距离测量显示和自动记录。

（3）热电偶温度计

热电偶温度计是利用“热电效应”制成的一种测温元件。两种不同成分的导体（称为热电偶丝材或热电极）两端接合成回路，当接合点的温度不同时，在回路中就会产生电动势，这种现象称为热电效应，而这种电动势称为热电势。热电偶就是利用这种原理进行温度测量的，其中，直接用作测量介质温度的一端叫做工作端（也称为测量端），另一端叫做冷端（也称为补偿端）；冷端与显示仪表或配套仪表连接，显示仪表会指出热电偶所产生的热电势。热电偶实际上是一种能量转换器，它将热能转换为电能，用所产生的热电势测量温度。

（4）超声波流量计

目前，现场检测水流量一般采用超声波流量计测试，与常规流量计相比，超声波流量计具有以下优点：非接触测量，不扰动流体的流动状态，不产生压力损失；不受被测介质物理、化学特性（如黏度、导电性等）的影响；输出特性呈线性。

超声波流量计的测量原理是基于超声波在介质中的传播速度与该介质的流动速度有关这一现象。图 3-6 所示为超声波在流动介质的顺流和逆流中的传播情况。图中 v 为流动介质的流速，c 为静止介质中的声速，F 为超声波发射换能器，J 为超声波接收换能器。超声波在顺流中的传播速度为 $c+v$，逆流中的速度为 $c-v$。显而易见，超声波在顺流和逆流中的传播速度差与介质的流动速度 v 有关，测出这一传播速度差就可求得流速，进而换算为流量。测量超声波传播速度差的方法很多，常用的有时间差法、相位差法和频率差法，因此也就形成了所谓的时间差法超声波流量计、相位差法超声波流量计和频率差法超声波流量计等。

图 3-7 所示为超声波在管道壁面之间的传播情况。当管道内的介质呈静止状态时，超声波在管壁间的传播轨迹为实线，其传播方向与管道轴线之间的夹角为 θ（由流动方向逆时针指向传播方向），传播速度为声速 c_0 当管道内的介质是平均流速为 v 的流体时，超声波的传播轨迹如虚线所示（其传播方向偏向顺流方向，也简称顺流传播，以下同）。这时，超声波传播方向与管道轴线之间的夹角为 θ'，传播速度 c_v 为 v 和 c 的矢量和。通常，因为 $c \gg v$，故可认为 $\theta \approx \theta'$，即传播速度的大小为

$$c_v = c + v\cos\theta \tag{3-5}$$

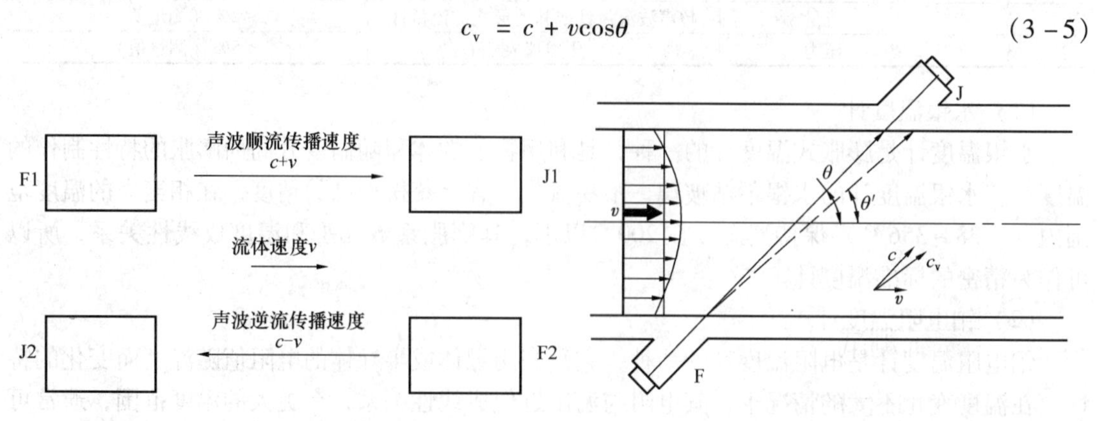

图 3-6　超声波在流动介质中的传播情况　　图 3-7　超声波在管道壁面之间的传播情况

同样可以推导，超声波在管壁间逆流传播的速度大小为

$$c_{v} = c - v\cos\theta \tag{3-6}$$

式3－5、式3－6是超声波流量计中普遍采用的传播速度简化算式。

精密压力表由测压系统、传动机构、指示装置和外壳组成。精密压力表的测压弹性元件经特殊工艺处理，使精密压力表性能稳定可靠，与高精度的传动机构配套调试后，能确保精确的指示精度。精密压力表在标度线下设置有镜面环（A型B型），在使用中读数清晰精确。精密压力表的工作原理是：当被测介质的压力作用于弹性元件后，使其产生弹性变形——位移，经拉杆带动传动机构放大，由指示装置指示压力值。图3－8为常见的精密压力表外观图。

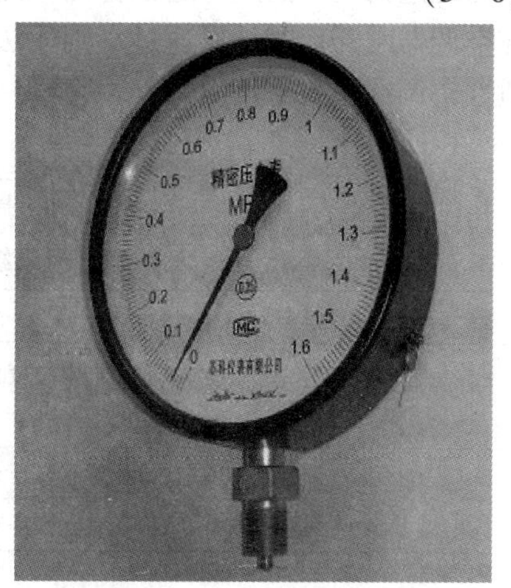

图3－8　精密压力表

2. 测点布置方法

水系统基础参数的测点布置方法见表3－4。

表3－4　水系统水系统温度、流量及压力的测点布置方法

测量参数	布点方法
水温	应尽量布置在靠近被测机组（设备）的进出口处；若被检测系统预留安放温度计的位置，可将温度计放置预留位置进行测试
水流量	应设置在设备进口或出口的直管段上；对于超声波流量计，应设置在距上游局部阻力构件10倍管径、距下游局部阻力构件5倍管径之间的管段上
水压	应在系统原有压力表安装位置

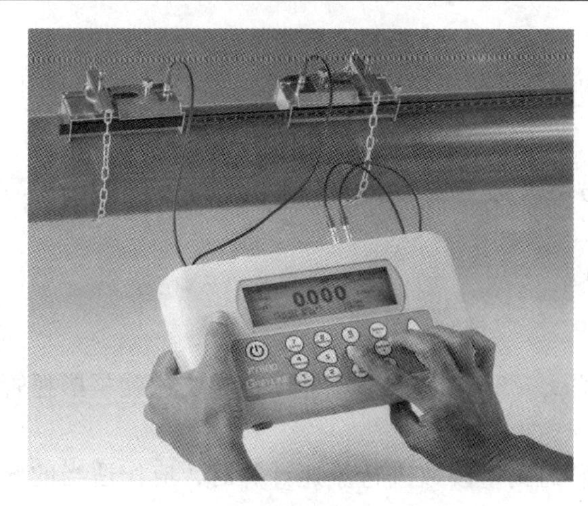

图3－9　水流量现场测试示意图

3. 检测方法及步骤

（1）确定检测状态，安装检测仪表（如图3－9所示）；

（2）依据仪表的操作规程，调整测试仪表到测量状态；

（3）待测试状态稳定后，开始测量，测量时间取10min。

（4）测试过程中，若测试工况发生较大的变化，需对测试状态进行调整，重新进行测试。

（5）数据处理：取各次测量的算术平均值作为测试值。

3.2.3　风系统测试

风系统的测试包括风管系统和空调器末端的测试。风管系统主要测其风管风量、送回风温度是否满足负荷要求；对于舒适性空调系

统，空调器末端所送出的冷（热）风是人体对于冷暖感知的主要依据。在夏天，当室内温度已经达到设定温度并趋于稳定，此时，过大的风速将使人体感受到强烈的冷吹风感；而若在空调器刚开启时，风速过小则无法尽快降低室内温度，故适宜的风口风速和风量是满足舒适性空调的必要条件。

1. 检测仪器

风系统送回风温度、风速及风量的检测仪器的性能应符合表3-5中的要求。

表3-5　风系统温度、风速及风量的检测仪表的性能

序号	测量参数	检测仪器	仪表准确度
1	送回风温度	玻璃水银温度计、热电阻温度计、热电偶温度计等各类温度计（仪）	0.5℃
2	风速	毕托管和微压计、风速仪	0.5m/s
3	风量	毕托管和微压计、风速仪、风量罩	5%（测量值）

1）毕托管

毕托管是以其发明者、法国工程师 Hcnri Pitot 的名字命名的，它由总压探头和静压探头组成，利用流体总压与静压之差，即动压来测量流速，故也称动压管。由于其主要测量对象为气体，因此又有风速管之称。

毕托管的特点是结构简单，制造使用方便，价格低廉，而且只要精心制造并经过严格标定和适当修正，即可在一定的速度范围内达到较高的测量精度。所以，虽然毕托管的出现已有两个多世纪，但至今仍是热能与动力机械中最常用的流速测量手段。

毕托管测取的是流场空间某点的平均速度。由于是接触式测量，因而探头的头部尺寸决定了毕托管测速的空间分辨率。受工艺、刚度、强度和仪器惯性等因素的限制，目前最小的皮托管头部直径约为0.1~0.2mm。

下面介绍毕托管的测速原理。

图3-10是直角形（L形）毕托管的结构简图。根据不可压缩流体的伯努利方程，流体参数在同一流线上有着如下关系：

$$p + \frac{1}{2}\rho v^2 = p_0 \tag{3-7}$$

式中　p_0、p——流体的总压和静压；

ρ——流体密度；

v——流体流速。

可见，只要测得流体的总压和静压 p 可按式（3-7）计算流体的流速，这就是毕托管测速的基本原理。

考虑到总压和静压的测量误差，利用它们的测量读数进行流速计算时，应作适当的修正。为此，引入皮托管的校准系数 ξ，将式（3-7）改写为

$$v = \xi\sqrt{\frac{2(p_0 - p)}{\rho}} \tag{3-8}$$

合理地调整毕托管各部分的几何尺寸，可以使得总压、静压的测量误差接近于零。例如，图3-10（a）所示的标准毕托管是迄今为止最为完善的一种，其校准系数为1.01~

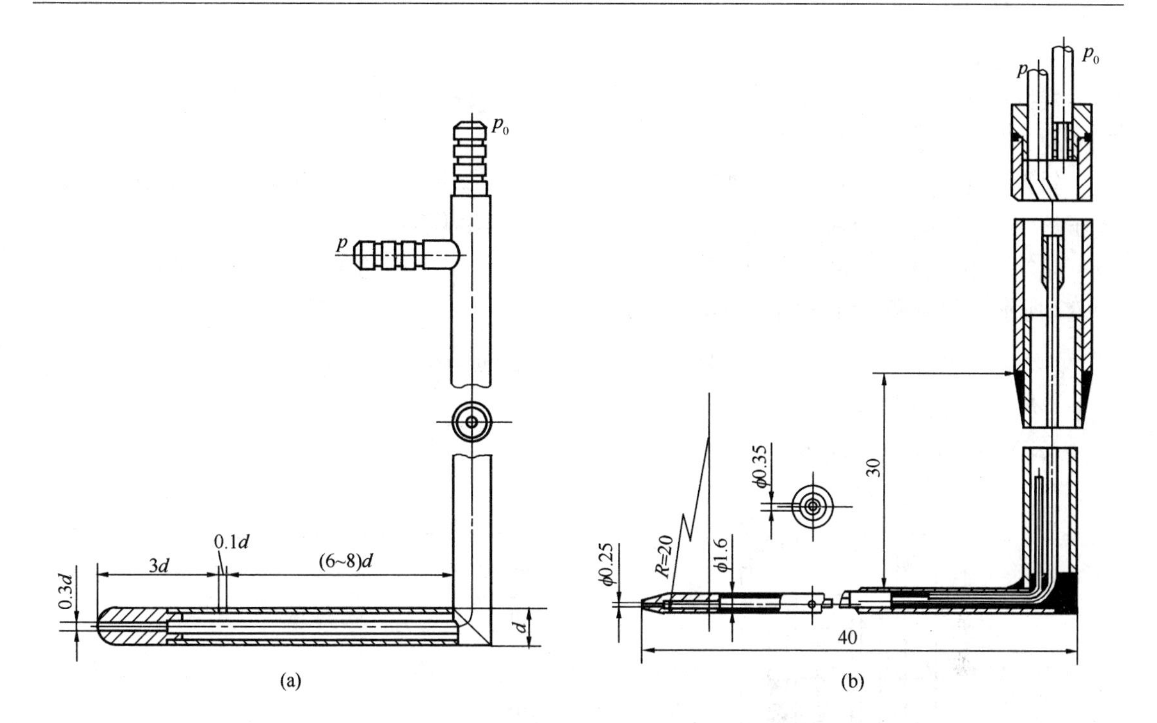

图3－10　直角形（L形）毕托管图

p_0—总压；p—静压；d—皮托管头部直径

（a）带半球形头部的标准毕托管；（b）带锥形头部的毕托管

1.02，且在较大的流动马赫数 *Ma* 和雷诺数 *Re* 范围内保持定值。

当气体流动的马赫数 Ma > 0.3 时，还应考虑气体的压缩性效应，此时可按式（3－9）进行流速计算：

$$v = \xi\sqrt{\frac{2(p_0 - p)}{\rho(1 + \varepsilon)}} \tag{3-9}$$

式中，ε 为气体的压缩性修正系数，可按表3－6查取。

表3－6　压缩性修正系数 ε 与马赫数 Ma 的关系

Ma	0.1	0.2	0.3	0.4	0.5	0.6	0.7	0.8	0.9	1.0
ε	0.0025	0.0100	0.0225	0.0400	0.0620	0.0900	0.1280	0.1730	0.2190	0.2750

2）微压计

常用的微压计有U形管微压计、斜管微压计、补偿式微压计和数字微压计。

U形管微压计可用于测量空气或其他气体的微正压，负压或差压，根据图3－11所示，计算空气差压如下：

$$\Delta p = p_1 - p_2 = gh(\rho - \rho_1) + gH(\rho_2 - \rho_1) \tag{3-10}$$

式中，ρ、ρ_1、ρ_2 分别为左右侧介质及封液密度；H 为右侧介质高度；h 为封液液柱高度；g 为重力加速度。

当 $\rho_1 \approx \rho_2$，且 $\rho \gg \rho_1$，则

$$\Delta p = gh\rho \tag{3-11}$$

根据被测压力的大小及要求，其封液可采用水或水银，有时为了避免细玻璃管中的毛细管作用，其封液也可选用酒精或苯。

斜管微压计是一种可见液体弯面的多测量范围液体压力计，供测量气体的正压、负压、差压的使用。具有测量精度高、携带方便、安全可靠等优点，广泛应用于医学卫生、实验室、建筑空调、通风、环境监测、净化房测试或标定。配上毕托管可测量气体流速。根据图3－12所示，斜管微压计两侧压力差计算如下：

$$\Delta p = p_1 - p_2 = g\rho l\sin\alpha \tag{3-12}$$

式中 l——液柱长度；

α——斜管的倾斜角度。

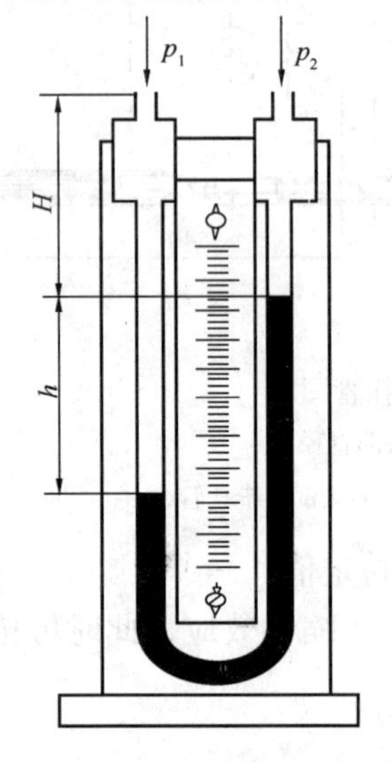

图3－11 U形管微压计

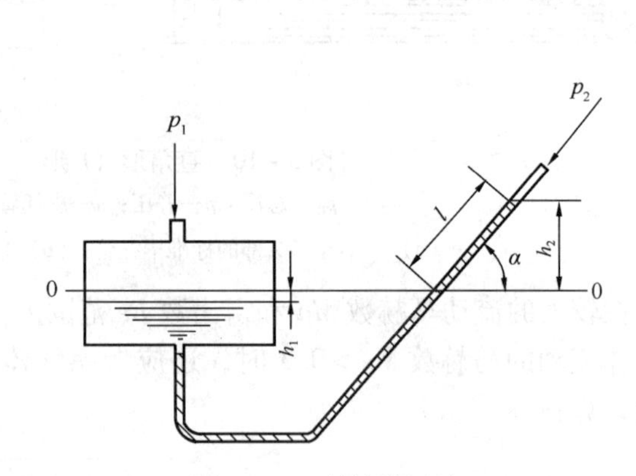

图3－12 斜管微压计

从式中可知，斜管微压计的刻度比U形压力计的刻度放大了1/sinα倍。若采用酒精作为封液，则更便于测量微压，一般这种斜管压力计适于测量2～2000Pa范围的压力。

补偿微压计主要用于非腐蚀性气体微小压力量值的传递、校准和测试，它可测量微小气体的正压、负压和差压，可与皮托管连接用于测量管道流速或差压，也可以作为标准器校准其他低精度的压力仪表。

数字微压计是实验室、工厂、大专院校理想的高档工具表，并可作为中等精度压力测试的标准表，携带方便，操作轻松，金属外壳，耐用、强度好，抗干扰能力强。此外，与毕托管连接使用时可直接测取风速，图3－13为数字微压计和毕托管及其连接示意图。

3）热线风速仪

热线风速仪是一种以热线或热膜为探头的流速测量仪器，由于探头的几何尺寸及热惯性均较小，因此可用于微风速（如冷库和空调房内的风速）、脉动速度（如内燃机燃烧室内的湍流强度和压气机的旋转失速）以及毕托管难以安装场合（如附面层、压气机级间）的流速测量。

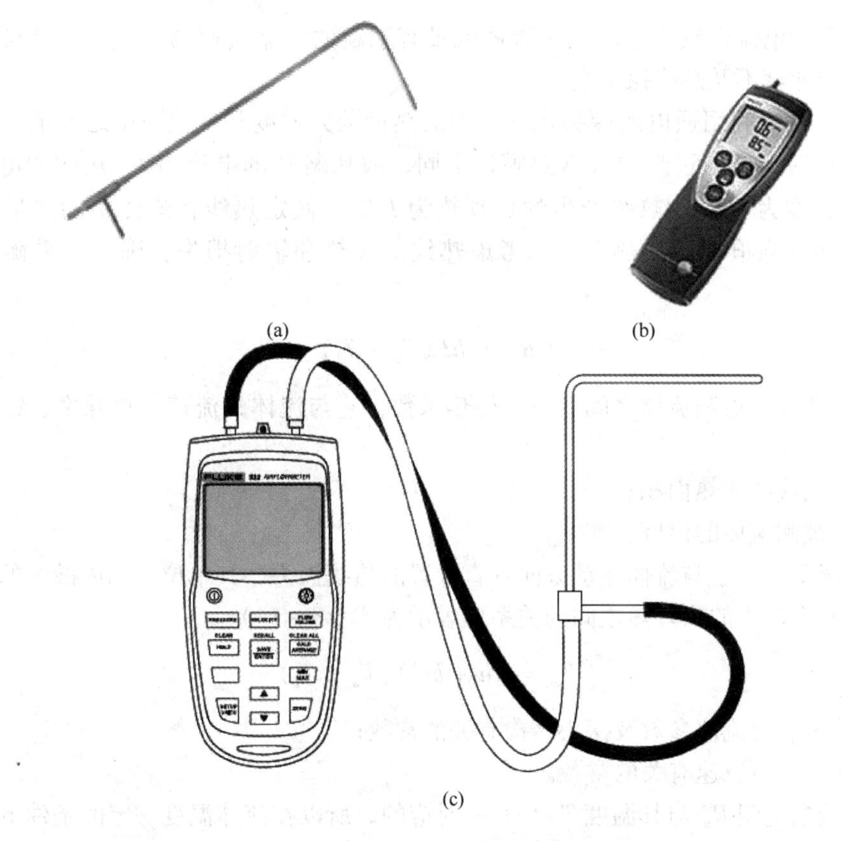

图3－13　数字微压计和毕托管及其连接示意图

（a）毕托管；（b）数字微压计；（c）毕托管和数字微压计连接示意图

热线风速仪由探头、信号和数据处理系统构成。探头按结构分为热线和热膜两种，均由电阻值随温度变化的热敏材料构成。另外，对分别适用于一维、平面和空间流场流速测量的探头，又分别称为一元探头、二元探头和三元探头。探头常见的结构形式如图3－14所示。热线探头中的热线材料多为铂丝和钨丝，其一般的几何尺寸范围为：直径3.8～5μm，长度1～2m。这种十分纤细的金属丝被焊在两根支杆上，通过绝缘座引出接线。为避免热线受气流沿支杆绕流的干扰，热线两端靠近支杆的部分有时涂覆合金膜，而仅留中间部分作为敏感材料。

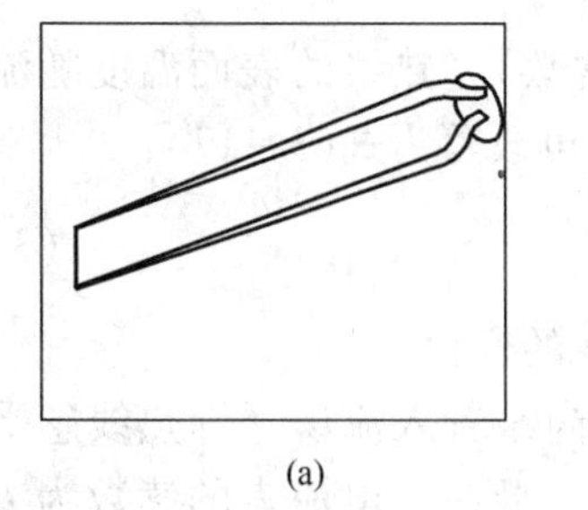

(a)

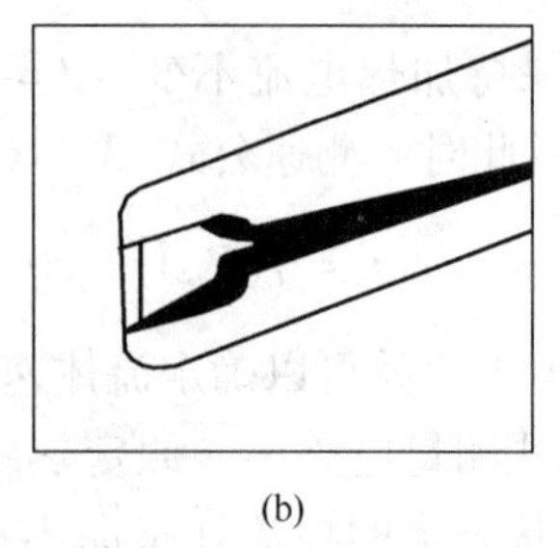

(b)

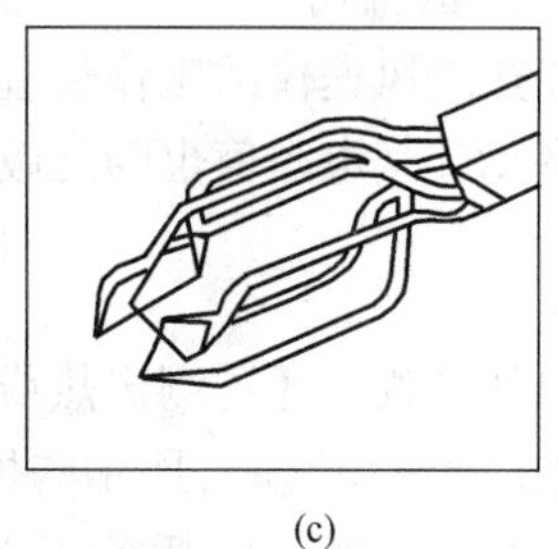

(c)

图3－14　热线探头和热膜探头

（a）一元热线探头；（b）热膜探头；（c）三元热线探头

热膜探头由熔焊在楔形或圆柱形石英骨架上的铬或铂金属膜构成，其机械强度比热线探头高，可承受的电流也较大，能用于液体或带有颗粒的气流流速的测量，但其尺寸相对较大，因而响应速度不及热线探头高。

热线风速仪是利用通电的探头在气流中的热量散失强度与气流速度之间的关系来测量流速的。工作时，若通过热线（含热膜，下同，故从略）的电流为 I，热线的电阻为 R_w，相应的热线温度为 T_w，则热线产生的焦耳热为 I^2R_w。假定热线在流体中的热量散失主要靠其与流体间的强迫对流换热，而不考虑热线的导热和辐射损失，则在热平衡条件下有式(3－13)：

$$I^2R_w = hF(T_w - T_f) \tag{3-13}$$

式中　h——热线与被测流体之间的对流传热系数，它与流体的流速、热导率、粘度等参数有关；

F——热线的换热面积；

T_f——被测流体的温度。

一般情况下，对于与流体流动方向垂直放置的热线探头，其单位时间内散失的热量和由加热电流在其上产生的焦耳热之间的关系可表示为式（3－14）：

$$I^2R_w = (a + bv^n)(T_w - T_f) \tag{3-14}$$

式中　a 和 b——与流体参数及探头结构有关的常数；

n——与流速有关的常数。

由于热线的电阻 R_w 与其温度 T_w 是一一对应的，所以在流体温度一定的条件下，流体的流速仅仅是热线电流和热线温度（或电阻）的函数，即式(3－15)、式(3－16)：

$$v = f(I, T_w) \tag{3-15}$$

或

$$v = f(I, R_w) \tag{3-16}$$

由此可见，只要固定 I 和 T_w（或 R_w）中的一个变量，流速就成为另一变量的单值函数。这样也就形成了热线风速仪的两种工作方式：恒流式和恒温（恒电阻）式，它们的工作原理如图 3－15 所示。

（1）恒流式

在热线风速仪的工作过程中保持加热电流不变（I = 常数），热线的表面温度随流体流速而变化，其电阻值也随之改变。此时，测速公式(3－16)可改写为式(3－17)：

$$v = f(R_w) \tag{3-17}$$

也就是说，通过测定热线的电阻值就可以确定流体速度的变化。

如图 3－15（a）所示的恒流式测量电路中，假定热线尚未置入流场（即热线感受的流速为零）时，测量电桥处于平衡状态，即检流计指向零点，此时，电流表的读数为 I_0，当热线被放置到流场之中后，由于热线与流体之间的热交换，热线的温度下降，相应的阻值 R_w 也随之减小，致使电桥失去平衡，检流计偏离零点。当检流计达到稳定状态后，调节与热线串联于同一桥臂上的可变电阻 R_a，直至其增大量抵消 R_w 的减小量，此时，电桥重新恢

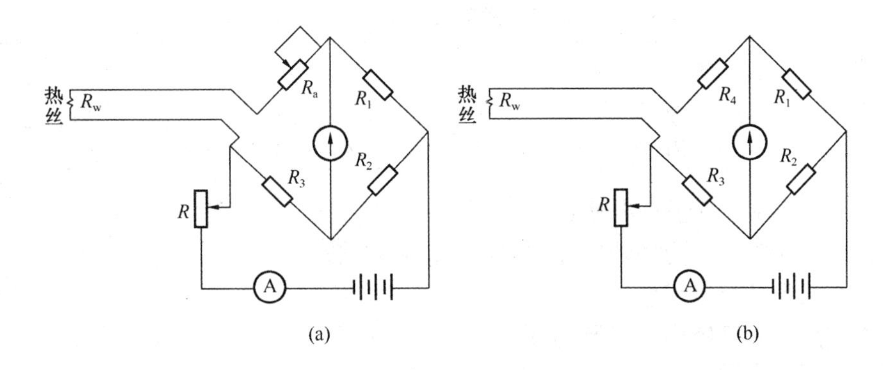

图3－15 热线风速仪工作方式

（a）恒流式；（b）恒温（恒电阻）式

复平衡，检流计回到零点，电流表也回到原来的读数 I_0（即电流保持不变）。通过测量 R_a 的改变量可以得到 R_w 的数值，进而根据测速公式（3－17）计算出被测流速 v。

（2）恒温（恒电阻）式

在热线风速仪工作过程中，通过调节热线两端的电压以保持热线的电阻不变，这样就可以根据电压值的变化，测出热线电流的变化，进而计算流速。此时，测速公式可改写为式（3－18）：

$$v = f(I) \tag{3-18}$$

恒温式测量电路如图3－15（b）所示，其工作方式与前述恒流式的不同之处在于：当热线因感受流动而出现温度下降、电阻减小，致使电桥失去平衡时，调节可变电阻 R，使 R 减小以增加电桥的供电电压，增大电桥的工作电流，即加大热线的加热功率，促使热线温度回升，阻值回增，直至电桥重新恢复平衡。

在上述两种热线风速仪中，恒流式受热线热惯性的影响，存在灵敏度随流动变化频率减小而降低，并且产生相位滞后等缺点。因此，现在的热线风速仪大多采用频率特性较好的恒温式。另外，在实际应用中，由于测速公式的函数关系不易确定，通常都采用试验标定曲线的方法，或把标定数据通过回归分析整理成经验公式。

4）风量罩

风量罩主要用于风口风量的测试，由三个部分构成：风量罩体、基座、显示屏。风量罩体用于采集风量，将风汇集至基础上的风速均匀器上。在风速均匀器上装有风压传感器，传感器将风速的变化反映出，再根据基底的尺寸将风量计算出来。其外观图如图3－16所示。

图3－16 风量罩

2. 风系统送回风温度的测点布置和检测方法

风系统送回风温度的测点布置方法见表3－7。

表 3－7　风系统送回风温度的测点布置方法

测量参数	布　点　方　法
风口送回风温度	应置于风口表面气流直接触及的位置（包含散流器出口）
风管送回风温度	应将温度计置于风管预留口，并使探头位于风管中央

送回风温度的检测方法及步骤如下：

（1）根据委托要求和现场的实际情况确定检测状态；

（2）检查系统是否运行稳定；

（3）确定测点的具体位置以及测点的数目；

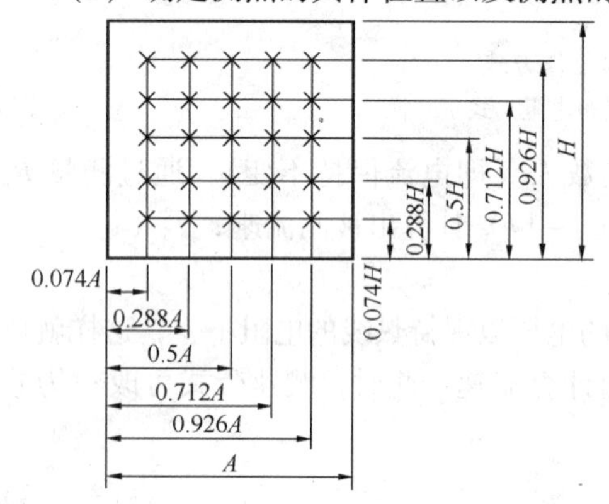

图 3－17　矩形断面布点方法

（4）依据仪表的操作规程进行测量；

（5）数据处理：送回风温度按式（3－19）计算。

$$t_p = \frac{\sum_{i=1}^{n} t_i}{n} \tag{3-19}$$

式中　t_p——测点平均温度，℃；

n——测试点的个数；

t_i——第 i 个测点温度，℃。

3. 风管风速、风量的测点布置及检测方法

风管风速、风量的测点布置方法如下所述。

（1）矩形断面测点数及布置方法如图 3－17 和表 3－8 所示。

表 3－8　矩形断面测点位置

横线数或每条横线上的测点数目	测点	测点位置 X/A 或 X/H
5	1	0.074
	2	0.288
	3	0.500
	4	0.712
	5	0.926
6	1	0.061
	2	0.235
	3	0.437
	4	0.563
	5	0.765
	6	0.939

横线数或每条横线上的测点数目	测点	测点位置 X/A 或 X/H
7	1	0.053
	2	0.203
	3	0.366
	4	0.500
	5	0.634
	6	0.797
	7	0.947

注：1. 当矩形截面的纵横比（长短边比）小于 1.5 时，横线（平行于短边）的数目和每条横线上的测点数目均不宜小于 5 个。当长边大于 2m 时，横线（平行于短边）的数目宜增加到 5 个以上；

2. 当矩形截面的纵横比（长短边比）大于或等于 1.5 时，横线（平行于短边）的数目宜增加到 5 个以上；

3. 当矩形截面的纵横比（长短边比）小于或等于 1.2 时，也可按等截面划分小截面，每个小截面边长宜为 200～500mm。

（2）圆形断面测点数及布置方法如图3－18和表3－9所示。

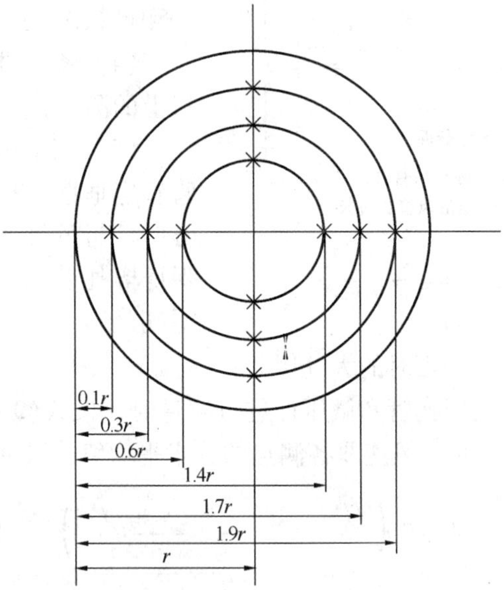

图3－18　圆形风管3个圆环时的测点布置

表3－9　圆形截面测点布置

风管直径	≤200mm	200～400mm	400～700mm	≥700mm
圆环个数	3	4	5	5～6
测点编号	测点到管壁的距离（r的倍数）			
1	0.10	0.10	0.05	0.05
2	0.30	0.20	0.20	0.15
3	0.60	0.40	0.30	0.25
4	1.40	0.70	0.50	0.35
5	1.70	1.30	0.70	0.50
6	1.90	1.60	1.30	0.70
7	—	1.80	1.50	1.30
8	—	1.90	1.70	1.50
9	—	—	1.80	1.65
10	—	—	1.95	1.75
11	—	—	—	1.85
12	—	—	—	1.95

风管风速、风量的检测方法和步骤如下：

（1）检查系统和机组是否正常运行，并调整到检测状态；

（2）确定风速、风量测量的具体位置以及测点的数目和布置方法，测量截面应选择在气流较均匀的直管段上，并距上游局部阻力管件4～5倍管径以上（或矩形风管长边尺寸），聚下游局部阻力管件1.5～2倍管径以上（或矩形风管长边尺寸）的位置，如图3－19所示。

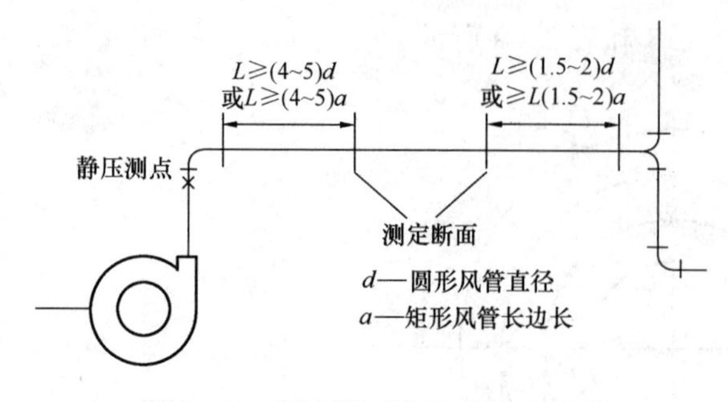

图 3－19　测定断面位置选择示意图

（3）依据风速仪的操作规程，并调整到测量状态；

（4）逐点进行测量，每点宜进行 2 次以上的测量；

（5）当采用毕托管测量时，毕托管的直管应垂直管壁，毕托管的侧头正对气流方向且与风管的轴线平行，测量过程中，保证毕托管与微压计的连接软管畅通无漏气；

（6）记录所测空气温度和当时的大气压力；

（7）数据处理：当采用毕托管和微压计进行测量时，按式(3－20)～式(3－24)进行计算；当采用风速计进行测量时，风速取各测点的算术平均值，风量按式(3－22)进行计算。

$$\overline{P}_{v} = \left(\frac{\sqrt{P_{v1}} + \sqrt{P_{v2}} + \cdots + \sqrt{P_{vn}}}{n}\right)^{2} \tag{3-20}$$

$$\overline{V} = \sqrt{\frac{2\,\overline{P}_{v}}{\rho}} \tag{3-21}$$

$$L = 3600\overline{V}F \tag{3-22}$$

$$L_{s} = \frac{L \cdot \rho}{1.2} \tag{3-23}$$

$$\rho = 3.49B/(273.15 + t) \tag{3-24}$$

式中　$P_{v1}, P_{v2}, \cdots, P_{vn}$——各测点的动压，Pa；

$\overline{P}_{v}$——平均动压，Pa；

$\overline{V}$——断面平均风速，m/s；

ρ——空气密度，kg/m^3；

B——大气压力，kPa；

t——空气温度，℃；

F——断面面积，m^2；

L——机组或系统风量，m^3/h；

L_s——标准空气状态下风量，m^3/h。

4. 风口风速测点布置及检测方法

（1）风口风速的测点布置

当风口面积较大时，可用定点测量法，测点不应少于 5 个，测点布置如图 3－20 所示；当风口为散流器风口时，测点布置如图 3－21 所示。

（2）风口风速的测试方法和步骤

当风口为格栅或网格风口时，可用叶轮式风速仪紧贴风口平面测点风速；

当风口为条缝形风口或风口气流有偏移时，应临时安装长度为 0.5～1.0m 且断面尺寸与风口相同的短管进行测定。

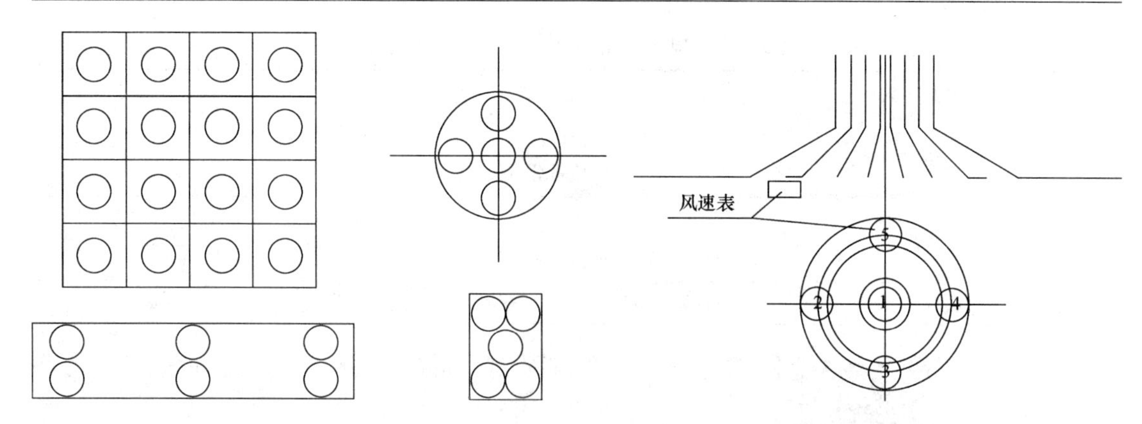

图3－20　各种形式风口测点布置示意图　　图3－21　风速仪测试散流器风口风速示意图

风口风速应按式（3－25）计算：

$$V = \frac{V_1 + V_2 + V_3 + \cdots + V_n}{N} \tag{3-25}$$

式中　V_1，V_2，…，V_n——各测点的风速，m/s。

n——测点总数，个。

5. 风口风量的测试方法和步骤

（1）风口风量检测测点布置

当采用风速计法测量风口风量时，在辅助风管出口平面上，应按测点不少于6点均匀布置测点；

当采用风量罩法测量分口风量时，应根据设计图纸绘制风口平面布置图，并对各房间风口进行统一编号。

（2）风口风量的测试方法和步骤

当采用风速计法时，根据分口的尺寸，制作辅助风管；辅助风管的截面尺寸应与风口内截面尺寸相同，长度不小于2倍风口边长；利用辅助风管将待测风口罩住，保证无漏风。然后以风口截面平均风速乘以风口截面积计算分口风量，风口截面平均风速为各测点风速测量值的算术平均值，按式（3－26）计算：

$$L = 3600 \cdot F \cdot V \tag{3-26}$$

式中　F——送风口的外框面积，m^2；

V——风口处测得的平均风速，m/s。

当采用风量罩法时，根据待测风口的尺寸、面积，选择与风口的面积较接近的风量罩罩体，且罩体的长边长度不得超过风口长边长度的3倍；风口的面积不应小于罩体边界面积的15%；确定罩体的摆放位置来罩住风口，风口宜位于罩体的中间位置；保证无漏风。测试时观察仪表的显示值，待显示值趋于稳定后，读取风量值，依据读取的风量值。考虑是否需要进行背压补偿。当风量值不大于1500m^2/h时，无需进行背压补偿，所读风量值即为所测风口的风量值；当风量值在于1500m^2/h时，使用背压补偿挡板进行背压补偿，读取仪表显示值即为所测的风口补偿后风量值。

3.2.4　电流、电压及功率的测试

电流、电压及功率测试仪表的性能应符合表3－10中的要求。

表 3－10　电流、电压及功率检测仪表性能

序　号	测量参数	检测仪器	仪表准确度
1	电流	交流电流表 电能质量分析仪	2.0 级
2	电压	电压表 电能质量分析仪	1.0 级
3	功率	功率表、电流电压表、电能质量分析仪	1.5 级

图 3－22　电能质量分析仪

电能质量分析仪是对电网运行质量进行检测及分析的专用便携式产品。可以提供电力运行中的谐波分析及功率品质分析，能够对电网运行进行长时间的数据采集监测。同时配备电能质量数据分析软件，对上传至计算机的测量数据进行各种分析。电能质量分析仪一般由主机、钳式电流传感器、电压测量电缆组成，如图 3－22 所示。

电能质量分析仪的接线方式如图 3－23 所示。

将电能质量分析仪按上图方式接线后，即可测试电路负载的电流、电压、功率。电能质量分析仪

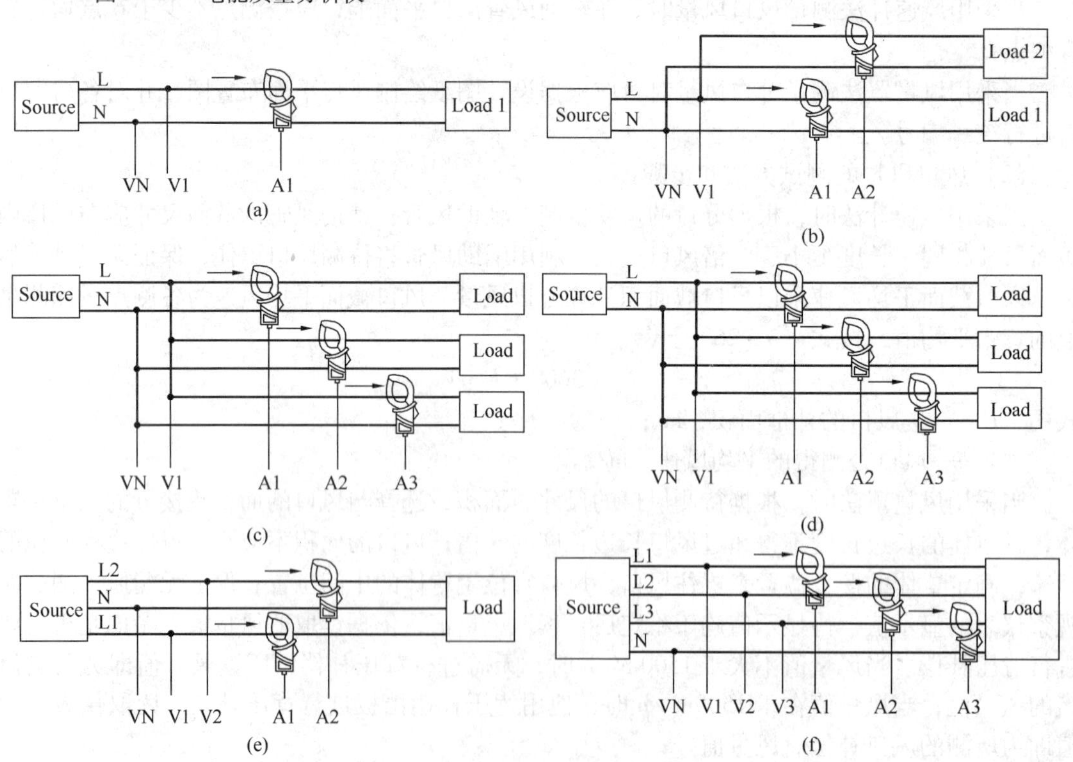

图 3－23　电能质量分析仪的接线方式示意图

（a）单相 2 线（1 系统）；（b）单相 2 线（2 系统）；（c）单相 2 线（3 系统）；（d）单相 3 线；（e）三相 3 线；（f）三相 4 线

既可读取电流、电压、功率的瞬时值，也可连续测量并记录在存储器中，还可以直接利用功率瞬时值积分计算一段时间的耗电量。图3－24为电能质量分析仪得到的电流、电压测试曲线示意图。

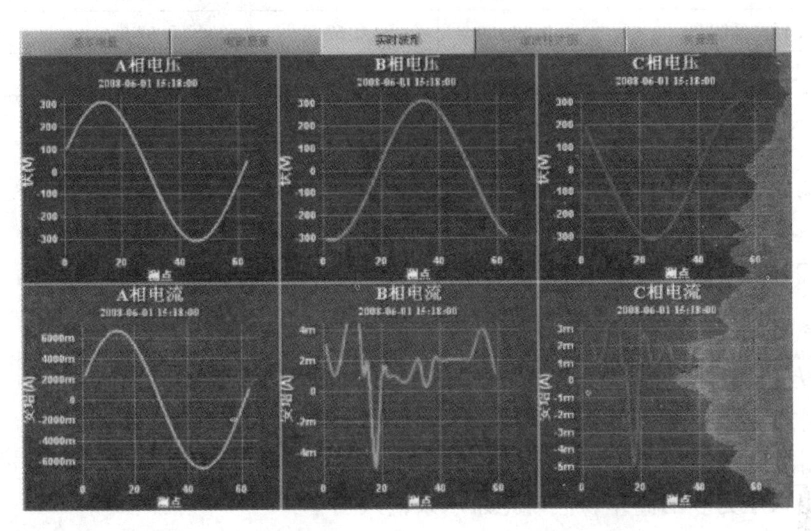

图3－24　某设备测量得到的电流、电压曲线图

3.2.5　风机单位风量耗功率评估

风机单位风量耗功率是指风系统输送单位风量所需的功率消耗。

1. 评估方法和步骤

（1）被测风机运行状态稳定后，开始测量；

（2）分别对风机的风量和输入功率进行测试，风机的风量应为吸入端风量和压出端风量的平均值，且风机前后的风量之差不应大于5%。

（3）风机单位风量耗功率按式（3－27）进行计算。

$$W_s = \frac{N}{L} \tag{3-27}$$

式中　W_s——风机单位风量耗功率，$W/(m^3/h)$；

N——风机的输入功率，W；

L——风机的实际风量，m^3/h。

2. 合格判定标准

单位风量耗功率应符合表3－11中的要求。

表3－11　风机单位风量耗功率限值 $[W/(m^3/h)]$

系统形式	办公建筑		商业、旅馆建筑	
	粗效过滤	粗、中效过滤	粗效过滤	粗、中效过滤
两管制定风量系统	0.42	0.48	0.46	0.52
四管制定风量系统	0.47	0.53	0.51	0.58
两管制变风量系统	0.58	0.64	0.62	0.68

续表

系统形式	办公建筑		商业、旅馆建筑	
	粗效过滤	粗、中效过滤	粗效过滤	粗、中效过滤
四管制变风量系统	0.63	0.69	0.67	0.74
普通机械通风系统	0.22			

注：1. 普通机械通风系统中不包括厨房等需要特定过滤装置的房间的通风系统；

2. 严寒地区增设预热盘管时，单位风量耗功率可增加0.035W/($m^3 \cdot h$)；

3. 当空气调节机组内采用湿膜加湿方法时，单位风量耗功率可增加0.053W/($m^3 \cdot h$)。

3.2.6 水泵效率评估

水泵效率，即水泵的输出功率与输入功率的比值。

1. 评估方法和步骤

（1）待水泵运行状态稳定后，开始测量；

（2）根据前面介绍的测量水流量、水压的方法，测出水泵水流量和水泵进出口压差，以及水泵进出口压力表的高差，同时记录水泵输入功率；

（3）每隔5～10min读数1次，连续测量60min，并取每次读数的平均值作为检测值。

（4）水泵效率按式(3－28)和式(3－29)进行计算：

$$\eta = 10^{-6} V \rho g (\Delta H + Z) / 3.6W \tag{3-28}$$

$$\Delta H = (P_{out} - P_{in}) / \rho g \tag{3-29}$$

式中 V——水泵平均水流量，m^3/h；

ρ——水平均密度，kg/m^3；

g——自由落体加速度，m/s^2；

P_{out}——水泵出口压力，Pa；

P_{in}——水泵进口压力 Pa；

ΔH——水泵平均扬程，进、出口平均压差，m；

Z——水泵进、出口压力表高度差，m；

W——水泵平均输入功率，kW。

2. 合格判定标准

检测工况下，水泵效率的检测值应大于设备铭牌值的80%。

3.2.7 机组性能系数（COP）评估

机组性能系数COP是一个综合经济指标，就是机组制冷量与机组能耗（包括燃料释放出的能量和电能）之比。它反映了机组设计的优劣，包括机组压缩机效率、风量、换热面积、系统的选择及配套件选配。

1. 评估方法和步骤

（1）被测机组运行状态稳定后，按前面章节介绍的方法对冷水（热水）的进、出口处水温和流量进行检测，根据进、出口温差和流量检测值可计算得到系统的供冷（供热）量

［见式(3－30)］，并同时测量机组的耗功率；

（2）每隔5～10min读一次数，连续测量60min，取每次读数的平均值作为测定值；

（3）电驱动压缩机的蒸汽压缩循环机组的性能系数按式（3－31）进行计算；溴化锂吸收式机组的性能系数按式（3－32）进行计算。

$$Q_0 = V\rho c\Delta t/3600 \tag{3-30}$$

式中　Q_0——机组制冷（热）量，W；

V——循环测水平均流量，m^3/h；

Δt——循环测水进、出口平均温差,℃；

ρ——水平均密度，kg/m^3；

c——平均温度下水的比热容，kJ/(kg·℃)。

$$COP = \frac{Q_0}{N_i} \tag{3-31}$$

式中　Q_0——机组测定工况下平均制冷量，kW；

N_i——机组平均实际输入功率，kW。

$$COP = \frac{Q_0}{(Wq/3600) + P} \tag{3-32}$$

式中　Q_0——机组测定工况下平均制冷量，kW；

W——燃料耗量，其中燃气消耗量 W_g，m^3/h，燃油消耗量 W_0，kg/h；

q——燃料低位热值，kJ/m^3 或 kJ/kg；

P——消耗电力，kW。

2. 合格判定标准

机组性能系数应符合表3－12和表3－13中的要求。

表3－12　冷水（热泵）机组制冷性能系数

类　型		额定制冷量（kW）	性能系数（W/W）
水冷	活塞式/涡旋式	<528	3.8
		528～1163	4.0
		>1163	4.2
	螺杆式	<528	4.10
		528～1163	4.30
		>1163	4.60
	离心式	<528	4.40
		528～1163	4.70
		>1163	5.10
风冷或蒸发冷却	活塞式/涡旋式	≤50	2.40
		>50	2.60
	螺杆式	≤50	2.60
		>50	2.80

表 3－13　溴化锂吸收式机组性能参数

<table>
<tr><th rowspan="3">机型</th><th colspan="3">名义工况</th><th colspan="3">性能参数</th></tr>
<tr><th rowspan="2">冷（温）水进/出口温度（℃）</th><th rowspan="2">冷却水进/出口温度（℃）</th><th rowspan="2">蒸汽压力（MPa）</th><th rowspan="2">单位制冷量蒸汽耗量[kg/(kWh)]</th><th colspan="2">性能参数（W/W）</th></tr>
<tr><th>制冷</th><th>供热</th></tr>
<tr><td rowspan="4">蒸汽双效</td><td>18/13</td><td rowspan="4">30/35</td><td>0.25</td><td rowspan="2">≤1.4</td><td></td><td></td></tr>
<tr><td rowspan="3">12 / 7</td><td>0.4</td><td></td><td></td></tr>
<tr><td>0.6</td><td>≤1.31</td><td></td><td></td></tr>
<tr><td>0.8</td><td>≤1.28</td><td></td><td></td></tr>
<tr><td rowspan="2">直燃</td><td>供冷 12 / 7</td><td>30/35</td><td></td><td></td><td>≥1.1</td><td></td></tr>
<tr><td>供热出口 60</td><td></td><td></td><td></td><td></td><td>≥0.9</td></tr>
</table>

注：直燃机性能系数为：制冷量（供热量）[加热源消耗量（以低位热值计）＋电力消耗量（折算成一次能）]。

3.2.8　冷热源系统能效比评估

冷热源系统主要是由制冷机组（或热泵机组）、冷却水系统、冷冻水系统以及冷却塔组成。冷热源系统能效比是指冷源系统制冷量与冷源系统总输入功率的比值。

1. 评估方法和步骤

（1）被测冷热源系统运行状态稳定后，分别对系统的制冷量、机组输入功率、冷冻水泵输入功率、冷却水泵输入功率、冷却塔风机输入功率进行测试；

（2）检测工况下，每隔 5～10min 读数 1 次，连续测量 60min，并取每次读数的平均值作为检测的检测值。

（3）数据处理：冷热源系统能效比应按式（3－33）进行计算：

$$EER_{-sys} = \frac{Q_0}{\Sigma N_i} \tag{3-33}$$

式中　EER_{-sys}——冷热源系统能效比，kW/kW；

Q_0——冷热源系统测定工况下平均制冷量/制热量，kW；

ΣN_i——冷热源系统各设备的平均输入功率之和，kW。

2. 冷热源系统能效比的判定

冷热源系统能效比的检测值不应小于表 3－14 中的规定。

表 3－14　冷热源系统能效比限值

<table>
<tr><th>类型</th><th>额定制冷量（kW）</th><th>性能系数（W/W）</th></tr>
<tr><td rowspan="3">水冷冷水机组</td><td><528</td><td>2.3</td></tr>
<tr><td>528～1163</td><td>2.6</td></tr>
<tr><td>>1163</td><td>3.1</td></tr>
<tr><td rowspan="2">风冷或蒸发冷却</td><td>≤50</td><td>1.8</td></tr>
<tr><td>>50</td><td>2.0</td></tr>
</table>

3.2.9　空调系统 COP 评估

中央空调系统作为一个高耗能产品，其运行费用成为检验其品质优劣的主要指标，主要表现形式是空调系统 COP（空调系统供给冷（热）量与系统耗电量的比值）的高低。而空调主机 COP 只是提高系统 COP 的一个必要条件，空调系统 COP 能比较准确的反映出用户在使用过程中的能耗。比如地源热泵空调系统，其系统用电主要包括：主机、循环水泵、潜水泵、补水定压设备、室内设备用电以及一些电控设备的用电消耗；不难看出，主机只占其中一部分。

评估方法和步骤：

（1）被测系统运行状态稳定后，分别对系统的制冷量、机组输入功率、冷冻水泵输入功率、冷却水泵输入功率、冷却塔风机输入功率、末端设备等输入功率进行测试；

（2）检测工况下，每隔 5 ~ 10min 读数 1 次，连续测量 60min，并取每次读数的平均值作为检测的检测值。

（3）数据处理：空调系统 COP 应按式（3 – 34）进行计算：

$$COP_{sys} = \frac{Q_0}{\Sigma N_i} \tag{3-34}$$

式中　COP_{sys} ——空调系统能效比，kW/kW；

Q_0 ——空调系统测定工况下平均制冷量/制热量，kW；

ΣN_i ——空调系统各设备的平均输入功率之和，kW。

3.3　照明系统节能技术

现代照明系统不仅仅满足了人们视觉上的明暗效果，而且采用多种控制方案给建筑物添加了丰富的艺术美感。与此同时，照明系统也在日益成为建筑中的能耗大户。据统计，照明能耗一般占整个建筑电量能耗的 25% ~35% ，占全国电力总消耗量的 13% ，因此实现照明系统节能的意义十分重大，经济效果明显。

照明系统的节能可以从照明系统的设计、运行管理和控制技术等方面来综合考虑。

3.3.1　照明系统的节能设计

照明系统的设计应选择先进的专业照明设计模拟软件提高设计精度，尽可能地减少系统的冗余设计，尽量多选择高效节能的照明光源，从而在系统的设计环节就实现系统的节能。

1. 充分利用天然光源

天然采光相对静态的人工照明来说，更具活力，人们的生产、办公活动在白天最为频繁，充分利用天然光源是照明节能的一个重要内容。利用天然光，可以通过建筑物的采光设计来实现，如反射挡光板的采光窗、阳光凹井采光窗等。也可利用先进的导光方法和导光材料，如反射法、导光管法、光导纤维法、高空聚光法等，这也是众多建筑采光设计者近年来重点研究的方向之一。此外，也是现在逐步推广应用的一点，就是通过照明控制系统，根据室外天然光的变化，自动调节人工照明照度。建筑设计时，还应尽量采用浅色的墙面、地面和顶棚，以便有效利用光能。

2. 采用高效光源

光效是指每单位功率所发出光通量的多少，由于照明电能几乎是由照明灯消耗的，因此，光效的好坏对节电影响很大。例如白炽灯过去使用最广泛，因为它便宜，安装维护简单，但致命的弱点是发光效率太低，因此目前常被各种发光效率高，光色好，显色性能优异的新光源取代。当然，在选用时还应考虑电光源的寿命、显色性、启动及再启动等主要性能。不能因为节能而过高地消耗投资，增加运行费用，而是应该让增加的投资，能在较短的时间内用节能减少下来的运行费用进行回收。

3. 合理选用节能灯具

将一个或多个光源的光重新分布，或改变其光色的装置称作灯具。照明灯具的选择对于发挥照明光源的最大潜力起着至关重要的作用。

灯具的种类繁多，常用的有控照型（或开敞型）和带保护罩的格栅式、透明式、棱镜式、磨砂式等等。它们的效率是不同的。磨砂或棱镜保护罩式反射率只有55%，格栅式为60%，透明式为65%，控照式（或开敞式）为75%。同一种形式的灯具反射板采用不同的材料其反射效率也是不一样的。

高效节能照明灯具主要性能特点（与普通灯具比较）如下：

（1）提高照明质量，照度提高1~3倍；

（2）高效节能，节电率37.5%~50%；

（3）使用寿命是普通灯具的2倍以上；

（4）光污染低，紫光和紫外线的反射率只有5%，是普通灯具的1/8；

（5）光衰减少，长期使用反射率仅降低3%~8%，远低于普通灯具。

显而易见，通过照明灯具的设计及合理的选用来实现照明节能也是一个很有效的手段。

4. 采用高效节能的灯用电器附件

气体放电灯工作时需要附加镇流器、启动器等附件，这些电器附件对照明节能有很大的影响，其中气体放电灯的镇流器影响最大。例如，直管荧光灯的电感镇流器自身功耗约为灯管功率的23%~25%，提高镇流器的质量和效率，对照明节能很有意义。采用节能型电感镇流器和电子镇流器取代传统的高能耗电感镇流器是简便易行的节能措施。

3.3.2 照明系统的运行管理与控制

在建筑照明系统的使用过程中合理划分照明区域如办公区、公共区，对不同区域根据具体需求运用不同的照明控制方式，根据各照明区域在一天中各个时段对照明的要求来控制灯具的开关，避免电能的浪费。

1. 定时控制

建筑物内部有规律的使用场所的照明可以分成若干组，每组灯具均受照明控制器的控制，通过软件编程的方式使各组照明灯具按用户预置的时间表自动开启、关闭，例如楼梯间、走道、电梯厅、厕所等公共区域的照明灯具可预先设定时间段定时对这些场所的照明灯具进行开关控制，例如在下班时间自动变暗或关闭，或者只有在上班、营业时间才供电，从而避免了人走灯长明，浪费能源的现象。

2. 集中控制

对公共场所的照明宜采用集中控制方式，并根据各分区的具体用途、使用时段和天然采光状况将公共场所所有的灯具分区、分组，设定各种照度参数和运行模式。在中央控制室可随意修改各分区的运行模式，任意设定智能化的面板开关、调整开关控制的区域，实现照明系统的人性化设计，在满足照度要求的基础上最大限度地节约能源。例如对公共场所的照明，采用分组开关方式或调光方式控制，人员进出较多的时段（ 如上下班时段），打开大厅全部回路的灯光，方便人员进出，人员进出较少时段，打开部分回路的灯光；在各出入口处设有手动控制开关，可根据需要手动控制就地开关灯。

3. 按钮控制

对于一些局部场所，例如办公区域、营业场所、某些特殊房间等，可采用传统的智能化手动面板控制，通过软件编程随意设置面板的控制对象，发挥其调光功能或分段控制功能，从而在手动状态下实现系统的节能。

4. 泛光照明控制

广告灯、泛光照明等利用感光元件结合调光控制器，对其进行定时开启，从而避免不必要的电能的浪费。对于设有建筑设备综合管理系统 BMS 的建筑，可将公共区域的照明、建筑立面照明、庭院照明等纳入集成管理系统进行管理和控制，实现场景控制、定时控制，分时、分期、分月、分季控制，既美化建筑夜景，使人赏心悦目，又达到了最佳的节能目的。

3.4　照明系统的测试与评估

3.4.1　室内照度测试

光照度指的是受光主体表面单位面积上受到的光通量，单位为勒克斯（lux），lm/m^2 相当于 1 流明/平方米，即受光主体每平方米的面积上，受光距离为一米、发光强度为一烛光的光源，垂直照射的光通量。照度是以垂直面所接受的光通量为标准，若倾斜照射则照度减小。

1. 测试条件

（1）在现场进行照度测试时，现场的照明光源宜满足下列要求：白炽灯和卤钨灯累计燃点时间在 50h 以上；气体放电灯类光源累计燃点时间在 100h 以上。

（2）在现场进行照明测量时，现场的照明光源宜满足下列要求：白炽灯和卤钨灯应燃点 15min；气体放电灯类光源应燃点 40min。

（3）宜在额定电压下进行照明测量。在测量时，应监测电源电压；若实测电压偏差超过相关标准规定的范围，应对测量结果做相应的修正。

（4）室内照明测量应在没有天然光和其他非被测光源影响下进行。室外照明测量应在清洁和干燥的路面或场地上进行，不宜在明月和测量场地有积水或积雪时进行。应排除杂散光射入光接受器，并应防止各类人员和物体对光接受器造成遮挡。

2. 测试仪器

照度的测试，应采用不低于一级的光照度计，对于道路和广场照度的照度测量，应采用分辨力≤0.1lx 的光照度计。

照度计（或称勒克斯计）是一种专门测量光度、亮度的仪器仪表。它测量光照强度（照度）是物体被照明的程度，也即物体表面所得到的光通量与被照面积之比。照度计通常是由硒光电池或硅光电池和微安表组成，如图 3－25 所示。

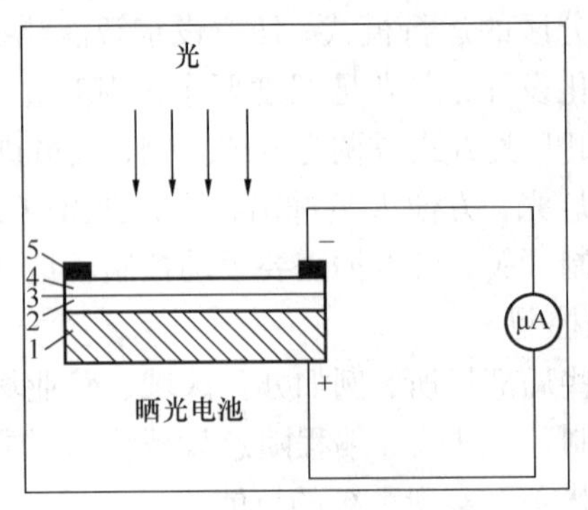

图 3－25　照度计及其测试原理图

光电池是把光能直接转换成电能的光电元件。当光线射到硒光电池表面时，入射光透过金属薄膜到达半导体硒层和金属薄膜的分界面上，在界面上产生光电效应，这时如果接上外电路，就会有电流通过。产生的光生电流的大小与光电池受光表面上的照度有一定的比例关系，通过微安表测量电流值，即可推算出照度值。照度计一般都设有变档装置，以满足不同量程的需要。

注：○---- 测点

图 3－26　中心布点法布点示意图

3. 照度测试的方法

照度的测试可采用中心布点法或四角布点法。

（1）中心布点法

在照度测量的区域一般将测量区域划分成若干正方形网格，在网格中心点测量照度，如图 3－26 所示。测点的间距一般在 0.5～10m 间选择，测点间距和高度布置详见表 3－14（1）～（12）。

中心布点法的平均照度按下式计算：

$$E_{av} = \frac{1}{M \times N} \Sigma E_i \qquad (3-35)$$

式中　E_{av} ——平均照度，单位为勒克斯，lx；

E_i —— 在第 i 个测点上的照度，单位为勒克斯，lx；

M ——纵向测点数；

N —— 横向测点数。

（2）四角布点法

在照度测量的区域一般将测量区域划分若干正方形网格，并在网格四个角点上测量照度，如图 3－27 所示。测点的间距一般在 0.5～10m 间选择，测点间距和高度布置同中心布点法。

四角布点法的平均照度按下式计算：

$$E_{av} = \frac{1}{4MN}(\sum E_{\theta} + 2\sum E_0 + 4\sum E) \tag{3-36}$$

式中 E_{av}——平均照度，单位为勒克斯，lx；

M——纵向网格数；

N——横向网格数；

E_{θ}——测量区域四个角处的测点照度，单位为勒克斯，lx；

E_0——除 E_0 外，四条外边上的测点照度，单位为勒克斯，lx；

E——四条外边以内的测点照度，单位为勒克斯，lx。

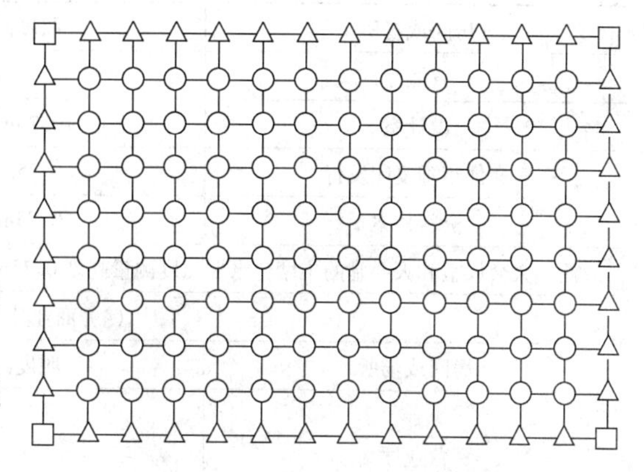

图3-27 四角布点法布点示意图

表3-15 照度测量点高度及间距要求

（1）居住建筑的照明测量			
房间或场所		照度测点高度	照度测点间距
起居室	一般活动	地面水平面	1.0m×1.0m
	书写、阅读	0.75m 水平面	
卧室	一般活动	地面水平面	1.0m×1.0m
	床头、阅读	0.75m 水平面	
餐厅		0.75m 水平面	1.0m×1.0m
厨房	一般活动	地面水平面	1.0m×1.0m
	操作台	台面	0.5m×0.5m
卫生间		0.75m 水平面	1.0m×1.0m
（2）图书馆建筑照明测量			
房间或场所		照度测点高度	照度测点间距
阅览室		0.75m 水平面	2.0m×2.0m 4.0m×4.0m
陈列室、目录室、出纳室		0.75m 水平面	2.0m×2.0m
书库		地面水平面 书架垂直面	2.0m×2.0m 4.0m×4.0m
工作间		0.75m 水平面	2.0m×2.0m
（3）办公建筑照明测量			
房间或场所		照度测点高度	照度测点间距
办公室		0.75m 水平面	2.0m×2.0m 4.0m×4.0m
会议室		0.75m 水平面	2.0m×2.0m
接待室、前台		0.75m 水平面	2.0m×2.0m 4.0m×4.0m

续表

房间或场所	照度测点高度	照度测点间距
营业厅	0.75m 水平面	2.0m×2.0m
设计室	0.75m 水平面	2.0m×2.0m
文件整理复印发行	0.75m 水平面	2.0m×2.0m
资料档案	0.75m 水平面	2.0m×2.0m

注：大会议室和大会堂的主席台水平照度测量高度 0.75m，垂直照度测量高度 1.2m

(4) 商业建筑照明测量

房间或场所		照度测点高度	照度测点间距
营业厅（传统的大面积）		0.75m 水平面	2.0m×2.0m 4.0m×4.0m 5.0m×5.0m 10.0m×10.0m
仓储营业厅	通道	地面	通道中心线，间隔 2.0～4.0m
	货柜	垂直面	间距与通道测点对应，上、中、下各一点
收款台		台面	0.5m×0.5m

(5) 影剧院（礼堂）建筑照明测量

房间或场所		照度测点高度	照度测点间距
观众厅		1.10～1.20ma	2.0m×2.0m 4.0m×4.0m 5.0m×5.0m
观众休息厅		0.0m 水平面	2.0m×2.0m 4.0m×4.0m 5.0m×5.0m
排演厅		0.75m 水平面	2.0m×2.0m 4.0m×4.0m 5.0m×5.0m
化妆室	一般活动	0.75m 水平面	2.0m×2.0m
	化妆台	台面	0.5m×0.5m
卫生间		0.75m 水平面	2.0m×2.0m
（礼堂）主席台		0.75m 水平面 1.20m 垂直面	2.0m×2.0m

注：观众厅照度测点高度应等于或高于座椅背，表中测点高度为推荐高度，可适当调整

(6) 旅馆建筑照明测量

房间或场所		照度测点高度	照度测点间距
客房	一般活动	0.75m 水平面	1.0m×1.0m
	床头		0.5m×0.5m
	写字台	台面	0.5m×0.5m
	卫生间	0.75m 水平面	1.0m×1.0m

续表

房间或场所		照度测点高度	照度测点间距
餐厅		0.75m 水平面	2.0m×2.0m 4.0m×4.0m
多功能厅	一般活动	0.75m 水平面	1.0m×1.0m
	主席台	0.75m 水平面 1.20m 垂直面	2.0m×2.0m
总服务台		0.75m 水平面	1.0m×1.0m
门厅、休息厅		地面	2.0m×2.0m 4.0m×4.0m
客房层走廊		地面	走廊中心线，间隔 2.0m
厨房	一般活动	0.75m 水平面	2.0m×2.0m
	操作台	台面	0.5m×0.5m
洗衣房		0.75m 水平面	2.0m×2.0m 4.0m×4.0m

（7）医院建筑照明测量

房间或场所		照度测点高度	照度测点间距
诊室、治疗室、化验室、手术室		0.75m 水平面	1.0m×1.0m 2.0m×2.0m
门厅、通道		地面	2.0m×2.0m 4.0m×4.0m
挂号厅 收费	一般活动	0.75m 水平面	2.0m×2.0m
	收银台	台面	1.0m×1.0m
候诊厅		0.75m 水平面	2.0m×2.0m 4.0m×4.0m
病房	一般活动	地面	1.0m×1.0m 2.0m×2.0m
	床头	0.75m 水平面	
护士站		0.75m 水平面	1.0m×1.0m
药房		0.75m 水平面	2.0m×2.0m

（8）学校建筑照明测量

房间或场所	照度测点高度	照度测点间距
教室、实验室、美术教室	桌面 地面	2.0m×2.0m 4.0m×4.0m
多媒体教室	0.75 水平面	2.0m×2.0m 4.0m×4.0m
教室黑板	黑板面（垂直面）	0.5m×0.5m
走廊、楼梯	地面	中心线、间隔 2.0~4.0m

续表

(9) 博物馆、展览馆建筑照明测量

房间或场所		照度测点高度	照度测点间距
中央大厅、展厅		地面	5.0m×5.0m 10.0m×10.0m
文物整理室		0.75m 水平面	2.0m×2.0m
文物库房	通道	地面	中心线，间隔 2.0m
	文物柜	柜（垂直）面	每间隔 2m，按上、中、下各区一点

注：1. 展厅除测量地面照度，还应根据展出内容量展柜立面、展品和画面的垂直照度；
2. 对于光敏感的展品还应测量展品处的紫外照度及紫线光、可见光照度比例。

(10) 交通建筑照明测量

房间或场所		照度测点高度	照度测点间距
中央大厅、售票展厅；行李认证大厅；到达、出发大厅；候车大厅；站台、通道、连接区		地面	5.0m×5.0m 10.0m×10.0m
扶梯		踏板（水平面） 踢板（垂直面）	中心线，2.0m 间隔
安全检查	通道	地面	2.0m
	护照检查	工作面	0.5m×0.5m
问讯处、换票、行李托运		0.75m 水平面 地面	2.0m×2.0m
售票台		台面	0.5m×0.5m

(11) 工业建筑照明测量

房间或场所		照度测点高度	照度测点间距
工业厂房	局部照明	工作面	按工艺要求确定
	一般照明	地面	2.0m×2.0m 5.0m×5.0m 10.0m×10.0m
通道、连接区、动力站、加油站		地面	
控制室、配电装置室	控制柜 仪表盘	柜面、盘面的立面	0.5m×0.5m 2.0m×2.0m
	一般照明	0.75m 水平面	2.0m×2.0m 4.0m×4.0m
试验室、检验室、计量室、电话站、网络中心、计算站		0.75m 水平面	2.0m×2.0m 4.0m×4.0m
仓库		1.00m 水平面	5.0m×5.0m 10.0m×10.0m
热处理、铸造、精密铸造的制模脱壳、锻工		地面~0.50m 水平面	5.0m×5.0m 10.0m×10.0m

续表

（12）公用区照明测量

房间或场所	照度测点高度	照度测点间距
门厅、流动区域	地面	5.0m×5.0m 2.0m×2.0m
走廊、楼梯、自动扶梯	地面	中心线，间隔 2.0~4.0m
休息室、洗漱室、 卫生间、浴室	0m地面	1.0m×1.0m 2.0m×2.0m 4.0m×4.0m
	0.75m台面	
	1.5m境前（垂直）	
电梯前厅、储藏室	地面	
车库、仓库	地面	2.0m×2.0m 4.0m×4.0m

4. 室内照度的合格判定标准

室内平均照度检测值与设计值的偏差不应大于10%；设计无要求时，应满足《建筑照明设计标准》（GB 50034—2004）中各种建筑照度标准值的要求。

3.4.2 照明功率密度测试

照明功率密度是指单位面积上照明实际消耗的功率（包括光源、镇流器或变压器等），单位为瓦特每平方米（W/m²）。

照明功率密度的测量一般宜采用功能区或整户测量，用数字功率计或电能质量分析仪测量被检功能区的照明灯具的输入功率，且精度不低于1.5级。

照明功率密度式（3-37）计算：

$$LPD = \frac{P}{S} \tag{3-37}$$

式中 LPD——照明功率密度，单位为瓦特每平方米，W/m^2

P——被测量照明场所中的照明灯具的总输入功率，单位为瓦特，W；

S——被测量照明场所的面积，单位为平方米，m^2。

照明功率密度为照明节能的评价指标，照明功率密度检测值与设计值的偏差不应大于10%；设计无要求时，应满足《建筑照明设计标准》（GB 50034—2004）中各种建筑照明功率密度现行值限值的要求。

3.4.3 统一眩光值测试

统一眩光值UGR（Unified Glare Rating）是度量室内视觉环境中的照明装置发出的光对人眼造成不舒适感主观反应的心理参量，其计算公式如式（3-38）。

$$UGR = 8\lg \frac{0.25}{Lb} \Sigma \frac{La^2 \times \omega}{P^2} \tag{3-38}$$

式中 L_b——背景亮度，cd/m^2；

L_a——观察者方向每个灯具的亮度，cd/m^2；

ω——每个灯具发光部分对观察者眼睛所形成的立体角，sr；

P——每个单独灯具的位置指数。

1. 检测条件

统一眩光值的检测条件见表3－16。

表3－16 统一眩光值的检测条件

序号	检 测 条 件
1	适用于简单的立方体形房间的一般照明装置设计，不适用于采用间接照明和发光天棚的房间
2	适用于灯具发光部分对眼睛所形成的立体角为 $0.1sr > \omega > 0.0003sr$ 的情况
3	灯具为双对称配光
4	坐姿观测者眼睛的高度通常取1.2m，站姿观测者眼睛的高度通常取1.5m
5	房间表面为大约高出地面0.75m的工作面、灯具安装表面以及此两个表面之间的墙面

2. 检测方法

1）利用激光测距仪测得房间的建筑尺寸，如图3－28、图3－29所示，灯具安装高度、位置尺寸及观测者眼睛与灯具发光部件中心的距离；现场统计灯具数量。

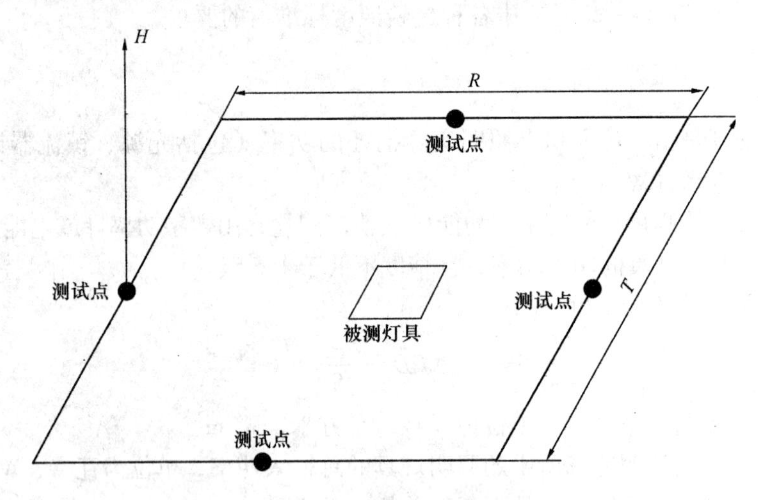

图3－28 房间建筑尺寸图

注：图中 R、T、H 表示房间的长度、宽度、高度。

2）背景亮度（L_b）

背景亮度为房间在所有灯具均关闭情况下，观测位置一般在墙面横向和纵向的中点，即墙面四个中点测试点的背景亮度值。亮度采用精度不低于1级的亮度计检测。

3）灯具亮度（L_a）

灯具亮度为房间在每盏灯具单独开启情况下，各观测位置的亮度值。

4）立体角（ω）

立体角根据观测者眼睛与灯具发光部件中心的距离 L、观测者视线平面与灯具位置所形成的夹角 α、全立体角总面积 S_o、灯具发光面实际面积 $S_{灯}$、灯具相对测试点的有效面积 S_{xy} 通过计算得到。

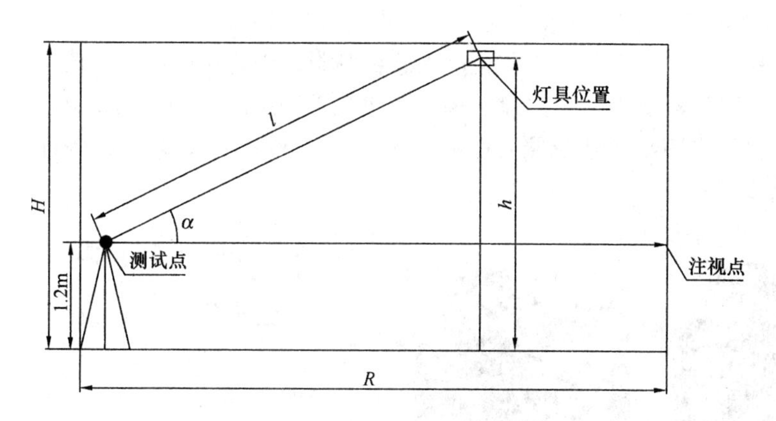

图3－29　测试平面图

注：图中 R、H 为房间长度及高度，L 为观测者眼睛与灯具发光部件中心的距离，h 为灯具安装高度，α 为视线平面与灯具位置所形成的夹角。

5）计算公式

被测灯具显示图如图3－30所示。

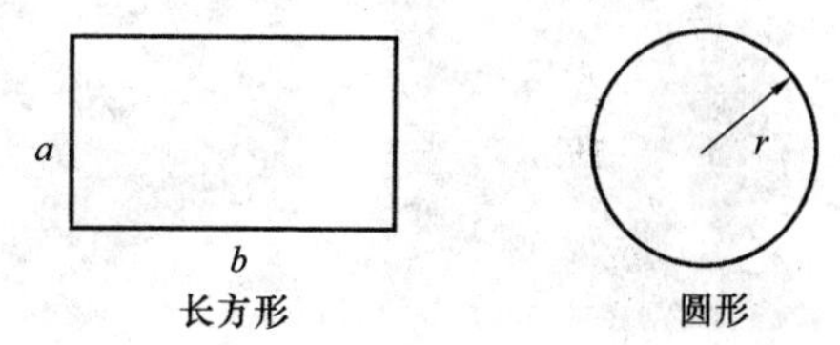

图3－30　被测灯具显示图

（1）全立体角：$\omega_0 = 4\pi$（弧度）；

（2）全立体角总面积：$S_0 = 4\pi R^2$；

（3）灯具发光面实际面积：$S_{灯} = a \times b$（长方形）、$S_{灯} = \pi r^2$（圆形）；

（4）灯具相对测试点的有效面积：$S_{xy} = ab\sin\alpha$（长方形）、$S_{xy} = \pi r^2 \sin\alpha$（圆形）；

（5）灯具的有效立体角：$\omega_{灯} = (ab\sin\alpha/L) \times 4\pi$（长方形）

$$\omega_{灯} = (\pi r^2 \sin\alpha/L) \times 4\pi（圆形）$$

6）位置指数（P）

根据现场房间的灯具安装位置来确定每盏灯具的位置指数，详细位置指数（P）参照标准（GB 50034—2004）得到相应数值，如图3－31所示。

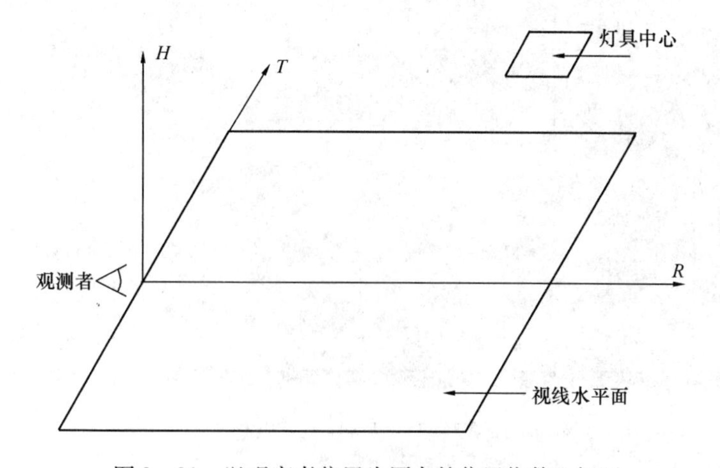

图3－31　以观察者位置为原点的位置指数坐标图

3. 统一眩光值的合格判定标准

眩光是一种不良的视觉现象，它会使人感到刺眼，引起眼睛酸痛、流泪、视力降低，甚至可能会暂时失去视看能力。公共建筑和工业建筑常用房间或场所的不舒适眩光应采用统一眩光值来评价，且应满足《建筑照明设计标准》（GB 50034—2004）中各种建筑统一眩光值限值的要求。

3.4.4 显色指数测试

显色指数是指在光源照到物体后，与参照光源相比（一般以日光或接近日光的人工光源为参照光源）对颜色相符程度的度量参数，是衡量光源显色性优劣或在视觉上失真程度的指标。参照光源的显色指数定为100，其他光源的显色指数均小于100，符号为Ra。Ra越小，色差越大，显色性也越差，反之显色性越好。

现场的显色指数测量应采用光谱照度计，如图3－32所示，每个场地测量点的数量不应少于9个测点（住宅单个房间可不少于3个），然后求其算术平均值作为该被测照明现场的色温和显色指数。

图3－32　光谱照度计

显色指数检测时，将光谱照度计的受光面对准待测屏幕，连接好USB线；打开程序；点击“测量目标光”即开始测量。图3－33为测量界面示意图：

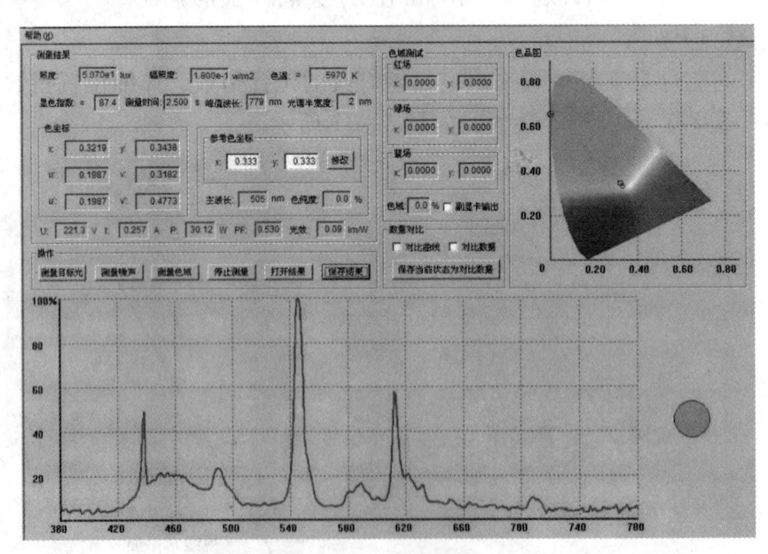

图3－33　显色指数测试

当光源光谱中很少或缺乏物体在基准光源下所反射的主波时，会使颜色产生明显的色差。色差程度越大，光源对该色的显色性越差。对于长期有人工作或停留的房间和场所，照明光源的显色指数不宜小于 80；在灯具安装高度大于 6m 的工业场所，显色指数可低于 80，但必须能够辨别安全色。具体显色指数应符合《建筑照明设计标准》（GB 50034—2004）中的相关规定。

思　考　题

1. 用能系统节能应从哪几个方面考虑？空调系统与照明系统的节能技术主要有哪些？
2. 空调系统的节能采用哪几个指标来进行评估？各指标的区别和意义是什么？
3. 照明系统中哪些因素对室内环境有影响？具体影响是什么？
4. 空调风系统风速和风量的检测方法有哪些？应如何选择适宜的检测方法？
5. 照明系统室内照度的检测需要哪些条件？

第4章　可再生能源建筑应用技术评估

4.1　概　　述

能源是一个国家国民经济和社会发展的基础，也是整个人类赖以生存和发展的物质保障。如今，人们使用的能源主要是以煤炭、石油、天然气为主的不可再生能源。随着时代的发展，地球上不可再生能源将逐步减少直至彻底枯竭。人类将陷入可怕的能源危机之中，而且这些能源在消耗和使用过程中会排出大量的有害物质，是造成大气污染和生态环境恶化的重要因素。

有关资料显示：人类从自然界新获得的50%以上的物质原料用来建造各类建筑及其附属设施，这些建筑在建造和使用过程中又消耗了全球能源的50%左右。因此在能源消耗中，长期被忽视的建筑能耗被提到重要位置。20世纪，欧美等发达国家就提出了“建筑节能技术”的理念，尤其是在经历了石油危机之后，各国普遍将节能管理作为主要经济手段，引导和鼓励推动节能减排措施。提高能源的利用率，减少污染物的排放，开发和利用新型能源成为倡导建筑节能的重要需求。

新能源和可再生能源的概念是1981年联合国在肯尼亚首都内罗毕召开的能源会议上确定的。它们几乎是取之不尽，用之不竭，并且拥有对环境污染小的特点，是一种与生态环境相协调的清洁能源。联合国开发计划署（UNDP）目前将新能源分为三类：

（1）大中型水电能源；

（2）可再生能源，包括太阳能、风能、现代生物质能、地热能、海洋能等；

（3）传统生物质能。

以太阳能、地热能等为主的新型能源在建筑上的有效应用，不仅可以代替资源有限的传统能源，而且可以减少污染物的排放，保护生态环境，其开发和利用具有广阔的前景和深远的意义。本章主要介绍地源热泵、太阳能热水和太阳能光伏三种可再生能源技术在建筑上的应用，并详细阐述了这几种能源设备系统的运行原理和能耗评估方法。

4.2　地源热泵系统评估

地源热泵系统是利用地下浅层地热资源的低品位能源，通过热泵技术获取可供空调使用的冷热水的空调系统，是供热、制冷的新型能源利用方式之一。据相关案例分析表明，与使用燃煤、燃气、燃油等常规能源方式相比，地源热泵的能量利用率可达3.5以上（燃煤为0.65~0.85；燃油炉为0.7~0.9；燃气炉为0.8~0.85；电锅炉电热膜的理想值接近于1；空气源热泵系统为2.5，但在恶劣天气下效率降低，甚至无法启动），因此采用地源热泵技术可大幅降低建筑物制冷、供热的一次能源消耗，同时也降低了燃烧矿物燃料而引起的CO_2

和其他污染物的排放。据有关部门估计，一套设计安装良好的地源热泵系统平均可以节约30%～40%的运行费用，同时可减少污染物排放高达70%以上。

4.2.1　地源热泵系统工作原理

地源热泵技术是利用浅层常温土壤或地下水的能量作为能源的新型热泵技术，该技术可以同时供暖和制冷，并且能够提供生活热水。地源热泵系统在夏冬季工况下的工作原理如图4－1所示。

在制冷状态下，地源热泵机组内的压缩机对冷媒做功，使其进行汽－液转化的循环。通过蒸发器内冷媒的蒸发将由风机盘管循环所携带的热量吸收至冷媒中，在冷媒循环的同时再通过冷凝器内冷媒的冷凝，由水路循环将冷媒所携带的热量吸收，最终由水路循环转移至地下水或土壤里。在室内热量不断转移至地下的过程中，通过风机盘管，以13℃以下的冷风的形式为房间供冷。

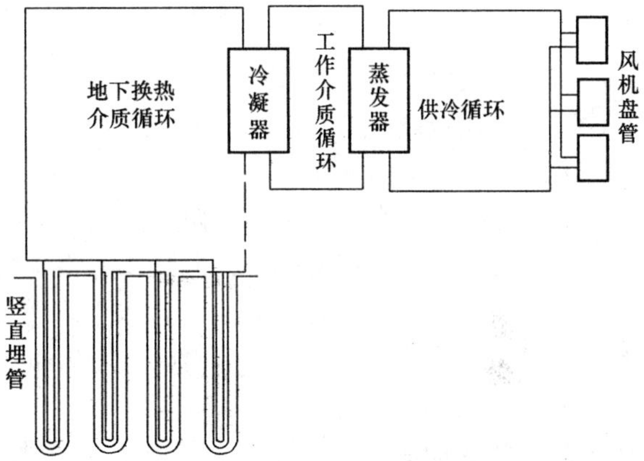

图4－1　地源热泵工作原理图

在供暖状态下，压缩机对冷媒做功，并通过换向阀将冷媒流动方向换向。由地下的水路循环吸收地表水、地下水或土壤里的热量，通过冷凝器内冷媒的蒸发，将水路循环中的热量吸收至冷媒中，在冷媒循环的同时再通过蒸发器内冷媒的冷凝，由风机盘管循环将冷媒所携带的热量吸收。在地下的热量不断转移至室内的过程中，以35℃以上热风的形式向室内供暖。

4.2.2　地源热泵系统分类

地源热泵是一个广泛的概念，根据利用地热源的种类和方式不同可以分为以下3类：埋管式土壤源热泵系统、地下水热泵系统、地表水热泵系统。

1. 埋管式土壤源热泵系统

埋管式土壤源热泵系统也称地下耦合热泵系统或土壤热交换器地源热泵系统，该系统包含一个土壤耦合地热交换器，且水平安装在地沟中或以U形管状安装在竖井之中。埋管式土壤源热泵系统的工作原理主要是通过中间介质（通常为水）作为热载体，使中间介质在土壤耦合地热交换器的封闭环路中循环流动，从而实现与大地土壤进行热交换的目的。

根据地下热交换器的布置形式，主要分为垂直埋管、水平埋管2大类，如图4－2所示。

垂直埋管换热器通常采用的是U型方式，按其埋管深度可分为浅层（<30m）、中层（30～100m）和深层（>100m）3种。埋管深，地下岩土温度比较稳定，钻孔占地面积较少，但相应会带来钻孔、钻孔设备的经费和高承压埋管的造价提高。总的来说，垂直埋管换热器热泵系统优势在于：

（1）占地面积小；

（2）土壤的温度和热特性变化小；

图4－2　垂直埋管与水平埋管地源热泵系统示意图

（3）需要的管材最少，泵耗能低；

（4）能效比很高。

而劣势主要在于由于相应的施工设备和施工人员的缺乏，造价偏高。

水平埋管换热器有单管和多管两种形式。其中单管水平换热器占地面积较大，多管水平埋管换热器占地面积虽有所减少，但管长需相应增加才能补偿相邻管间的热干扰。因此水平埋管换热器的安装需要较大的场地，且水平埋管换热器系统运行性能上不稳定（由于浅层大地的温度和热特性随着季节、降雨以及埋深而变化），泵耗能较高，系统效率降低。

2. 地下水热泵系统

在土壤源热泵得到发展以前，欧美国家最常用的地源热泵系统是地下水热泵系统。目前在民用建筑中已经很少使用，主要应用在商业建筑中。最常用的系统形式是采用水－水式板式换热器，一侧走地下水，一侧走热泵机组冷却水。早期的地下水系统采用的是单井系统，即将地下水经过板式换热器后直接排放。这样做，一则浪费地下水资源，二则容易造成地层塌陷，引起地质灾害；于是产生了双井系统，一个井抽水，一个井回灌。地下水热泵系统的优势是造价要比土壤源热泵系统低，水井很紧凑，不占场地，技术也相对比较成熟。而其劣势在于：

（1）有些地方法规禁止抽取或回灌地下水；

（2）可供的地下水有限；

（3）如果水质不好或打井不合格要注意水处理；

（4）如果泵选择过大、控制不良或水井与建筑偏远，泵耗能就会过大。

3. 地表水热泵系统

地表水热泵系统主要有开路系统和闭路系统。在寒冷地区，开路系统并不适用，只能采用闭路系统。总的来说，地表水热泵系统具有相对造价低廉、泵耗能低、维修率低以及运行费用少等优点。但是，在公用的河中，管道或水中的其他设备容易受到损害，另外，如果湖泊过小或水位过浅，湖泊的温度会随着室外气候发生较大的变化，就会导致系统的效率降低，制冷或供热能力减弱。

4.2.3　地源热泵系统能效评估

地源热泵系统能效评估主要包括形式检查和系统测评，通过对室内温湿度、热泵机组制热（制冷）性能系数、系统能效比等指标的测试，从而对其节能效益、环境效益及经济效益进行评价。

1. 形式检查

地源热泵系统的形式检查包括系统检查、实施量检查及运行情况检查。

1）系统检查

地源热泵系统的系统检查主要包括以下几个方面：

（1）检查系统的外观质量：对地源热泵系统的外观进行检查，查看是否有明显瑕疵，外表是否平整光滑，接缝是否严密，系统是否存在渗漏，调节装置是否牢固、灵活等。

（2）检查系统的关键部件：系统的关键部件是否具有质检报告，性能参数是否符合设计要求和相关标准要求。所谓系统的关键部位主要是指风系统管路、水系统管路、冷热源、末端设备（风机盘管、空气调节机组、散热设备）、辅助设备材料（水泵、冷却塔、阀门、仪表、温度调控装置和计量装置、绝热保温材料）、监测与控制设备等。对于热泵机组本身还要有国家级检测报告。

（3）检查地下水源热泵系统的地下环境保护方案：地下环境保护方案包括地下水回灌方案（分为回灌试验报告和回灌井长期监测方案）和地下水污染长期监测方案。查看地下水源热泵系统是否具备上述地下环境保护方案，方案是否符合相关部门要求、设计要求和相关标准要求。

（4）检查地源热泵的地源换热器的设计文件：地源换热器的设计文件包括地源换热器的设计方案、热物性测试方案、全年动态负荷累计计算书、（全年取热和放热不平衡时）冷热平衡辅助措施等。查看地源热泵系统是否具备上述地源换热器设计文件，地源换热器设计是否满足用户负荷需求，寒冷、严寒地区的土壤源热泵项目要有季节热平衡措施。

2）实施量检查

检查热泵系统的类型、热能交换形式、换热量、地源换热器、主要部件的类型和技术参数、控制系统、辅助材料、建筑物内系统（类型、大小、技术参数、数量）等是否与设计文件一致。

3）运行情况检查

地源热泵系统的运行情况检查主要包括以下三个方面的内容：

（1）检查系统的运行调试记录是否齐全，以及是否满足设计和相关标准的要求。

（2）热泵系统按照实际工作状态运行稳定后，检查系统是否正常，控制系统动作是否正确，各种仪表的显示是否正确，并记录检查结果。

（3）对地下水源热泵系统，按照实际工作状态连续运行 2 ~ 3d，查看地下水回灌流量和压力等参数，检查系统回灌是否正常；对闭式埋管系统，按照实际工作状态连续运行 2 ~ 3d，查看地埋管系统的流量和压力等参数的稳定性，检查管路系统是否存在渗漏。

2. 系统测试

地源热泵系统的测试对其测试条件、测试使用仪器、测试方法等都有一定的要求，因此在测试之前应熟悉地源热泵系统测试的条件、仪器、方法等，编制详细的检测方案后再进行现场测试。

1）测试条件

地源热泵系统的测试条件包括以下几个方面：

（1）地源热泵系统的测评应在工程竣工验收合格、投入正常使用后进行。

（2）地源热泵系统制热性能的测评应在典型制热季进行，制冷性能的测评应在典型制冷季进行。对于冬、夏季均使用的地源热泵系统，应分别对其制热、制冷性能进行测评。

（3）热泵机组制热（制冷）性能系数的测定工况应尽量接近机组的额定工况，机组的负荷率宜达到机组额定值的80%以上；系统能效比的测定工况应尽量接近系统的设计工况，系统的最大负荷率宜达到设计值的60%以上；室内温湿度检测应在建筑物达到热稳定后进行。

（4）应同时对测试期间的室外温度进行监测，记录测试期间室外温度的变化情况。

2）测试仪器及其要求

测试仪器及其要求见表4－1。

表4－1　测试仪器技术要求

仪器名称	技术要求
水温度测试仪	采用温度计/电阻温度计、热电偶加电位差计，准确度不低于±0.2℃
水流量测试仪	采用超声波流量计，准确度不低于测量值的±5%
温湿度测试仪	各类空气温度计，准确度不低于±0.5℃；空气湿度计，准确度不低于±10%
功率	采用功率表、电力分析或电流电压表，准确度不低于测量值的±5%

3）测试内容及方法

地源热泵系统的测试分为夏季和冬季两个工况的测试，其主要测试的参数有室内温湿度、热泵机组热源侧流量和进出口水温、热泵机组用户侧流量和进出口水温、热泵机组输入功率、热泵系统热源侧流量和进出口水温、热泵系统用户侧流量和进出口水温、机组消耗的电量、水泵消耗的电量。

（1）室内温湿度

对于地源热泵系统室内温湿度的测试应在建筑物达到热稳定后进行，测试时间为6小时，采用温湿度记录仪，记录测试期间的温湿度。

（2）热泵机组制热（制冷）性能系数

热泵机组制热（制冷）性能系数是指热泵机组的制热（制冷量）与输入功率之比。热泵机组的检测应在机组运行工况稳定后进行，测试周期为1小时。根据热泵机组热源侧流量和进出口水温、热泵机组用户侧流量和进出口水温、热泵机组输入功率的测试结果，计算得到热泵机组制热（制冷）性能系数。热泵机组制热（制冷）量可根据式（4－1）进行计算：

$$Q = \frac{V\rho c\Delta t_{\mathrm{w}}}{3600} \quad (4-1)$$

式中　Q——热泵机组制热（制冷）量，kW

V——热泵机组用户侧平均流量，m^3/h；

Δt_{w}——热泵机组用户侧进出口水温差，℃；

ρ——冷（热）水平均密度，kg/m^3；

c——冷（热）水平均定压比热，kJ/(kg·℃)。

ρ、c可根据介质进出口平均温度由物性参数表查取；流量及温差的测试方法前面章节已有介绍，此处不再重述。

热泵机组的输入功率是指测试期间热泵机组的平均输入功率，用N_i表示。根据测试结果，热泵机组制冷（制热）性能系数按式（4－2）、式（4－3）计算：

$$COP_{\mathrm{L}} = \frac{Q_{\mathrm{L}}}{N_i} \quad (4-2)$$

$$COP_H = \frac{Q_H}{N_i} \tag{4-3}$$

式中 COP_L—— 热泵机组的制冷性能系数；

COP_H—— 热泵机组的制热性能系数；

Q_L—— 测试期间机组的平均制冷量，kW；

Q_H—— 测试期间机组的平均制热量，kW；

N_i——测试期间机组的平均输入功率，kW。

(3) 典型季节系统能效比

典型季节系统能效比是指地源热泵系统的制冷（制热）量与系统输入功率之比，这里的系统输入功率主要是指热泵机组以及与热泵系统相关的所有水泵的输入功率之和（不包括用户末端设备）。

热泵系统的检测应在系统运行正常后进行，且使系统运行工况接近设计工况，测试周期为2～3d。根据系统热源侧流量和进出口水温、系统用户侧流量和进出口水温、机组消耗的电量、水泵消耗的电量的测试结果，计算得到典型季节系统能效比。系统测试期间的总制冷（热）量按式（4－4）、式（4－5）计算：

$$Q = \sum_{i=1}^{n} q_i \tag{4-4}$$

$$q = V\rho c\Delta t_w \tag{4-5}$$

式中 V——系统用户侧的平均流量，m^3/h；

Δt_w——系统用户侧的进出口水温差，℃；

ρ——冷（热）水平均密度，kg/m^3；

c——冷（热）水平均定压比热，kJ/(kg·℃)。

ρ、c 可根据介质进出口平均温度由物性参数表查取。

根据测试结果，热泵系统的典型季节系统能效比按式（4－6）和式（4－7）计算：

$$COP_{SL} = \frac{Q_{SL}}{N_i + \Sigma N_j} \tag{4-6}$$

$$COP_{SH} = \frac{Q_{SH}}{N_i + \Sigma N_j} \tag{4-7}$$

式中 COP_{SL}——热泵系统的制冷能效比；

COP_{SH}——热泵系统的制热能效比；

Q_{SL}——系统测试期间的总制冷量，kWh；

Q_{SH}——系统测试期间的总制热量，kWh；

N_i——系统测试期间，热泵机组所消耗的电量，kWh；

N_j——系统测试期间，水泵所消耗的电量，kWh。

3. 工程评价

地源热泵系统的工程评价包括节能效益评估、环境效益评估和经济效益评估。

1) 节能效益评估

通过计算地源热泵系统与常规供暖、供冷方式的节能量和节能率，对地源热泵系统的节能效益进行评估。根据项目的具体情况，按以下两种方法对系统的节能效益进行评估。

(1) 短期测试

根据上述介绍的测试方法，对地源热泵系统的特性进行测试，根据测试结果，按以下方法计算热泵系统相对于常规供暖、供冷方式的节能量和节能率。

① 建筑全年累计冷热负荷的计算

冬季：根据测试期间系统的实测热负荷和室外气象参数，采用度日法计算供暖季累计热负荷。

夏季：根据测试期间系统的实测冷负荷和室外气象参数，采用温频法计算供冷季累计冷负荷。

度日法通常是用来计算采暖期总的采暖耗能量。度日，是指每日平均温度与规定的标准参考温度（或称温度基准）的离差。因此某日的度日数，就是该日平均温度与标准参考温度的实际离差，见下式：

$$(HDD) = T_B - T \tag{4-8}$$

式中 (HDD)——某日度日数，D. D，当 $T > T_B$ 时，则 $(HDD) = 0$；

T_B——标准参考温度，℃，一般取18℃；

T——某日平均温度，℃，我国气象部门统一规定每天观测记录（每日的2，8，14和20时）室外空气温度，故 $T = \dfrac{T_2 + T_8 + T_{14} + T_{20}}{4}$。

采暖期总度日数是采暖期每日度日数的总和。为了使统计出的度日数具有足够的代表性，一般应统计十年以上的气象资料，具体数据可查阅《中国建筑热环境分析专用气象数据集》。

度日法采暖耗能量按式（4-9）计算：

$$Q_N = \frac{24q(HDD)C_D}{\Delta t_{N-W}} \tag{4-9}$$

式中 Q_N——供暖季累计热负荷，kWh；

q——建筑物总的设计空调热负荷，kW；

HDD——采暖期度日数，D. D；

C_D——修正系数，考虑间歇采暖对连续采暖的修正，可按表4-2取值；

Δt_{N-W}——室内外设计温差，℃。

表4-2　修正系数

(HDD)	1000	2000	3000	4000
C_D	0.76 ±0.3	0.67 ±0.26	0.60 ±0.25	0.65 ±0.26

所谓温频法（BIN），就是假设围护结构负荷（包括日射及温差负荷）可变换成室外气温的线性关系，根据线性关系依次计算出不同温度下的负荷并乘以该温度段出现的小时数，得出该温度下的冷热耗量。将夏季或冬季各温度下的冷、热耗量累计求和便是全年冷或热耗量。

用温频法计算负荷时，需用到BIN气象参数。BIN气象参数是指根据某地全年室外干球温度或者随机气象模型生成的逐时值，整理并统计出一定间隔（一般的该温度间隔取2℃）温度段中的温度在全年或者某个时期所出现的小时数，即温度的时间频率表。为了适应不同的需求，可以统计不同时间段（夏季或冬季）及每日不同起始结束时刻的BIN气象参数。

采用温频法计算夏季建筑物冷负荷的如式（4-10）：

$$Q_{OUT} = \frac{t_N - t_{OUT}}{t_N - t_{EJ}} \times Q_{EJ} \tag{4-10}$$

式中　Q_{OUT} ——室外温度为 t_{OUT} 时的建筑物冷负荷，kW；

Q_{EJ} ——室外温度为 t_{EJ} 时的建筑物冷负荷，kW；

t_N ——建筑物夏季室内设计温度，℃；

t_{EJ} ——建筑物夏季室外设计温度，℃。

现以某工程冷负荷的计算为例，具体介绍温频法计算建筑物冷负荷的过程。

某一工程，室外设计温度 t_{EJ} 为 35.6℃，空调设计冷负荷 Q_{EJ} 为 8458kW，室外温度 t_{OUT} 按《中国建筑热环境分析专用气象数据集》中典型年数据选取，室内设计温度 t_N 为 25℃。

根据公式求出每一温频下的冷负荷，再将冷负荷与对应温频下的小时数相乘并累加即可算出夏季累计冷负荷 Q_L。计算结果见表 4－3：

表 4－3　夏季累计空调冷负荷计算表

温频段（℃）	小时数（h）	室外温度（℃）	冷负荷（kW）	累计冷负荷（kWh）
25～27	707	26	798	564186
27～29	486	28	2394	1163484
29～31	335	30	3990	1336650
31～33	169	32	5585	943865
33～35	116	34	7181	832996
35～37	49	36	8777	430073
37～39	6	38	10373	62238
合计	—	—	—	5333492

故夏季累计冷负荷 Q_L ＝5333492kWh。

② 地源热泵系统年耗能量的计算

根据热泵系统实测的系统能效比和建筑全年累计冷热负荷，计算整个供暖季（制冷季）地源热泵系统的年耗电量，具体计算见式（4－11）、式（4－12）：

$$E_H = \frac{\Sigma Q_H}{COP_{SH}} \tag{4-11}$$

$$E_L = \frac{\Sigma Q_L}{COP_{SL}} \tag{4-12}$$

式中　E_H ——地源热泵系统制热年耗电量，kWh；

E_L ——地源热泵系统制冷年耗电量，kWh；

ΣQ_H ——建筑全年累计热负荷，kWh；

ΣQ_L ——建筑全年累计冷负荷，kWh。

③ 常规供暖、供冷方式年耗能量的计算

（a）常规供暖、供冷方式的选取

制热：选取燃煤锅炉房作为比较对象，锅炉效率取 68%。

制冷：选取常规冷水机组作为比较对象，其系统能效比按表 4－4 选取：

表 4－4　机组容量与系统能效比对照表

序　　号	机组容量（kW）	系统能效比
1	＜528	2.21
2	528－1163	2.24
3	＞1163	2.29

(b) 常规供暖、供冷方式系统年耗能量的计算

制热：根据燃煤锅炉的效率和建筑全年累计热负荷，计算整个供暖季燃煤锅炉供暖系统的年耗煤量。锅炉房供暖系统循环水泵、风机等用电设备的耗电量近似认为与地源热泵系统用户侧水泵耗电量相同。

制冷：根据确定的系统能效比和建筑全年累计冷负荷，计算整个供冷季系统的年耗电量。

④ 节能量和节能率的计算

将地源热泵系统和常规供暖、供冷系统的年耗能量转换为一次能源（标准煤），计算地源系统的节能量和节能率。电能与一次能源的转换率取为0.31。

(2) 长期监测

根据地源热泵系统的具体设置情况，安装测试仪表。对地源热泵系统的供回水温度、水量以及热泵机组、水泵等相关耗电设备的实际耗电量进行长期的监测，根据监测结果，计算建筑全年实际累计冷热负荷和地源热泵系统的实际年耗能量。再根据方法一计算常规供暖、供冷方式年耗能量及节能量和节能率。

2) 环保效益评估

环保效益评估是根据地源热泵系统相对于常规供暖（冷）系统的一次能源节能率，参照消耗一次能源所产生的温室气体和污染气体量，对地源热泵空调系统所带来的环保效益进行评价。消耗一次能源所产生的温室气体和污染物主要以二氧化碳、二氧化硫、粉尘为主，对环保效益的评估主要针对这三种污染物的减排量进行评估。

(1) 二氧化碳减排量（吨/年）

$$Q_{CO_2} = 2.47Q_{bm} \tag{4-13}$$

式中 Q_{CO_2} —— 二氧化碳减排量，吨/年；

Q_{bm} —— 标准煤节约量，吨/年；

2.47 —— 标准煤的二氧化碳排放因子。

(2) 二氧化硫减排量（吨/年）

$$Q_{SO_2} = 0.02Q_{bm} \tag{4-14}$$

式中 Q_{SO_2} ——二氧化硫减排量，吨/年；

0.02——标准煤的二氧化硫排放因子。

(3) 粉尘减排量（吨/年）

$$Q_{FC} = 0.01Q_{bm} \tag{4-15}$$

式中 Q_{FC} —— 粉尘减排量，吨/年；

0.01—— 标准煤的粉尘排放因子。

3) 经济效益评估

根据项目申报书中提供的增量成本和节能效益评估得到的系统节能量，计算项目的静态投资回收期。根据静态投资回收期，对项目的经济效益进行评估。静态投资回收期按式(4-16)计算：

$$T = \frac{K}{M} \tag{4-16}$$

式中 T ——静态投资回收期，年；

K ——项目的增量成本，万元；

M ——系统节能所带来的经济效益，万元。

4.3 太阳能热水系统评估

太阳能热水系统是主动式太阳能利用系统中最简单效率最高的利用方式，系统投资相对较低，只要常年有较稳定的热水需求，设置太阳热水系统是非常经济的。太阳能作为可再生能源的一种，取之不尽，用之不竭，同时又不会增加环境负荷，将成为未来能源结构中的重要组成部分。

我国属太阳能资源丰富的国家之一，年辐射总量大约在3300~8300MJ/m^2，全国面积三分之二以上地区年日照小时数大于2000h，每年陆地接收的太阳辐射能相当于2.4万亿吨标准煤，具有太阳能利用的良好条件。我国太阳能产业发展很快，截至2006年，我国太阳能热水器年生产能力达到1500万m^2，在用太阳能热水器总集热面积达1亿m^2，生产量和使用量居世界第一。在建筑能耗中，生活热水占了相当的比例，利用太阳能来满足生活热水这些低品位能耗的要求具有巨大的节能效益。因此，太阳能热水系统的经济性良好，我国家庭式太阳能集热器的大量安装应用就是市场给出的最好证明。

4.3.1 太阳能热水系统工作原理

太阳能热水系统是利用温室原理，将太阳辐射转变为热能，并向冷水传递热量，从而获得热水的一种系统，是目前太阳热能应用发展中最具经济价值、技术最成熟且已商业化的一项应用产品。太阳能热水系统构件主要包括太阳能集热器、保温水箱、连接管路和控制中心等，如图4-3所示。

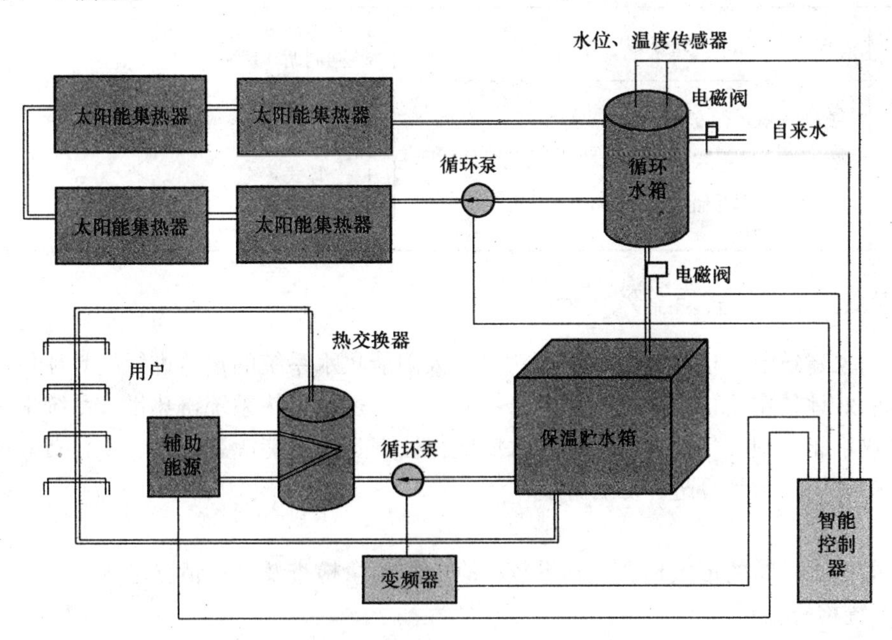

图4-3 太阳能热水系统组成框图

太阳能集热器，即系统中的集热元件，其功能相当于电热水器中的电加热管。和电热水器、燃气热水器不同的是，太阳能集热器利用的是太阳的辐射热量，故而加热时间只能在有太阳照射的白昼，所以有时需要辅助加热，如锅炉、电加热等。保温水箱是储存热水的容器，因为太阳能热水器只能白天工作，而人们一般在晚上才使用热水，所以必须通过保温水箱把集热器在白天产出的热水储存起来。连接管路的功能则是将热水从集热器输送到保温水箱、将冷水从保温水箱输送到集热器的通道，使整套系统形成一个闭合的环路。而太阳能热水系统与普通太阳能热水器的区别就是控制中心，控制中心负责整个系统的监控、运行、调节等功能，主要由电脑软件及变电箱、循环泵组成。

4.3.2 太阳能热水系统分类

太阳能热水系统按照其主要特征分类见表4－5：

表4－5 太阳能热水系统分类

项次	特征	类型
1	按太阳能与其他能源的关系分类	1. 太阳能单独系统 2. 太阳能与热系统 3. 太阳能带辅助热源系统
2	按照集热器内传热工质分类	1. 直接系统 2. 间接系统
3	按照传热工质与大气接触情况分类	1. 敞开系统 2. 开口系统 3. 封闭系统
4	按照传热工质在集热器内的状况分类	1. 充满系统 2. 回流系统 3. 排放系统
5	按照系统循环方式分类	1. 自然循环系统 2. 强制循环系统
6	按照系统运行方式分类	1. 循环系统 2. 直流式系统
7	按照集热器与储水箱的相对位置分类	1. 分体式系统 2. 紧凑式系统 3. 整体式系统

4.3.3 太阳能热水系统能效评估

根据国家建筑节能检测的要求，需对安装太阳能热水系统的建筑进行能效评估。太阳能热水系统能效评估主要包括形式检查和系统测评，通过对集热系统得热量、系统常规热源耗能量、贮热水箱热损、集热系统效率、太阳能保证率、常规能源替代量、项目费效比、环境效益等指标的测试与计算进行综合评价。

1. 形式检查

太阳能热水系统的形式检查包括系统检查、实施量检查及运行情况检查。

1）系统检查

太阳能热水系统的系统检查主要包括以下几个方面：

（1）检查系统的外观质量：用视觉对太阳能光热系统的外观进行检查，查看是否有明显瑕疵，外观是否整洁干净。

（2）检查系统的关键部件：系统的关键部件有系统支架、太阳能集热器、贮水箱、系统管路、系统保温、电气装置、辅助热源等。查看系统的关键部件是否有质检合格证书，性能参数是否符合设计和相关标准的要求。太阳能集热器要有国家级检测报告。

（3）检查系统的安全性能：系统的安全性能包括抗风雪措施、防雨措施、防冻、防雷击、建筑防水、防腐蚀、承重安全、接地保护、剩余电流保护、防渗漏、超压保护、过热保护、水质情况。查看系统的安全性能是否满足设计要求和相关标准要求。

2）实施量检查

太阳能热水系统的实施量检查主要是检查太阳能光热系统的运行方式、集热器类型、集热面积、储水箱容量、辅助热源类型、辅助热源容量、循环管路类型、控制系统、辅助材料（保温材料、阀门、仪器仪表）等是否与设计文件一致。

3）运行情况检查

太阳能热水系统的运行情况检查主要包括两个方面的内容：

（1）检查系统的运行调试记录是否齐全，以及是否满足设计和相关标准的要求。

系统应按原设计要求安装调试合格，并至少正常运行 3d，方可以进行测试。

（2）按照实际工作状态连续运行 3d，检查太阳能热水系统运行是否正常，控制系统动作是否正确，各种仪表的显示是否正确，并记录检查结果。

2. 系统测试

1）测试条件

（1）太阳能热水系统所采用的太阳能集热器、太阳能热水器等关键设备应具有相应的国家级全性能合格的检测报告，并符合国家相关产品标准的要求。

（2）系统应按原设计要求安装调试合格，并至少正常运行 3d，方可以进行测试。

（3）太阳能热水系统试验期间环境平均温度：8℃ ≤ t_a ≤ 39℃，环境空气的平均流动速率不大于 4m/s。

（4）至少应有 4 天试验结果具有的太阳辐照量分布在下列四段（表 4－6）：

表 4－6　辐照量分段表

辐照量分段	辐照量范围
J1	J1 <8MJ/m^2 · 日
J2	8MJ/m^2 · 日 ≤ J2 < 13MJ/m^2 · 日
J3	13MJ/m^2 · 日 ≤ J3 < 18MJ/m^2 · 日
J4	18MJ/m^2 · 日 ≤ J4。

2）测试仪器及其要求

太阳能热水系统测试相关的仪器、仪表应符合表 4－7 中的技术要求。

表 4－7　测试仪器设备技术要求

仪器名称	技 术 要 求
热量表	工作温度：0～150℃； 流量计部分的精度：误差 <3%； 温度传感器采用铂电阻元件，符合 IEC－751 标准并精确配对，当供回水的温差在 6℃时，测量误差 <0.1℃； 热量表具备质量密度修正的功能，误差 <0.5%； 电池可以连续工作时间不少于 1 月

续表

仪器名称	技术要求
总日射表 （记录仪）	灵敏度：7～14mV/(kW·m^2) 反应时间：≤30s（99%响应） 年稳定度：≤±2% 余弦响应：≤±7%，高度角10° 线性：≤±2% 光谱范围：0.3～3.0μm 温度系数：≤±2%（-10～40℃） 带50米屏蔽双线电缆；可储存1月逐时的太阳总辐照度和日累计总辐照度；可读取数据软件，实现对太阳总辐照度和累计总辐照度的无人值守储存和记录功能，与计算机连接，可在一月内的任意时刻读取，获得开机时刻至读取时的全部数据并形成可以使用的数据文件
电度表或电能质量分析仪	标准参比电压：220V（380V） 标准参比频率：50Hz； 测量误差：≤5%； 启动电流：0.5% Ib； 频率变化允许范围：±10% fn； 电压变化允许范围：±10% Un； 倾斜悬挂允许范围：±30°
温度计	量程：0～120℃； 准确度：±0.2℃； 分辨率：0.1℃。
温度计 （自记仪）	量程：-40～55℃； 准确度：±0.5℃； 分辨率：0.1℃； 测量间隔：1s to 9h，可调； 响应时间：<2min（温度）

3）测试内容及方法

太阳能热水系统测试的参数主要有集热器面积及表面太阳能总辐射量、集热系统进出口水温、集热系统集热工质流量、水箱容量及水温、环境温度及风速等。

（1）集热系统得热量

集热系统得热量是指由太阳能集热系统中太阳集热器提供的有用能量，可通过热量表直接测量法，也可通过测试集热系统进出口集热工质温度、流量间接测得集热系统得热量。

① 直接测量法

直接测量法主要是通过热量表直接读出热量值测得集热系统得热量。热量表是计算热量的仪表，其工作原理是将一对温度传感器分别安装在通过载热流体的上行管和下行管上，流量计安装在流体入口或回流量管上，流量计发出与流量成正比的脉冲信号，一对温度传感器给出表示温度高低的模拟信号，而积算仪采集来自流量和温度传感器的信号，利用计算公式算出热交换系统获得的热量。热量表原理图如图4-4所示，实物图及现场安装图如图4-5所示。

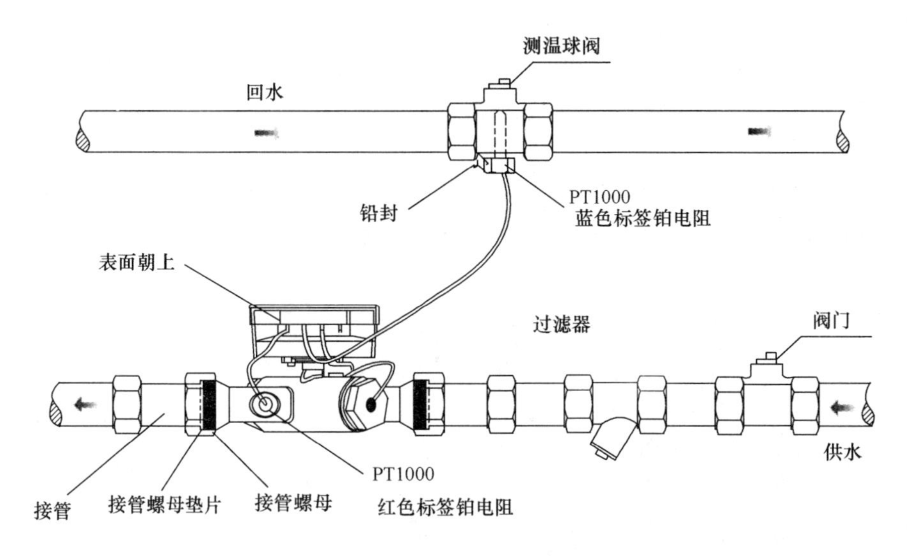

图4-4　热量表工作原理图

图4-5　热量表现场测试图

② 间接测量法

间接测量法主要是利用超声波流量计和温度自记仪测得的流量和进出口温度差计算得出集热系统得热量，计算公式如式（4-17）：

$$Q_c = \frac{c\rho V\Delta T}{1000} \tag{4-17}$$

式中　Q_c——集热系统得热量，MJ；

c——集热工质比热容，kJ/(kg·℃)；

ρ——集热工质密度，kg/m^3；

V——集热工质累计体积流量，m^3；

ΔT——进出口集热工质温差,℃。

需要说明的是，集热器进出口集热工质温度、流量的采样时间间隔应大于1min，记录时间间隔应小于10min，测试时间为测试起止时间达到测试所需的太阳辐照量为止。

（2）系统常规热源耗能量

系统常规热源耗能量是指系统中辅助热源所耗常规热源的耗能量。

当辅助热源为电时，主要测量测试时间内辅助热源的耗电量，即为系统常规热源耗能量。辅助热源耗电量可采用电度表或电能质量分析仪进行测量。

当辅助热源为其他能源时，系统常规热源耗能量的测量方法同集热系统得热量的测量。

（3）贮热水箱热损系数

贮热水箱热损系数是表征贮热水箱保温性能的参数，主要通过测试得到的试验开始和结束时贮热水箱内水温差、贮热水箱容水量、贮热水箱附近环境温度的数据计算得出，计算公式如下：

$$U_s = \frac{\rho_w c_{pw} V_s}{\Delta\tau} \ln\left[\frac{t_i - t_{as(av)}}{t_f - t_{as(av)}}\right] \tag{4-18}$$

式中 U_S ——贮热水箱热损系数，W/K；

ρ_w ——水的密度，kg/m^3；

c_{pw} ——水的比热容，J/(kg·K)；

V_s ——贮热水箱贮水量，m^3；

$\Delta\tau$ ——降温时间，s；

t_i ——开始时贮热水箱内水温度，℃；

t_f ——结束时贮热水箱内水温度，℃；

$t_{as(av)}$ ——降温期间平均环境温度，℃。

① 测试要求

贮热水箱热损系数测试时间一般应在晚上 8:00 至第二天早晨 6:00 共 10 个小时；试验期间应关闭辅助热源；实验开始前，应将贮热水箱充满不低于 50℃的热水，关闭贮热水箱上所有的阀门，以避免贮热水箱热损系数测试受到管路、太阳集热器或换热器散热和使用热水等因素的影响。

② 测试方法

贮热水箱热损系数的检测方法，主要是利用仪器分别对开始时贮热水箱内水温度、结束时贮热水箱内水温度、贮热水箱容水量及贮热水箱附近环境温度和风速各参数进行测量，并记录测试时间。

根据贮热水箱的接口位置，在贮热水箱内水面的最上部和最下部位置的接口处分别设置测量贮热水箱上下部水温的温度传感器。

试验开始前，打开集热系统强制循环泵，进行混水，当上下部水温的误差在1℃范围以内时，关闭循环泵，分别记录上下部水温，计算出的平均温度即为开始时贮热水箱内水温度。

试验开始时，关闭贮热水箱的混水装置，记录贮热水箱上下部水温并计算其平均温度，并同时记录时间、贮热水箱周围的环境温度和风速，以后每隔 1h 记录一次上述数据。

试验结束前 15min，打开集热系统强制循环泵，进行混水，当上下部水温的误差在 1℃范围以内时，关闭循环泵，分别记录上下部水温，计算出的平均温度即为结束时贮热水箱内水温度。

计算试验期间 11 次环境温度的平均值，作为贮热水箱的环境温度。最后根据上述贮热水箱热损系数的计算公式计算得出贮热水箱的热损系数。

（4）集热系统效率

集热系统效率是指在测试时间内太阳能集热系统有用的热量与同一测试期间内投射在太

阳能集热器上太阳能辐照能量之比。可按式（4－19）计算得到：

$$\eta = \frac{Q_c}{AH} \tag{4-19}$$

式中　η——集热系统效率,%；

Q_c——集热系统得热量，MJ；

A——太阳能集热器采光面积，m^2；

H——太阳能集热器采光面上的太阳能辐照量，MJ/m^2。

集热系统得热量的测试方法在前面内容已经提到，这里主要就太阳能辐照量的测试进行阐述说明。太阳能辐照量是指接收到太阳辐射的面密度，通过总日射表测得。总日射表主要是利用了热电效应的原理，在线性范围内，输出信号与太阳辐照度成正比。图4－6为常用总日射表的外观和内部结构图。

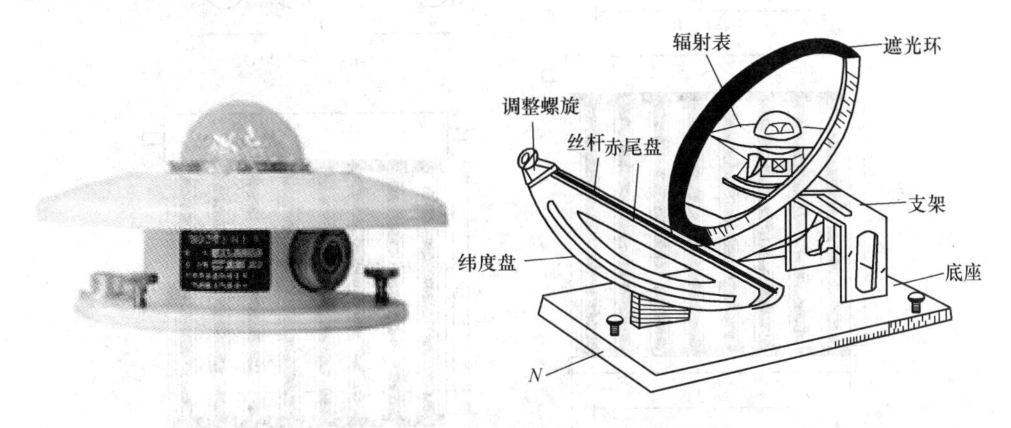

图4－6　总日射表的外观和结构图

总日射表传感器应安装在太阳集热器高度的中间位置，并与太阳集热器采光面平行，两平行面的平行度相差应小于±1°，且安装位置应避免太阳集热器的反射对其测量结果产生影响。

测试期间，总日射表不应遮挡太阳集热器采光，并不被其他物体遮挡。当太阳集热器处在不同采光平面的太阳能热水系统时，应根据太阳集热器不同的采光平面分别设置总日射表。

太阳能集热器采光面积，即太阳光投射到集热器的最大有效面积，其测试与计算方法如图4－7所示。

（5）太阳能保证率

太阳能保证率是指系统中太阳能部分提供的能量与系统需要的总能量的比值。所谓系统总能量，即太阳能集热系统得热量与辅助热源加热量之和。太阳能保证率可按下式计算得到：

$$f = \frac{Q_c}{Q_c + Q_{fz}} \tag{4-20}$$

式中　f——系统太阳能保证率,%；

Q_c——太阳能集热系统得热量，MJ；

Q_{fz}——辅助热源加热量，MJ。

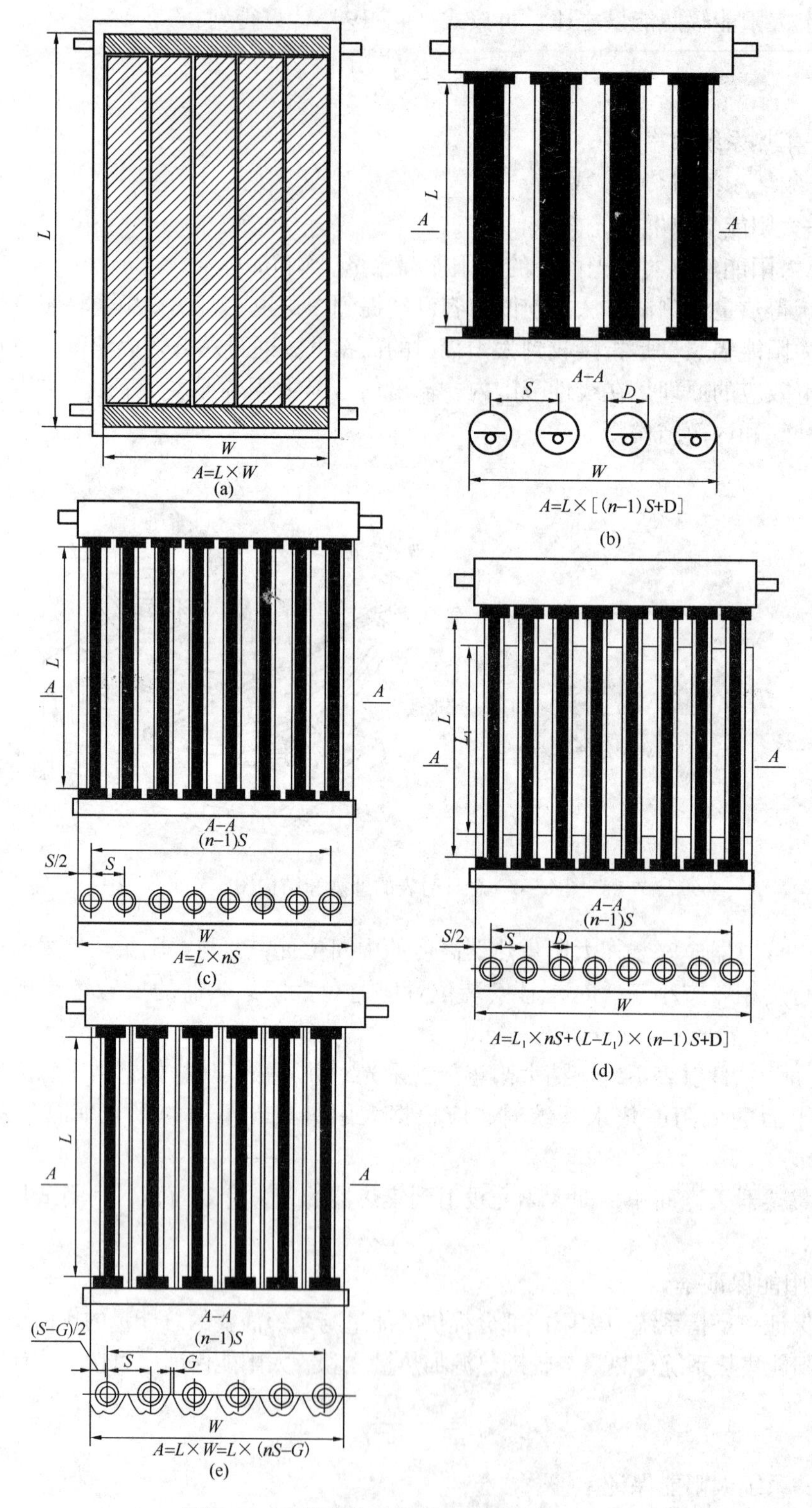

图4－7　太阳能集热器采光面积计算示意图

（a）平板太阳集热器；（b）无反射器；（c）平板漫反射器；（d）无反射器；（e）曲面聚光反射器

n—集热管数目；S—相邻太阳集热管的中心距；G—相邻曲面的间隙；D—太阳集热管罩玻璃管直径

3. 工程评价

对于太阳能热水系统的工程评价主要是以太阳能保证率和常规能源替代量作为考核指标，其中任何一项达不到《申请报告》中的要求，则该工程判为不合格，该项目不得通过测评。

1）太阳能保证率

前面已经介绍了太阳能保证率的定义及其计算方法，而对于整个太阳能热水系统工程的评价，还应了解这个系统的年太阳能保证率。对于年太阳能保证率的测试，在工程上通常采用以下两种方法进行统计。

（1）短期测试

对制冷期太阳能保证率计算如下：

制冷期内，当地日太阳辐照量小于 8MJ/m^2 的天数为 x_1 天；当地日太阳辐照量小于 13MJ/m^2 且大于等于 8MJ/m^2 的天数为 x_2 天；当地日太阳辐照量小于 18MJ/m^2 且大于等于 13MJ/m^2 的天数为 x_3 天；当地日太阳辐照量大于等于 18MJ/m^2 的天数为 x_4 天。

经测试，制冷期内当地日太阳辐照量小于 8MJ/m^2 时的太阳能保证率为 f_1；当地日太阳辐照量小于 13MJ/m^2 且大于等于 8MJ/m^2 的太阳能保证率为 f_2；当地日太阳辐照量小于 18MJ/m^2 且大于等于 13MJ/m^2 的太阳能保证率为 f_3；当地日太阳辐照量大于等于 18MJ/m^2 的太阳能保证率为 f_4。

则制冷期的太阳能保证率 $f_{制冷期}$ 为：

$$f_{制冷期} = \frac{x_1 f_1 + x_2 f_2 + x_3 f_3 + x_4 f_4}{x_1 + x_2 + x_3 + x_4} \tag{4-21}$$

对非制冷期太阳能保证率计算如下：

在非制冷期内，当地日太阳辐照量小于 8MJ/m^2 的天数为 x_5 天；当地日太阳辐照量小于 13MJ/m^2 且大于等于 8MJ/m^2 的天数为 x_6 天；当地日太阳辐照量小于 18MJ/m^2 且大于等于 13MJ/m^2 的天数为 x_7 天；当地日太阳辐照量大于等于 18MJ/m^2 的天数为 x_8 天。

经测试，非制冷期内当地日太阳辐照量小于 8MJ/m^2 时的太阳能保证率为 f_5；当地日太阳辐照量小于 13MJ/m^2 且大于等于 8MJ/m^2 的太阳能保证率为 f_6；当地日太阳辐照量小于 18MJ/m^2 且大于等于 13MJ/m^2 的太阳能保证率为 f_7；当地日太阳辐照量大于等于 18MJ/m^2 的太阳能保证率为 f_8。

则非制冷期的太阳能保证率 $f_{非制冷期}$ 为：

$$f_{非制冷期} = \frac{x_5 f_5 + x_6 f_6 + x_7 f_7 + x_8 f_8}{x_5 + x_6 + x_7 + x_8} \tag{4-22}$$

则全年的太阳能保证率 $f_{全年}$ 为：

$$f_{全年} = \frac{x_1 f_1 + x_2 f_2 + x_3 f_3 + x_4 f_4 + x_5 f_5 + x_6 f_6 + x_7 f_7 + x_8 f_8}{x_1 + x_2 + x_3 + x_4 + x_5 + x_6 + x_7 + x_8} \tag{4-23}$$

（2）长期监测

实际测得一年周期内太阳辐照总量 $J_{全年}$，一年周期内太阳能热水系统需要的总能量 $Q_{R全年}$，则全年的太阳能保证率 $f_{全年}$ 为

$$f_{全年} = \frac{J_{全年}}{Q_{R全年}} \tag{4-24}$$

2）常规能源替代量

替代能源是指可以替代目前使用的石化燃料的能源（简称常规能源），常规能源替代量是指太阳能替代常规能源提供的能量，以标准煤作为单位进行换算。标准煤又称标煤，由于各种燃料燃烧时释放能量存在差异，国际上为了使用的方便，统一标准，在进行能源数量、质量的比较时，将煤炭、石油、天然气等都按一定的比例统一换算成标准煤来表示。1 公斤标准煤的低位热值为 29270 千焦耳，即每公斤标准煤为 29270000 焦耳。

对于常规能源替代量的测试与计算主要有短期测试和长期监测两种方法。

（1）短期测试

制冷期内，经测试，当地日太阳辐照量小于 8MJ/m^2 时的集热系统得热量为 Q_1；当地日太阳辐照量小于 13MJ/m^2 且大于等于 8MJ/m^2 的集热系统得热量为 Q_2；当地日太阳辐照量小于 18MJ/m^2 且大于等于 13MJ/m^2 的集热系统得热量为 Q_3；当地日太阳辐照量大于等于 18MJ/m^2 的集热系统得热量为 Q_4。

非制冷期内，经测试，当地日太阳辐照量小于 8MJ/m^2 时的集热系统得热量为 Q_5；当地日太阳辐照量小于 13MJ/m^2 且大于等于 8MJ/m^2 的集热系统得热量为 Q_6；当地日太阳辐照量小于 18MJ/m^2 且大于等于 13MJ/m^2 的集热系统得热量为 Q_7；当地日太阳辐照量大于等于 18MJ/m^2 的集热系统得热量为 Q_8。

则全年常规能源替代量 Q_{bm}（吨标准煤）为

$$Q_{bm} = \frac{x_1Q_1 + x_2Q_2 + x_3Q_3 + x_4Q_4 + x_5Q_5 + x_6Q_6 + x_7Q_7 + x_8Q_8}{29309 \times 65\%} \tag{4-25}$$

（2）长期监测

实际测得一年周期内太阳能集热系统得热总量为 $Q_{J全年}$；则全年常规能源替代量 Q_{bm}（吨标准煤）为

$$Q_{bm} = \frac{Q_{J全年}}{29309 \times 65\%} \tag{4-26}$$

4.4 太阳能光伏发电系统评估

太阳能光伏发电技术的开发始于 20 世纪 50 年代，在此期间太阳能利用领域出现了两项重大技术突破：一是 1954 年美国贝尔实验室研制出 6% 的实用型单晶硅电池，二是 1955 年以色列 Tabor 提出选择性吸收表面概念和理论并成功研制出选择性太阳吸收涂层。这两项技术突破为太阳能利用进入现代发展时期奠定了技术基础。

在太阳能光伏发电领域，德国、日本、美国始终处于世界领先地位，而近年来，在国际光伏市场和国内政策的拉动下，我国光伏产业迅速增长，并成为世界太阳能电池的主要供应国之一。国内涌现出一大批已经走入资本市场的著名光伏企业，带动了我国光伏技术的进步与发展。

4.4.1 太阳能光伏发电系统工作原理

光子照射到金属上时，它的能量可以被金属中某个电子全部吸收，若电子吸收的能量足够大，就能克服金属内部引力做功，离开金属表面逃逸出来成为光电子。1839 年，法国实验物理学家 Edmund Bacquerel 发现光照可使不均匀半导体或半导体与金属结合的不同部位之间产生电位差，即“光生伏特效应”，简称“光伏效应”。“光伏效应”包括两个过程，首先是由光子（光波）转化为电子、光能量转化为电能量的过程；其次，是形成电压的过程。有了电压，就像筑高了大坝，如果两者之间连通，就会形成电流的回路。太阳能光伏发电，其基本原理就是“光伏效应”。

4.4.2　太阳能光伏发电系统的组成和分类

1. 太阳能光伏发电系统的组成

光伏发电系统主要由太阳能电池、充电控制器、蓄电池和逆变器构成。图4－8是一个典型的太阳能光伏发电系统示意图。

下面对系统各部分的功能做一个简单的介绍：

（1）太阳能电池板

太阳能电池是利用“光伏效应”将太阳的辐射光通过半导体物质转变为电能的一种器件，因此这种电池又称为“光伏电池”。

由于单体光伏电池发出的是电能很小的直流电。为满足实际应用需求，获得足够大的发电量，需要将单体光伏电池制成太阳能电池板，其作用就是将太阳辐射能直接转换成直流电，供负载使用或存贮于蓄电池内备用。一般根据用户需要，将若干太阳能电池板按一定方式连接，组成太阳能电池方阵，再配上适当的支架及接线盒使用，如图4－9所示。

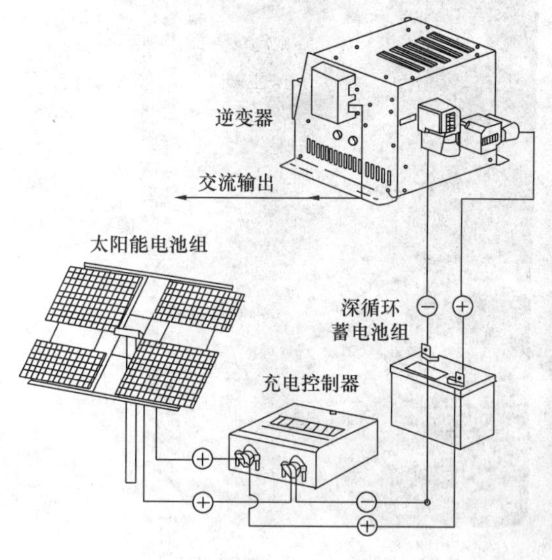

图4－8　太阳能光伏发电系统示意图

图4－9　太阳能电池方阵

（2）充电控制器

充电控制器主要由电子元器件、仪表、继电器、开关等组成，是对蓄电池进行自动充电、放电的监控装置。图4－10为某充电控制器产品外观图。太阳能电池将太阳的光能转化为电能后，通过充电控制器的控制，一方面直接提供给相应的电路或负载用电，另一方面将多余的电能存储在蓄电池中，供夜晚或是太阳能电池产生的电力不足时使用。

当蓄电池充满电时，充电控制器将自动切断充电回路或将充电转换为浮充电方式，使蓄

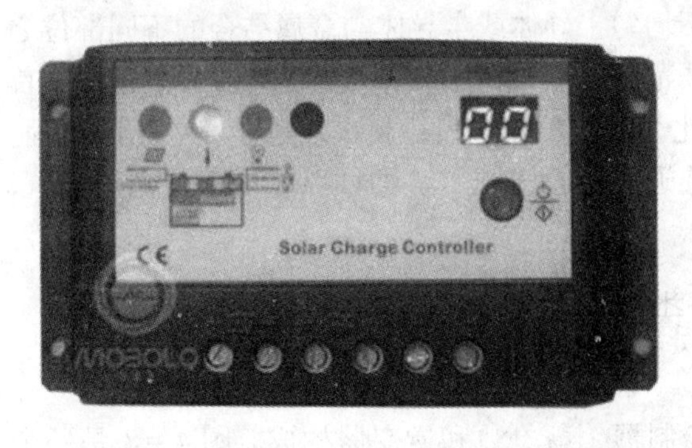

图 4－10　充电控制器

电池不致过度充电；当蓄电池发生过度放电时，它会及时发出报警提示以及相关的保护动作，从而保证蓄电池能够长期可靠运行；当蓄电池电量恢复后，系统会自动恢复正常状态。控制器还具有反向放电保护、极性反接电路保护等功能。如果用户使用直流负载，通过充电控制器还能为负载提供稳定的直流电（由于天气的原因，太阳电池方阵发出的直流电的电压和电流不是很稳定）。

（3）蓄电池组

蓄电池组是将太阳能电池方阵发出的直流电能储存起来，供负载使用。在光伏发电系统中，蓄电池处于浮充放电状态，夏天日照量大，除了供给负载用电外，还对蓄电池充电；在冬天日照量少，这部分贮存的电能逐步放出。白天太阳能电池方阵给蓄电池充电（同时方阵还要给负载用电），晚上负载用电全部由蓄电池供给。因此，对蓄电池组的基本要求是：自放电率低，充电效率高，工作温度范围宽，少维护，价格低廉，使用方便等。常用的蓄电池有铅酸蓄电池和硅胶蓄电池，要求较高的场合也有价格比较昂贵的镍镉蓄电池。

（4）逆变器

将交流电 AC 变换成直流电 DC 称为整流，完成整流的电路称为整流电路；而将直流电 DC 变换成交流电 AC 称为逆变，完成逆变功能的电路称为逆变电路；实现逆变过程的装置称为逆变器。逆变器的作用就是将太阳能电池方阵和蓄电池提供的低压直流电逆变成 220 伏交流电，供给交流负载使用。图 4－11 为某逆变器产品外观图。

图 4－11　逆变器

2. 太阳能光伏发电系统的分类

光伏发电系统可分为独立太阳能光伏系统和并网太阳能光伏系统。独立太阳能光伏发电是太阳能光伏发电不与电网连接的发电方式，典型特征为需要蓄电池来存储能量，在民用范围内主要用于边远的乡村，如家庭系统、村级太阳能光伏电站；在工业范围内主要用于电讯、卫星广播电视、太阳能水泵，在具备风力发电和小水电的地区还可以组成混合发电系统等。并网太阳能光伏发电是指太阳能光伏发电连接到国家电网的发电方式，成为电网的补充。

1）独立光伏发电系统

独立光伏系统主要应用于偏远无电地区，其建设的主要目的是解决无电问题。其供电可靠性受气象环境、负荷等因素影响很大，供电的稳定性也相对较差，需要加装能量储存装置并且进行能量管理。

图4－12所示为一种常用的独立光伏发电系统示意图，该系统由太阳能电池阵列、DC/DC变换器、蓄电池组、DC/AC逆变器和交直流负载构成。DC/DC变换器将太阳能电池阵列转化的电能传送给蓄电池储存起来供日照不足时使用。蓄电池组的能量直接给直流负载供电或经DC/AC变换器给交流负载供电。该系统由于有蓄电池组，因而系统成本增加，但可在无日照或日照不足时为负载供电。

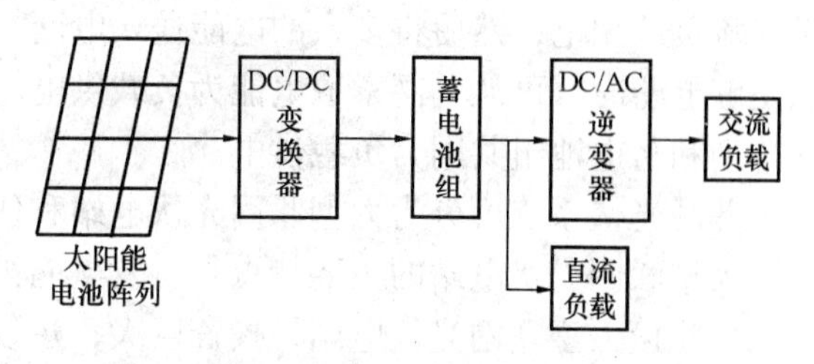

图4－12　太阳能独立光伏发电系统示意图

独立光伏发电系统的工作方式有多种。在正常工作中，独立光伏发电系统会经历所有下述工作方式。

（1）有负载需求，有足够的光照强度，光伏组件或光伏阵列所能发出的电能小于负载需求。此时太阳能发出的电能完全被负载吸收，而且储能装置要向负载供电，系统中的电力电子控制器工作在光伏组件的最大功率点跟踪模式下。控制的目标首先是光伏组件本身，以最大限度地获取太阳能；其次是储能装置的放电电压和放电电流，以保护储能装置。

（2）有负载需求，有足够的光照强度，光伏组件或光伏阵列所能发出的电能大于负载需求，且多余的电能可以被储能装置完全吸收，则系统中的电力电子控制器同样可以工作在光伏组件的最大功率点跟踪的模式下。控制的目标首先是光伏组件本身，以最大限度地获取太阳能；其次是储能装置的充电电压，以保护储能装置。

（3）有负载需求，有足够的光照强度，光伏组件或光伏阵列所能发出的电能大于负载需求，但多余的电能不能被储能装置完全吸收。此时，电力电子控制器的工作点偏离光伏组件的最大功率点，部分太阳能被抛弃，控制的目标转向储能装置的充电电压，以保护储能装置。

（4）有负载需求，无足够光照强度。此时，光伏组件或光伏阵列不能发出电能，系统简化成储能装置独向负载供电。若储能装置在正常的工作区间，则在电力电子控制器的控制下向负载供电。控制的目标是储能装置的放电电压和放电电流，以保护储能装置。

（5）无负载需求，有足够光照强度。此时，系统简化成充电器。若光伏组件或光伏阵列所能发出的电能可以被储能装置完全吸收，则系统中的电力电子控制器可以工作在光伏组件的最大功率点跟踪的模式下。控制的目标首先是光伏组件本身，以最大限度地获取太阳能；其次是储能装置的充电电压，以保护储能装置；若光伏组件或光伏阵列所能发出的电能不能被储能装置完全吸收。则电力电子控制器的工作点偏离光伏组件的最大功率点，部分太阳能被抛弃。控制的目标转向储能装置的充电电压，以保护储能装置。

2）太阳能并网光伏发电系统

图4－13所示为一种常用的太阳能并网光伏发电系统示意图，该系统包含太阳能电池阵列、DC/DC变换器、DC/AC逆变器、交流负载、变压器，另外该系统可根据需要在DC/DC变换器输出端并联蓄电池组，以用于提高系统供电的可靠性，但系统成本将增加。在日照较强时，光伏发电系统首先满

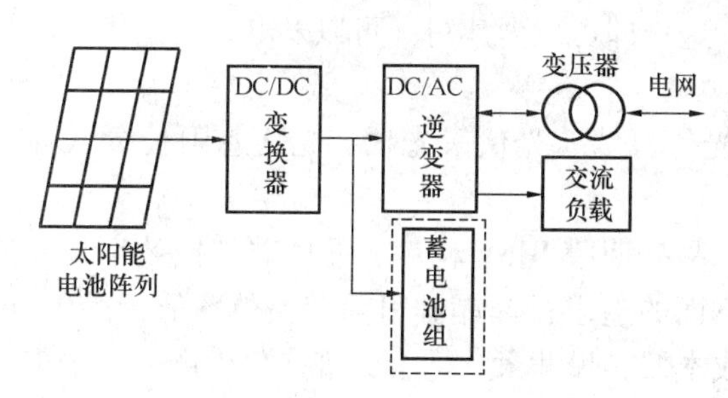

图4－13　太阳能并网光伏发电系统示意图

足交流负载用电，然后将多余的电能送入电网；当日照不足，太阳能电池阵列不能为负载提供足够电能时，可从电网索取电能为负载供电。如果系统并联有蓄电池组，也可由太阳能电池阵列和蓄电池组共同为负载供电。

并网光伏系统可分为大型联网光伏电站和住宅联网光伏系统两大类型。

大型联网光伏电站的主要特点是所发电能被直接输送到电网上，由电网统一调配向用户供电。建设大型联网光伏电站，投资巨大，建设期长，需要复杂的控制和配电设备，并要占用大片土地，同时其发电成本目前要比市电贵数倍，因而发展不快。

住宅并网光伏系统的主要特点是所发的电能直接分配到住宅（用户）的用电负载上，多余或不足的电力通过联接电网来调节。住宅系统可分为有倒流和无倒流两种形式。有倒流系统，是在光伏系统产生剩余电力时将该电能送入电网，由于同电网的供电方向相反，所以称为倒流；当光伏系统电力不够时，则由电网供电。这种系统，一般是为光伏系统的发电能力大于负载或发电时间同负荷用电时间不相匹配而设计的。住宅系统由于输出的电量受天气和季节的制约，而用电又有时间的区分，为保证电力平衡，一般均设计成有倒流系统。无倒流系统，则是指光伏系统的发电量始终小于或等于负荷的用电量，电量不够时由电网提供，即光伏系统与电网形成并联向负载供电。这种系统，即使当光伏系统由于某种特殊原因产生剩余电能，也只能通过某种手段加以处理或放弃。由于不会出现光伏系统向电网输电的情况，所以称为无倒流系统。

3）建筑集成光伏系统（BIPV）

建筑集成光伏系统（BIPV）指在建筑外围护结构的表面安装光伏组件提供电力，同时作为建筑结构的功能部分，取代部分传统建筑结构如屋顶板、瓦、窗户、建筑立面、遮雨棚等，也可以做成光伏多功能建筑组件，实现更多的功能，如光伏光热系统、与照明结合、与建筑遮阳结合等。BIPV 系统同样有独立发电和并网发电两种形式。

从目前来看，光伏与建筑的结合有两种方式：一种是建筑与光伏系统相结合；另外一种是建筑与光伏器件相结合。

建筑与光伏系统相结合，把封装好的光伏组件（平板或曲面板）安装在居民住宅或建筑物的屋顶上，再与逆变器、蓄电池、控制器、负载等装置相联。光伏系统还可以通过一定的装置与公共电网联接。

建筑与光伏器件相结合，是将光伏器件与建筑材料集成化。一般的建筑物外围护表面采用涂料、装饰瓷砖或幕墙玻璃，目的是为了保护和装饰建筑物。如果用光伏器件代替部分建材，即用光伏组件来做建筑物的屋顶、外墙和窗户，这样既可用做建材也可用以发电。

目前大多数都是采用第一种方式，但这不属于真正意义上的 BIPV，BIPV 构件既是光伏构件也是建筑部件，可以完全替代传统建材，这样即可用做建材又可以发电，是光伏和建筑的完美融合。

从光伏组件与建筑的集成来讲，主要有光伏幕墙、光伏采光顶、光伏遮阳板等八种形式，见表 4－8。

BIPV 产品目前分为晶体硅 BIPV 构件和非晶硅薄膜 BIPV 构件，晶体硅转换效率高，但其产品透光性差，颜色难以满足建筑对美观方面的追求；非晶硅目前转换效率低于晶体硅，但透光性好，颜色更接近建筑的要求，同时成本低，尺寸大，适合大规模化生产，是未来光伏建筑一体化的发展方向。

表 4-8　BIPV 的主要形式

序号	BIPV 形式	光伏组件	建筑要求	类型
1	光伏采光顶（天窗）	光伏玻璃组件	建筑效果、结构强度、采光、遮风挡雨	集成
2	光伏屋顶	光伏屋面瓦	建筑效果、结构强度、遮风挡雨	集成
3	光伏幕墙（透明幕墙）	光伏玻璃组件（透明）	建筑效果、结构强度、采光、遮风挡雨	集成
4	光伏幕墙（非透明幕墙）	光伏玻璃组件（非透明）	建筑效果、结构强度、遮风挡雨	集成
5	光伏遮阳板（有采光要求）	光伏玻璃组件（透明）	建筑效果、结构强度、采光	集成
6	光伏遮阳板（无采光要求）	光伏玻璃组件（非透明）	建筑效果、结构强度	集成
7	屋顶光伏方阵	普通光伏电池	建筑效果	结合
8	墙面光伏方阵	普通光伏电池	建筑效果	结合

4.4.3　太阳能光伏发电系统能效评估

太阳能光伏发电系统能效评估主要是对系统的光电转化效率进行评估。太阳能光伏发电系统能效评估主要也是形式检查和系统测评，系统中需要进行监测或测试的有关基础参数有辐照度、太阳能电池板面积、环境大气温度及风速、组件温度、电压、电流、电功率等。

1. 形式检查

太阳能光伏发电系统的形式检查包括系统检查、实施量检查及运行情况检查。

1）系统检查

太阳能光伏发电系统的系统检查主要包括以下几个方面：

（1）检查系统的外观质量：对太阳能光伏系统的外观进行检查，应不存在明显瑕疵，外观应整洁干净。

（2）检查系统的关键部件：系统的关键部件应具有质检报告，性能参数应符合设计要求和相关标准要求。系统的关键部位主要包括太阳能电池方阵、蓄电池（或蓄电池箱体）、充放电控制器、直流/交流逆变器等。太阳能电池要有国家级检测报告。

2）实施量检查

检查太阳能光伏发电系统的系统类型、太阳能电池组件类型、太阳能电池阵列面积、蓄电方式、并网方式、主要部件的类型和技术参数、控制系统、辅助材料、负载类型等是否与项目可再生能源建筑示范项目申报书和设计文件一致。

3）运行情况检查

太阳能光伏发电系统的运行情况检查主要包括以下两个方面的内容：

（1）检查系统的运行调试记录是否齐全，以及是否满足设计和相关标准的要求。

（2）太阳能光伏发电系统按照实际工作状态运行稳定后，检查系统是否正常，控制系统动作是否正确，各种仪表的显示是否正确，并记录检查结果。

2. 系统测试

1）检测条件

（1）太阳能光伏电源系统应按原设计要求安装调试合格，并至少正常运行3d，才能进行光电转换效率测试。

（2）环境平均温度：8℃≤t_a≤39℃；环境空气的平均流动速率不大于4m/s。

（3）当太阳能电池方阵正南放置时，试验起止时间为当地太阳正午时前1h到太阳正午时后1h，共计2h；测试期间内，太阳辐照度不应小于800W/m^2。

2）仪器设备及技术要求

太阳能光伏发电系统现场检测需要用到的主要检测设备需满足表4－9中的要求。

表4－9　测试仪器设备技术要求

序号	检测项目（参数）	检测仪器	精度要求
1	辐照度（W/m^2）	太阳总辐射传感器	±5%
2	太阳能电池板面积	钢卷尺	±1%
3	环境大气温度（℃）	环境温度传感器	±1K
4	风速（m/s）	风速传感器	±0.5m/s
5	组件温度（℃）	精密温度传感器	±1K
6	电压（V）	电能质量分析仪	±1%
7	电流（A）	电能质量分析仪	±1%
8	电功率（W）	电能质量分析仪	±2%

3）测试内容和方法

（1）辐照度测定

辐照度测定时间为一天中的中午12点到下午2点，共计2h。检测期间应切断外接辅助电源。测试时，将太阳总辐射传感器装在与光伏方阵相同平面和高度的位置。太阳总辐射传感器应具备连续采集和存储数据的功能，记录时间间隔为10min。

（2）太阳能电池板面积测定

太阳能电池板面积可采用钢卷尺进行测量。

（3）环境温度和环境风速测定

环境温度和环境风速的测试时间一般选取在一天中的中午12点到下午2点，共计2h。环境温度和环境风速测定仪器为采用具有连续采集和数据存储功能的温度传感器和风速传感器。测试时应将温度传感器和风速传感器装在与光伏方阵相同平面和相同高度的位置如图4－14所示。数据采集和记录的时间间隔一般取10min。

（4）组件温度测定

单体太阳能电池不能直接做电源使用，作为电源必须将若干单体电池串、并联连接和严密封装成太阳能电池板组件。其中，太阳能电池板是太阳能发电系统中的核心部分，也是太阳能发电系统中最重要的部分，其作用是将太阳能转化为电能，或送往蓄电池中存储起来，或推动负载工作。

组件温度的测试时间一般选取在一天中的中午 12 点到下午 2 点，共计 2h。组件温度测点应能代表方阵环境，将温度传感器安装在一个或多个组件的背面，应注意确保由于传感器的存在不至显著影响前面的电池温度的变化。组件温度测定采用的温度传感器应具备连续采集和数据存储功能，采集记录数据的时间间隔一般取 10min。

（5）电压、电流、电功率的测定

电压、电流、电功率的测试时间一般选取在一天中的中午 12 点到下午 2 点，共计 2h。测点一般设在光伏方阵的输出位置，独对于立太阳能发电系统，电功率测量设备应接在蓄电池组的输入端；对于并网太阳能发电系统，电功率测量设备应接在逆变器的输出端。测试仪器可选用电能质量分析仪或具有连续采集和存储功能的电功率计等设备。具体测试方法详见前面章节。

图 4－14　环境温度和风速的测试仪器

4）光电转换效率计算

（1）试验期间单位面积太阳能电池板的发电量 Q(MJ/ m²)按式（4－27）计算：

$$Q = \frac{3.6tw}{A_c} \quad (4-27)$$

式中　t——试验时间，h；

w——试验期间电功率测试值，kW；

A_c——太阳能电池板面积，m²。

（2）太阳能光伏发电系统光电转换效率 η 按式（4－28）计算：

$$\eta = \frac{Q}{H} \quad (4-28)$$

式中　H——单位面积太阳辐照量，MJ/ m²。

（3）当太阳能电池板不在同一采光面时，采用下式计算太阳能光伏发电系统光电转换效率 η：

$$\eta = \frac{3.6tw}{\sum_{i=1}^{n} H_i A_{ci}} \quad (4-29)$$

3. 工程评价

对于光伏发电系统工程的评价，主要以项目的《申请报告》中的光电转换效率和常规能源替代量为考核性指标，如达不到《申请报告》中的要求，则该项目判为不合格。

（1）光电转换效率

项目的太阳能光伏电源系统光电转换效率 η 不得低于项目《申请报告》中提出的光电转换效率。

（2）常规能源替代量（吨标准煤）

如经测试，该项目的光伏电源系统光电转换效率为η，则全年常规能源替代量（吨标准煤）按公式（4－30）计算：

$$Q_{bm}=0.001\eta WA_c \tag{4-30}$$

式中　A_c——太阳能电池板面积，m^2；

　　　W——当地全年的太阳能辐射量，MJ/m^2。

常规能源替代量（吨标准煤）不得低于项目《申请报告》中提出的常规能源替代量（吨标准煤）。

思　考　题

1. 某工程空调冷热源采用地源热泵，现对其系统进行评估，测试周期为一天，实际现场检测得出系统用户侧平均流量为179.4m^3/h，室内侧供水温度为T_1为7.8℃，室内侧回水温度T_2为10.5℃，热泵机组总耗电量W_S为2841.6kW·h，水泵总耗电量为1305.2 kW·h。求地源热泵系统制冷系数COP。(水的平均定压比热c取4.2kJ/(kg·℃))

2. 某工程，生活热水采用太阳能热水系统，采用A、B、C 3个8m^3的贮热水箱，总集热面积S为216.96m^2的集热器。经性能测试，集热试验开始时A水箱平均水温T_{a1}为29.05℃，B水箱平均水温T_{b1}为29.20℃，C水箱平均水温T_{c1}为29.10℃；集热试验结束时A水箱平均水温T_{a2}为44.35℃，B水箱平均水温T_{b2}为50.20℃，C水箱平均水温T_{c2}为50.15℃。试验期间太阳辐照量H为19.7MJ/m^2，求太阳能热水系统集热效率。

3. 某工程采用太阳能光伏作为独立离网发电系统，利用280块185W_p的外形尺寸为1580mm×808mm×40mm的安装在西南裙楼顶上的单晶硅太阳能电池实现太阳能的吸收及转换，太阳能电池总面积为357m^2，经由直流电缆连接至位于主楼地下室的控制机房。单位面积太阳辐照量为8.259MJ/m^2，系统发电量为86.44 kW·h，光伏组件安装倾角下当地的年辐照量为4489.5 MJ/m^2。求该工程的光电转换效率、全年常规能源替代量（标煤）。

第 5 章　建筑能耗分项计量与实时监测

根据国家民用建筑能效测评标识技术导则的要求，在进行建筑能效实测值评估时，居住建筑应进行单位建筑面积建筑总能耗实测，采用集中采暖或空调的居住建筑还应进行单位采暖耗热量或单位空调耗冷量实测；公共建筑则应进行单位建筑面积建筑总能耗、单位建筑面积采暖空调耗能量及采暖空调系统的实际运行能效的实测。对于安装了分项计量系统的建筑，以上的各项能耗可直接根据计量数据确定。对于没有安装分项计量系统的建筑，则需要通过一定的技术手段将总能耗拆分为各分项能耗。

5.1　建筑分类分项能耗

分类分项能耗是指根据建筑消耗的各类能源的主要用途划分进行采集和整理的能耗数据。获得建筑的分类分项能耗，可以深入了解建筑的用能情况，使节能工作可以建立在定量化的基础上，为节能运行管理、节能措施制定、节能改造，以及改造后的节能效果的评估提供数据支持。

分类能耗是根据建筑（主要是国家机关办公建筑和大型公共建筑）消耗的主要能源按不同类别采集和整理的数据。主要采集指标为 6 项：电量、水耗量、燃气量（天然气量或煤气量）、集中供热耗热量、集中供冷耗冷量、其他能源应用量（如集中热水供应量、煤、油、可再生能源等）。

其中，耗电量可以进一步分为照明插座用电、空调用电、动力用电和特殊用电。这四个分项是总耗电量的必分项；各分项又可根据建筑用能系统的实际情况灵活细分为一级子项和二级子项，是选分项；其他分类能耗则不需分项。

5.1.1　照明插座用电

照明插座用电是指建筑物主要功能区域的照明、插座等室内设备用电的总称。照明插座用电包括照明和插座用电、走廊和应急照明用电、室外景观照明用电，共 3 个子项。

照明和插座是指建筑物主要功能区域的照明灯具和从插座取电的室内设备，如计算机、打印机、饮水机等办公设备；若空调系统末端用电不可单独计量，空调系统末端用电应计算在照明和插座子项中，包括全空气机组、新风机组、空调区域的排风机组、风机盘管和分体式空调器等。走廊和应急照明是指建筑物的公共区域灯具，如走廊等的公共照明设备、应急灯等。室外景观照明是指建筑物外立面用于装饰用的灯具及用于室外园林景观照明的灯具，如路灯、景观灯等。

5.1.2 空调用电

空调用电是为建筑物提供空调、采暖服务的设备用电的统称。空调用电包括冷热站用电、空调末端用电，共2个子项。

冷热站是空调系统中制备、输配冷量的设备总称。常见的系统主要包括冷水机组、冷冻泵（一次冷冻泵、二次冷冻泵、冷冻水加压泵等）、冷却泵、冷却塔风机和冬季有采暖循环泵（采暖系统中输配热量的水泵；对于采用外部热源、通过板换供热的建筑，仅包括板换二次泵；对于采用自备锅炉的，包括一、二次泵）等。

空调末端是指可单独测量的所有空调系统末端，包括全空气机组、新风机组、空调区域的排风机组、风机盘管和分体式空调器等。

5.1.3 动力用电

动力用电是集中提供各种动力服务（包括电梯、非空调区域通风、生活热水、自来水加压、排污等）的设备（不包括空调采暖系统设备）用电的统称。动力用电包括电梯用电、水泵用电、通风机用电，共3个子项。

其中，电梯用电包括建筑物中所有电梯（包括货梯、客梯、消防梯、扶梯等）及其附属的机房专用空调等设备用电；水泵用电为除空调采暖系统和消防系统以外的所有水泵用电，包括自来水加压泵、生活热水泵、排污泵、中水泵等；通风机用电为除空调采暖系统和消防系统以外的所有风机用电，如车库通风机，厕所排风机等。

5.1.4 特殊用电

特殊区域用电是指不属于建筑物常规功能的用电设备的耗电量，特殊用电的特点是能耗密度高、占总电耗比重大，包括信息中心、洗衣房、厨房餐厅、游泳池、健身房或其他特殊设备或功能区用电。

图5－1为某一典型的公共建筑用电设备的分项情况。

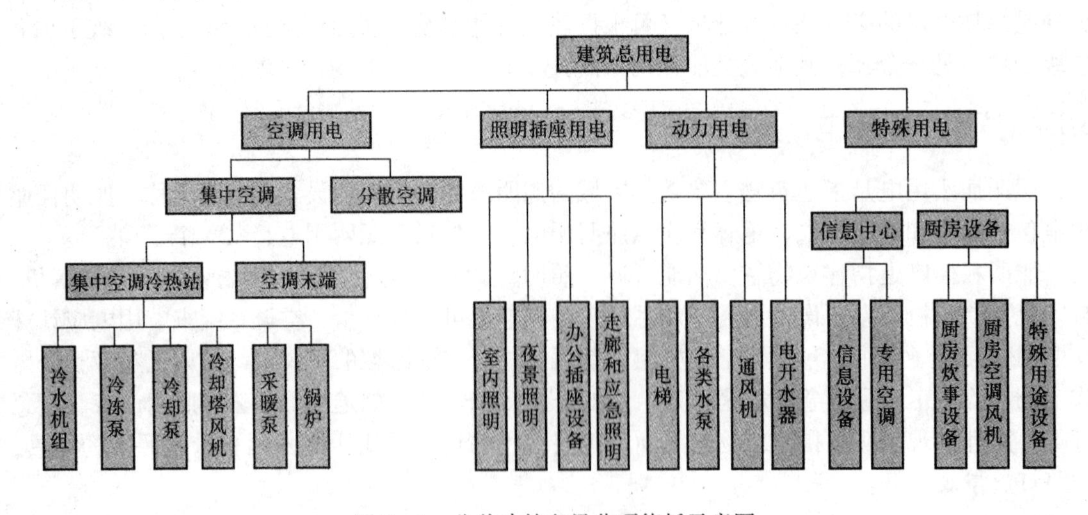

图5－1　公共建筑电量分项能耗示意图

5.2 建筑能耗拆分

分类分项能耗的获得是建筑能效实测值评估的关键一环，其准确性是影响建筑能效实测值准确性的关键。对于安装了分项计量系统的建筑，分类分项能耗可直接根据计量表具的读数获得。对于没有安装分项计量系统的建筑，则需通过下面介绍的能耗拆分方法获得各分类分项的数据。

5.2.1 建筑能耗拆分方法

进行建筑能耗拆分的数据来源主要包括分项计量数据、变配电系统原理图及运行记录、设备运行记录、主要设备和主要支路的现场实测能耗、设备铭牌信息、建筑物典型年工作日、非工作日天数统计信息等。

对于有分项计量结果的应根据计量结果计算；无专门的分项计量设备，但某主要变配电支路有逐时的运行记录，且该支路对应着某个耗能设备系统（不含其他系统），则应根据运行记录进行统计计算。对于制冷机和锅炉，应分别统计出或用计算方法估测出每个负荷区的运行小时数。对于照明系统和室内设备系统，可调查统计设备数量、功率、运行情况，将总功率与估算运行时间相乘得到。

对于既无分项计量，也非单独的变配电支路的其他设备子系统（暖通空调系统除外），可实地测量典型周的能耗（至少应有逐日的值），得出工作日和非工作日能耗，再根据统计得到的全年工作日天数和非工作日天数进行计算；

无法对子系统进行典型周能耗测量时，应测量工作日、非工作日各一个典型日子系统逐时的耗电功率，积分计算出子系统典型日电耗，再计算出全年电耗。

5.2.2 暖通空调系统的分项能耗计算方法

暖通空调系统的运行特点如下：有较为固定的（非随机的）设备作息时间表；部分设备功率基本上不随时间变化（如定速运行的水泵、风机等），只跟台数有关；部分设备功率随季节变化且随机性较大（如集中空调系统的冷机、分散式空调机组、真正变频运行的风机等），即使采集一周的数据也无法准确描述；单台设备功率较大，有专门的运行管理人员和自动控制系统，通常还有较为详细的运行记录。

根据暖通空调系统上述运行特点，在无法根据分项计量、变配电系统运行记录得到暖通空调系统能耗时，其能耗拆分方法如下。

（1）制冷机：

方法一，采用运行记录中的逐时功率（或根据运行记录中的冷机负载率和电流计算冷机的逐时功率），对全年运行时间进行积分；

方法二，若无逐时功率或逐时负载率、电流数据时，可将制冷机的额定功率与当地的当量满负荷运行小时数相乘得到；

（2）空调水泵：

方法一：采用运行记录中的逐时功率（或根据运行记录中的逐时电流计算水泵的逐时功率），对全年运行时间进行积分；

方法二：在没有相关运行记录时：

对定速运行或虽然采用变频但频率基本不变的水泵，实测各水系统（如冷却水系统、冷冻水一次水系统、冷冻水二次水系统等）中，不同的启停组合（即分别开启 1 台、2 台、……N 台）下水泵的单点功率，根据运行记录统计各启停组合实际出现的小时数，计算每种启停组合的全年电耗，再相加。

对变频水泵，实测各水系统在不同启停组合下，工频时水泵的运行能耗，再根据逐时水泵频率的运行记录计算逐时水泵能耗（根据三次方的关系），并对全年积分。

方法三：在既无相关运行记录，也没有条件对设备耗电功率进行实测时，计算方法与方法二类似，只是用额定功率代替实测功率。此方法只适用于定流量水系统。

（3）空调机组/冷却塔/新风机组/通风机，计算方法与水泵类似。

（4）风机盘管，统计建筑物中各个区域风机盘管的数量和功率，分别估算其运行时间，相乘得到。

（5）分体空调，统计建筑物中所有分体空调的数量和功率，估算其运行时间和平均负荷率，相乘得到。

（6）热源

在采用自备热源时，根据运行记录或燃料费账单统计热源消耗的燃料量；热源消耗的电量可认为是恒定值，用实测功率乘以运行时间得到。

在采用市政热力时，方法一：根据热量表读数计算；方法二：在没有安装热量表时，若换热器二次侧为定流量系统，且有二次水系统逐时进出口水温或温差的运行记录，则可实测二次水系统的流量，计算得到。

5.2.3 能耗平衡检验

得到分项能耗数据后需要以能源账单的总能耗信息为依据进行能耗平衡检验，用式(5－1)计算：

$$E_{tot} = \sum_{i} E_i \pm e \qquad (5-1)$$

式中 E_{tot}——总能耗（换算成一次能源，kWh）；

E_i——第 i 项分项能耗数据（换算成一次能源，kWh）；

e——未被分项审计包括的其他能耗。

总能耗中的“其他”项 e 不超过 15%。若不满足平衡校核条件，应调整分项能耗数据的设定值，重新计算。

5.3 分项计量与能耗监测系统

分项计量是指对建筑的不同用电系统进行分类、分项能耗计量，并利用计算机系统对其进行数据处理汇总，从而得到建筑物的总能源消耗量和不同能源种类、不同功能系统分项消耗量。能耗监测系统则是指通过对国家机关办公建筑和大型公共建筑安装分类和分项能耗计量装置，采用远程传输等手段及时采集能耗数据，实现重点建筑能耗的在线监测和动态分析功能的硬件系统和软件系统的统称。

5.3.1　系统构成

分项计量与能耗监测系统一般由数据采集系统、数据传输系统、数据处理与分析系统3部分组成，如图5－2所示。

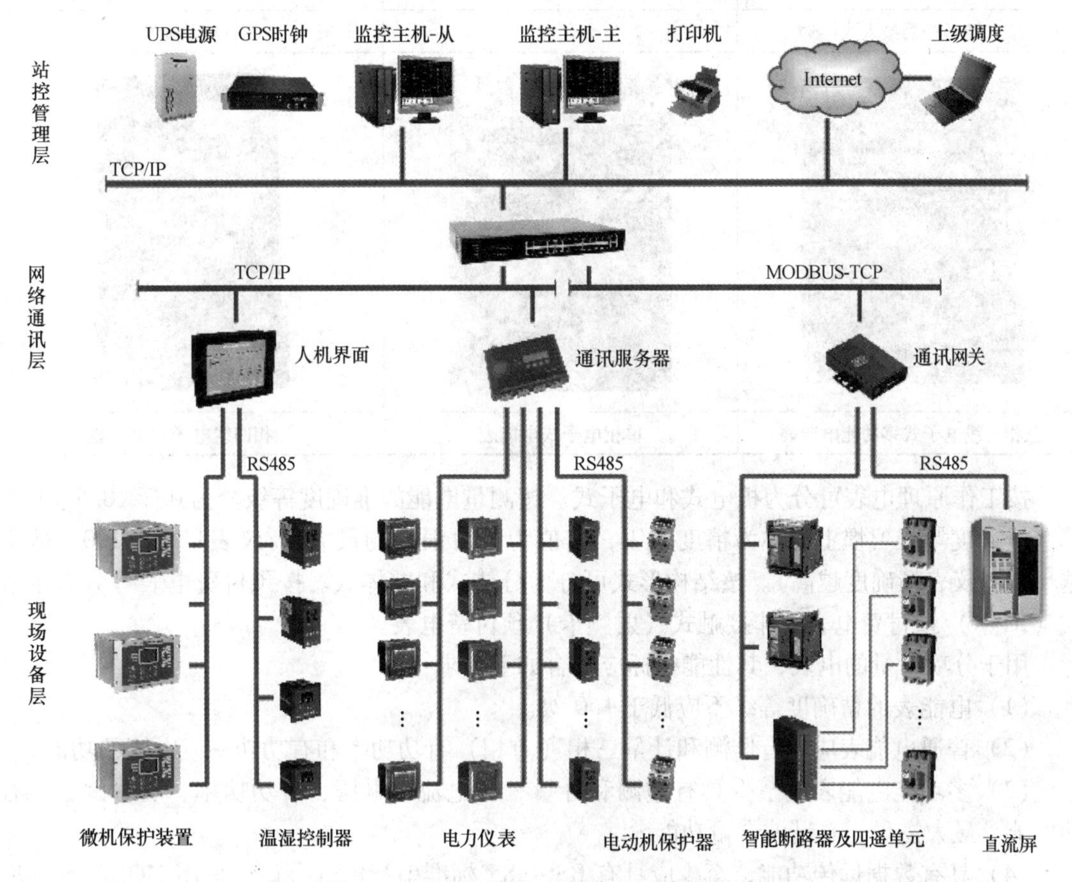

图5－2　分项计量与能耗监测系统示意图

1. 数据采集系统

现场数据采集系统由各种计量装置所组成，对楼宇内部各分项、分类能耗数据进行检测和采集，构成建筑内部的能耗数据检测采集网络，是完成能耗监测工作的首要一步。

能耗数据采集方式包括人工采集和自动采集两种。通过人工采集方式采集的数据包括建筑基本情况数据和其他不能通过自动方式采集的能耗数据，如建筑消耗的煤、液化石油、人工煤气、汽油、煤油、柴油等能耗量。自动采集则是利用一些仪器设备（如数据采集器等）对建筑用能实时变化进行自动记录和分析，为节能诊断提供必要的数据依据。

1）电能表

用电分项计量系统采用的电能表包括普通电能表和多功能电能表。普通电能表是具有计量有功电能和有功功率或电流的电能表。由测量单元和数据处理单元等组成，并能显示、储存和输出数据，具有标准通讯接口。多功能电能表是由测量单元和数据处理单元等组成，除具有普通电能表的功能外，还具有分时、测量最大需量和谐波总量等其他电能参数的计量监测功能。

按接入线路的方式和测量电能量类别分类，电能表分类见表5－1。

表 5－1　电能表分类

接入线路方式	测量电能量类别		
	单相	三相三线	三相四线
直接接入式	有功	有功及无功	
经互感器接入式	有功	有功及无功	
三相三线电子式多功能电能表	单相电子式电能表	三相四线电子式电能表	

按工作原理电表可分为机电式和电子式。按测量电能的准确度等级分为0.2、0.5、1 级等（准确度等级习惯上也称为精度等级，其值为绝对误差的最大值/仪表量程 ×100，数字越小说明仪表精确度越高）。按结构形式可分为分体式和整体式。按预付费电表可分为接触式（IC 卡）预付费电表与非接触式（射频卡）预付费电表。

用于分项计量的电表，其性能指标应符合如下要求：

（1）电能表的精确度等级不应低于 1.0 级。

（2）普通电能表应具有监测和计量三相（单相）有功功率和有功功率或电流的功能。

（3）多功能电能表应至少具有监测和计量三相电流、电压、有功功率、功率因数、有功电能、最大需量、总谐波含量功能。

（4）具有数据远传功能，至少应具有 RS－485 标准串行电气接口，采用 MODBUS 标准开放协议或符合《多功能电能表通信规约》DL/T 645－2007 中的有关规定。

此外，由于建筑用电线路中电流电压大小相差悬殊，为便于二次仪表测量需要转换为比较统一的电流（我国规定电流互感器的二次额定电流为5A 或1A），另外线路上的电压都比较高，如果直接测量是非常危险的，因此建筑分项计量电能表一般都应配合电流互感器安装使用。

电流互感器起到变流和电气隔离作用。它是电力系统中测量仪表、继电保护等二次设备获取电气一次回路电流信息的传感器，其原理是依据电磁感应原理。电流互感器是由闭合的铁芯和绕组组成。它的一次绕组匝数很少，串在需要测量的电流的线路中；二次绕组匝数比较多，串接在测量仪表和保护回路中。工作时，互感器可将高电流按比例转换成低电流进行测量。分项计量配用的电流互感器的精确度等级应不低于0.5 级。图 5－3 为电流互感器的实

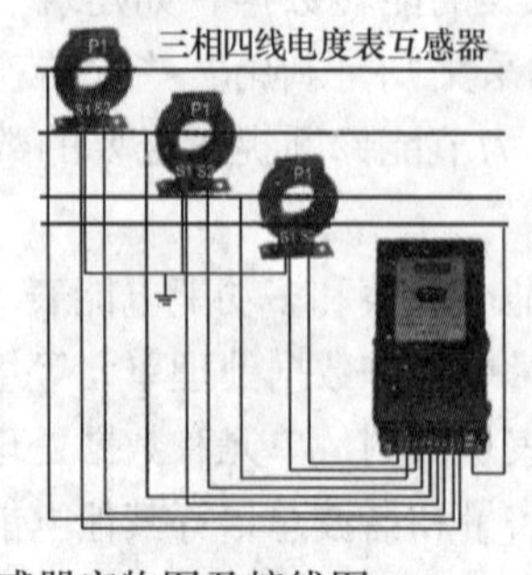

图 5－3　电流互感器实物图及接线图

物图及接线图。对于无法断电的场合（如医院急救室等），还要用到开口式电流互感器，如图5－4所示。

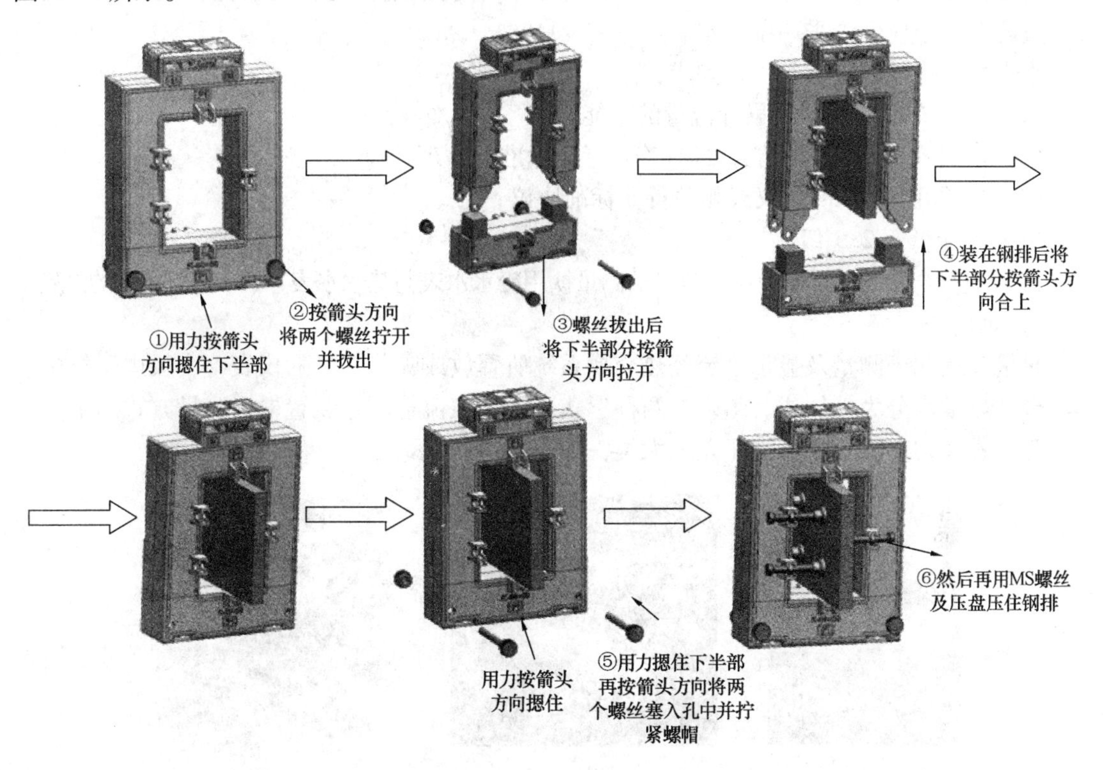

图5－4　开口式电流互感器

2）远传水表

远传水表是以普通水表为基表、加装了远传输出装置的带电子装置水表，远传输出装置可以安装在水表本体内或指示装置内，也可以配置在外部如图5－5所示。远传水表大致分为两种：瞬时型、直读型。直读型又可分为：数字式远传水表、电阻编码远传水表、码盘直读式远传水表、数码摄相直读式远传水表。

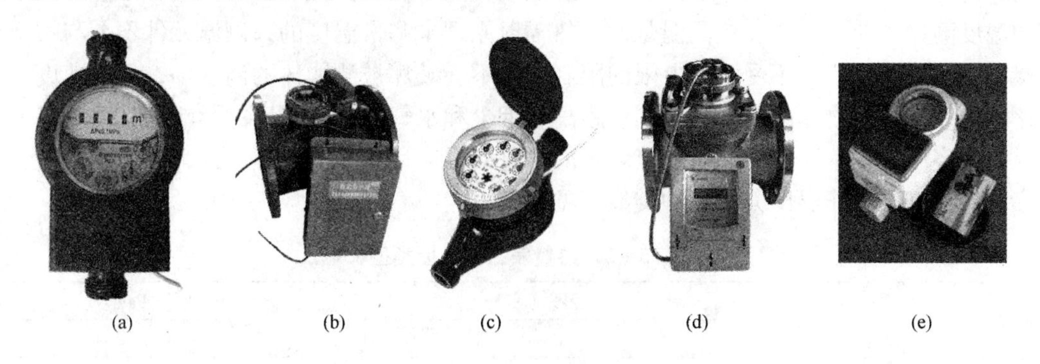

图5－5　远传水表分类

（a）直读式水表；（b）螺翼式水表；（c）旋翼式水表；（d）干式水表；（e）插入式水表

远传水表的选用需首先考虑水表的工作环境：如水的温度、工作压力、工作时间、计量范围及水质情况等对水表进行选择，然后依据水表的设计流量，以产生的水表压力损失接近和不超过规定值来确定水表口径。一般情况下，公称直径不大于 DN50 时，应采用旋翼式水表；公称直径大于 DN50 时，应采用螺翼式水表；水表流量变化幅度很大时应采用复式水表。室内设计中应优先采用湿式水表。

水表性能指标还应满足以下要求：

（1）应具有监测和计量累计流量的功能；

（2）应具有数据远传功能，具有符合行业标准的物理接口；

（3）应采用 Modbus 协议或相关行业标准协议；

（4）不应低于 2.5 级；

（5）应符合《封闭满管道中水流量的测量饮用冷水水表与热水水表》（GB/T 778）的规定。

3）热量表

热量表是用于测量及显示水流经热交换系统所释放或吸收热量的仪表，一般用于集中供热场合。热量表分为整体式、组合式两种形式。热量表流量测量装置根据测量方式的不同主要分为电磁及超声波、机械和压差三大类，如图 5－6 所示。

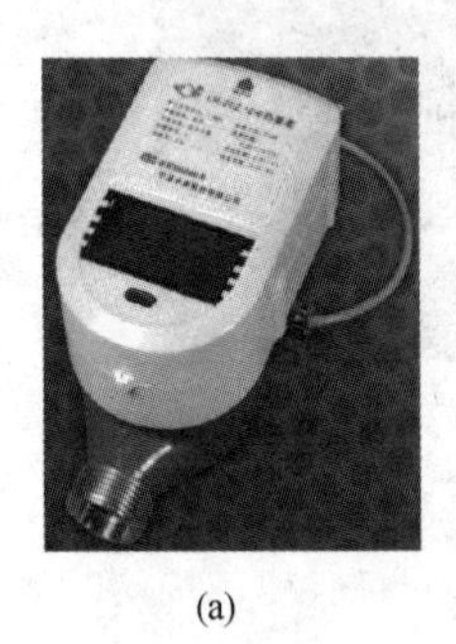

(a)

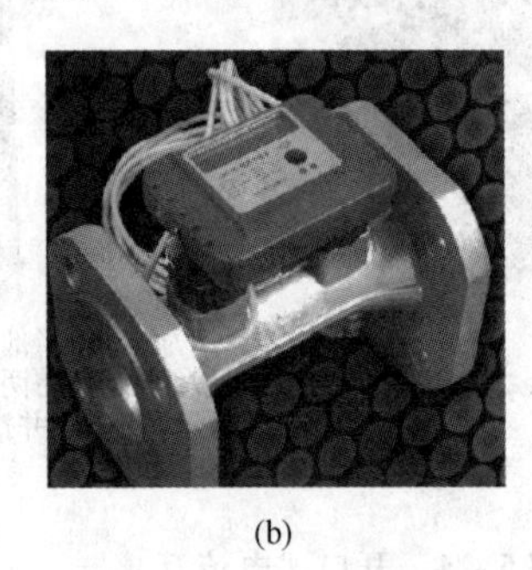

(b)

(c)

图 5－6　热量表分类

（a）IC 卡热量表；（b）LRC 超声热量表；（c）机械式热量表

热量表温度测量装置按测温方式可分为接触式和非接触式两大类。接触式测温装置比较简单、可靠，测量精度较高；但因测温元件与被测介质需要进行充分的热交换，需要一定的时间才能达到热平衡，所以存在测温的延迟现象，同时受耐高温材料的限制，不能应用于很高的温度测量。非接触式装置测温是通过热辐射原理来测量温度的，测温元件不需与被测介质接触，测温范围广，不受测温上限的限制，也不会破坏被测物体的温度场，反应速度一般也比较快；但受到物体的发射率、测量距离、烟尘和水气等外界因素的影响，其测量误差较大。在楼宇温度计量装置中，常用接触式的热电偶温度计或热电阻温度计，以便于实现自动采集。热量表按工作温度分为三种类型，见表 5－2。

表 5－2　热量表工作温度类型

类型	温度（℃）	压力（MPa）
中温型	4～95	≤1.6
高温型	4～150	≤2.5
低温型	2～30	≤1.6

热量表性能指标应符合如下要求：

（1）热量表工作温度及压力应满足供热采暖空调水系统温度及压力条件。

（2）温度传感器宜采用铂电阻温度传感器。如果温度传感器和积算仪组成一体，也可采用其他形式的温度传感器。温度传感器应经过测量选择配对，并配对使用。

（3）热量表应有检测接口或数据通讯接口，但所有接口均不得改变热量表计量特性。

（4）热量表必须具有检测接口或数据通讯接口，接口形式可为 RS－485 或无线接口，采用 M－BUS 协议或符合《户用计量仪表数据传输技术条件》（CJ/T 188—2004）的规定。

（5）热量表应具有断电数据保护功能，当电源停止供电时，热量表应能保存所有数据，回复供电后，能够回复正常计量功能。

（6）热量表应抗电磁干扰，当受到磁体干扰时，不影响其计量特性。

（7）热量表应有可靠封印，在不破坏封印情况下，不能拆卸热量表。

4）数据采集器

数据采集器是在一个区域内进行电能或其他能耗信息采集的设备。它通过信道对其管辖的各类表计的信息进行采集、处理和存储，并通过远程信道与数据中心交换数据。分项计量系统采用的数据采集器应符合下列要求。

（1）数据采集器应支持根据数据中心命令采集和主动定时采集两种数据采集模式，且定时采集周期可以从 10min 到 60min 灵活配置。

（2）一台数据采集器应支持对不少于 32 台计量装置设备进行数据采集。

（3）一台数据采集器应支持同时对不同用能种类的计量装置进行数据采集，包括电能表（含单相电能表、三相电能表、多功能电能表）、水表、燃气表、热（冷）量表等。

（4）数据采集器应支持对计量装置能耗数据的解析。

（5）数据采集器应支持对计量装置能耗数据的处理，具体包括：

① 利用加法原则，从多个支路汇总某项能耗数据；

② 利用减法原则，从总能耗中除去不相关支路数据得到某项能耗数据；

③ 利用乘法原则，通过典型支路计算某项能耗数据。

（6）根据远传数据包格式，在数据包中添加能耗类型、时间、楼栋编码等附加信息，进行数据打包。

（7）数据采集器应配置不小于 16MB 的专用存储空间，支持对能耗数据 7～10d 的存储。

（8）数据采集器应将采集到的能耗数据进行定时远传，一般规定分项能耗数据每 15min 上传 1 次，不分项的能耗数据每 1h 上传 1 次。

（9）在远传前数据采集器应对数据包进行加密处理。

（10）如因传输网络故障等原因未能将数据定时远传，则待传输网络恢复正常后数据采集器应利用存储的数据进行断点续传。

（11）数据采集器应支持向多个数据中心（服务器）并发发送数据。

2. 数据传输系统

数据传输系统是指建筑现场计量装置与后方数据处理系统之间的数据通信网络，包括计量装置与数据采集器间的数据传输和数据采集器与数据中心间的数据传输。

（1）计量装置和数据采集器之间的传输

计量装置和数据采集器之间采用主－从结构的半双工通信方式。从机在主机的请求命令下应答数据采集器是通信主机，计量装置是通信从机。数据采集器应支持根据数据中心命令和主动定时向计量装置发送请求命令两种模式。计量装置和数据采集器之间应采用符合各相关行业标准的通信协议。

（2）数据采集器和数据中心之间的传输

数据远传应使用基于 IP 协议的数据网络，在传输层使用 TCP 协议。数据远传时，监测中心建立 TCP 监听，数据采集器不启动 TCP 监听。数据采集器发起对数据中心的连接，TCP 建立后保持常连接状态不主动断开。TCP 连接建立后，数据中心就立刻对数据采集器进行身份认证。身份验证完成后，监测中心立刻对数据采集器进行授时，并校验数据采集模式，在主动定时采集模式时校验采集周期。当监测中心和数据采集器中的模式或周期配置不匹配时，监测中心对数据采集器的配置进行更改。数据采集器定时向数据中心发送心跳数据包并监测连接的状态，一旦连接断开则重新建立连接。在主动定时发送模式下，网络发生故障时，数据采集器必须存储未能正常实时上报的数据，网络连接恢复正常后可以进行断点续传。数据采集器和监测中心之间传输的数据和命令需进行加密处理，当因计量装置或数据采集器故障未能正确采集能耗数据时，数据采集器必须向监测中心发送故障信息，从而保证数据的稳定性和可靠性。

数据采集器和数据中心之传输的流程如图 5－7 所示。

3. 数据处理与分析系统

1）数据有效性验证

（1）计量装置采集数据一般性验证方法：根据计量装置量程的最大值和最小值进行验证，凡小于最小值或者大于最大值的采集读数属于无效数据。

（2）电表有功电能验证方法：除了需要进行一般性验证外还要进行二次验证，其方法是：两次连续数据采读数据增量和时间差计算出功率，判断功率不能大于本支路耗能设备的最大功率的 2 倍。

2）数据处理与存储

能耗数据处理系统由数据库服务器、web 服务器、监控主机、打印机等组成，可实现对所采集的能耗数据的汇总、统计、分析、显示、存储和发送，对采集和传输系统运行状态进行实时监控。

数据存储系统一般由两台服务器以及一个磁盘阵列柜组成。服务器选用性能稳定的企业级服务器，两台服务器软硬件配置完全相同，并采用主从模式。在服务器（主机）正常运行时，备份服务器（从机）处于准备状态；当主机出现任何软、硬件故障导致应用进程停止服务时，从机自动接管主机的工作。磁盘阵列柜分别与两台主机连接，负责后端的存储系统。这种相对独立的数据存储方式，有利于备份服务器（从机）接管工作后对数据进行正常访问。

数据处理与存储系统是建筑能耗监测系统的重要组成部分，用以实现对数据采集器上传的数据包进行校验和解析，根据支路安装仪表情况构造用能模型，并利用模型对原始采集数据进行拆分计算得到分类分项与分户能耗数据，同时将原始能耗数据和分类分项与分户能耗数据保存到数据库中。由于监测建筑用能情况的复杂性和基于能耗监测项目预算成本的控制，很多用能支路需要采用间接计量方式。通过理清用能支路和分项能耗的关系，采用加法、减法、拆分、百分比预估等方法，结合建筑物能耗分类分项与分户计量设计方案，就可以得到合理的分类分项能耗数据。

3）数据分析与展示

数据展示子系统主要由 web 服务器和工作站组成。其中，web 服务器主要提供客户端的

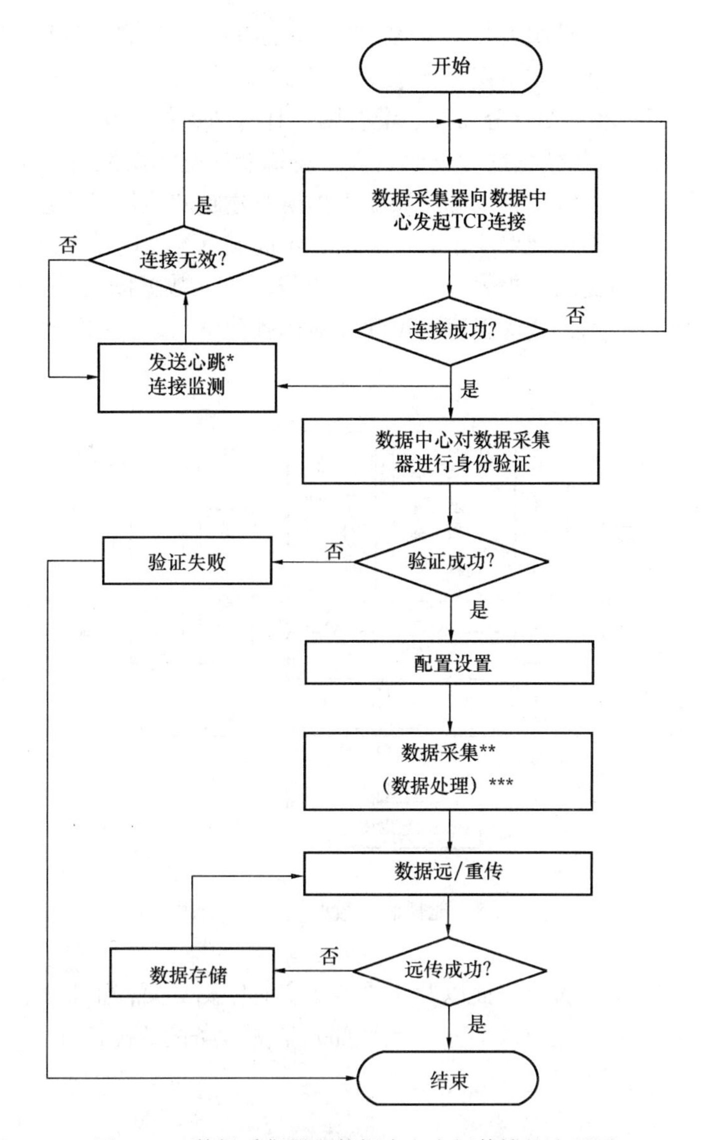

图 5－7　数据采集器和数据中心之间传输的流程图

*　连接成功后数据采集器定时向数据中心发送心跳包以保持连接的有效性

* *　数据采集根据系统配置在主动定时和被动查询模式间选择

* * *　数据采集器对能耗数据的处理功能根据系统配置选择

浏览服务；工作站则可供监测中心工作人员配置建筑信息及查询各个监测中建筑的能耗消耗情况和能耗对比情况。

3）数据展示应包括：

（1）建筑的基本信息，能耗监测情况，能耗分类分项情况；

（2）各监测支路的逐时原始读数列表；

（3）各监测支路的逐时、逐日、逐月、逐年能耗值（列表和图）；

（4）各类相关能耗指标图、表；

（5）单个建筑相关能耗指标与同类参考建筑（如标杆值、平均值等）的比较（列表和图）。

数据展示内容可采用各种图表展示方式。图表展示方式应直观反映和对比各项采集数据和统计数据的数值、趋势和分布情况。图表展示方式包括：饼图、柱状图（普通柱状图以及堆栈柱状图）、线图、区域图、分布图、混合图、甘特图、仪表盘或动画等。

图5－8所示为某典型的数据展示页面结构。建筑能耗查询功能可以实现对单个建筑的所有仪表数据以及分类分项统计查询和对数据库内所有建筑的能耗对比查询。主要内容包括各类日常工作的数据报表，以及对应不同度量值、不同展示维度的数据图表。数据报表主要包括建筑物、区域用能情况的日报表、月报表、年报表等，数据图表主要包括数据曲线图、饼图、柱状图等，图表展示方式应能直观反映和对比各项采集数据和统计数据的数值、趋势和分布情况。

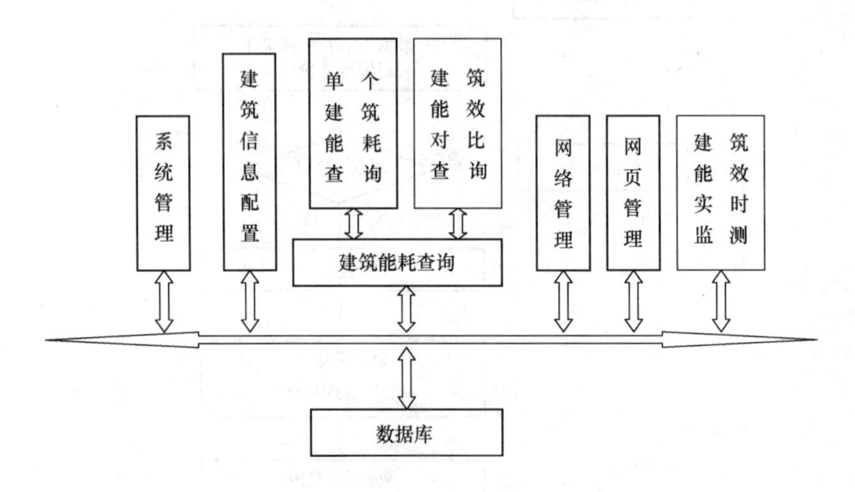

图5－8　能耗监测数据展示页面结构

实时监测功能包含网络管理页面以及建筑能源实时监测页面，主要监测该系统区域内重点建筑的重点仪表的能耗情况以及部分（或全部）监测设备的故障情况。

5.3.2　系统设计要点

1. 现场调研与资料收集

开展能耗监测项目首先需要确认项目类型和所属省市、建筑类型，以及建筑面积是否满足国家和地方能耗监测导则中的要求；并通过与甲方的沟通，了解甲方在能耗监测系统设计过程中的需求。系统设计前一般还需收集如下图纸资料：

（1）电气专业→强电→配电系统图、配电干线图、配电平面图（确认电表位置）；

（2）电气专业→弱电→弱电平面图（找弱电间，确认走线方式，安放数据采集器）；

（3）给排水专业→给排水→给排水平面图、给排水系统图（确认水表位置）；

（4）暖通专业→空调→系统图、空调机房平面图（确认项目中集分水器管回路，安装能量表）。

2. 电表配置原则

（1）应合理设置分项计量回路，以下回路应设置分项计量表计：变压器低压侧出线回路、单独计量的外供电回路、特殊区供电回路、制冷机组主供电回路、单独供电的冷热源系统附泵回路、集中供电的分体空调回路、照明插座主回路、电梯回路、其他应单独计量的用电回路。

如果实际工程中有些回路配电是将不同类别的用电设备混合一起，则需要根据楼宇配电情况灵活配置，使配置的分项计量系统尽可能正确真实的反应各分项能耗，又将其配置成本控制在预算的合理范围内。如有些建筑配电时在低压侧设计几条照明插座主出线回路，每相分配至几个层配电箱，这种形式在主出线回路设置三相电能表即可满足要求。而另外一些建筑的配电设置不很清晰，没有单独分出照明插座回路，而是直接设置一路供电至层配电箱，从层配电箱中采用放射形式直接敷设至户配电箱，当建筑层数很多时，如果要非常准确的计量某分项耗电量则需要设置很多电能表，这样造价很高。此时应采用选择标准层计量的方法，即在相同功能、面积等均相差不多的层中，挑选具有代表性的 2 ~ 3 层进行计量，然后采用间接的方法计量此分项电耗。

（2）若变压器数量为 2 台，则均设置多功能电能表；若变压器数量大于 2 台，则选择负载率最高、以照明为主的变压器和以空调为主的变压器各 1 台，安装 2 块多功能电能表，其余变压器安装普通三相电能表。

应根据建筑物所配变压器数量考虑设置多功能电能表数量，设置多功能电能表的变压器应是负载率最大且长时间投入运行，负载率低于 20% 的变压器原则上不设置多功能电能表，考虑到分项计量系统的成本，当变压器数量超过 2 个时，最多设置 2 块多功能电能表，其他设置普通电能表。谐波电流虽然并不一定增大有功功率，但谐波会使电流有效值增大，从而使真功率因数下降，而这部分增加的能耗只能在线缆和设备中通过发热的方式消耗掉。

（3）此外，三相平衡设备应设置单相普通电能表，照明插座供电回路宜设置三相普通电能表。

一般风机、水泵等 380V 供电的用电设备都是三相平衡设备，这种设备运行时每相电流大小基本一样，变化很小，其消耗的总电能可以用单相电能表数据乘以 3 而得到。而照明插座主回路不是三相平衡回路，需要设置三相电能表。

（4）总额定功率小于 10kW 的非空调类用电支路不宜设置电能表。无法直接安装电能表和无法直接获取电耗数据的回路均应采用间接获取的方法。

3. 远传水表配置原则

（1）市政给水管网的引入管上应设置总水表计量；

（2）每栋单体建筑宜设分水表计量；

（3）给水系统应根据不同用水性质、不同的产权单位、不同的用水单价和单位内部经济核算单元的情况，进行分别计量；

（4）当热水系统的计量装置后设有回水管时，回水管上应设置计量装置；

（5）给水系统中餐饮用水、游泳池补充水、冷却塔补充水、空调水系统补充水、锅炉补充水、水景补充水应单独计量；

（6）喷灌系统、雨水回用系统、中水回用系统和集中式太阳能热水系统应进行计量；

（7）热交换器的热媒用量应进行计量。

4. 热量表配置原则

（1）供热采暖空调水系统的冷、热量应采用热量表计量；

（2）供热采暖空调水系统热量表宜设置在分集水器总管道上，对于未设置分集水器或总管不具备安装条件的系统，应在系统主管或各分支管处设置热量表，热量表的设置原则是满足对系统总供冷及供热量进行计量，热量表入口宜配置过滤装置；

（3）供热采暖系统宜设在一侧；

（4）采用区域性冷源和热源时，每栋单体建筑的冷源和热源入口处应设置冷（热）量计量装置；

（5）建筑内部宜按经济核算单元设置用能计量装置；公共用房和公共空间宜设置单独空调水系统和风系统，同时设置相应的冷（热）量计量装置和电能计量装置；

（6）当采用冷凝热回收时，宜单独设置热回收计量装置。

（7）应根据工作流量和最小流量合理选择流量计口径。首先应参考管道中的工作流量和最小流量（而不是管道口径）。一般的方式为：使工作流量稍小于流量计的工程流量，并使最小流量大于流量计的最小流量。根据流量选择的流量计口径与管道口径可能不符，往往流量计口径要小，需要安排缩径，也就需要考虑变径带来的管道压损对热网的影响，一般缩径最好不要过大（最大变径不超过两档）。也要考虑流量计的量程比，如果量程比比较大，可以缩径较小或不缩径。

（8）流量计选择时，应考虑系统水质的影响，合理选择流量计类型。如电磁式流量计要求水有一定的导电性，超声波式流量计受水中悬浮颗粒影响，而机械式流量计要求水中杂质少，通常需要配套安装过滤器。

5. 方案与施工图设计

方案与施工图设计时应注意建筑类型，了解用户需求，还必须基于深入现场调研的基础上做到设计贴合实际，尽量减少系统安装时对原建筑及使用者的影响。主要包括以下几点：

1）现场表计上图

现场表计上图主要是在配电系统图、给排水系统图、暖通系统图上加装相应表计。

电表：通常总回路加装电表；各分支回路根据功能，如有其他需要再增加电表。

水表：水表通常在给排水图纸上可查找到市政给水管、水泵房、生活水箱等位置。水表通常安装在市政给水管进入建筑的总管道上。对于需要独立核算的区域，可在给水系统图的分管上进行安装。

能量表：能量表的安装位置参照本书前文提及的能量表配置原则进行配置安装。

2）管线图绘制

因现场表计至采集器的线缆均为信号线，属于弱电系统。因此，在平面图上，首先查找弱电桥架的布置，尽量从有桥架的地方走线，降低施工难度。对于没有桥架的地方再穿管放线。

3）系统图绘制

系统图绘制应注意以下几点：

（1）系统图需要与现场建筑的用能情况相对应。

（2）系统图中数据采集器下挂多少台仪表需与现场情况相对应，仪表回路分配合理。

（3）能耗监测系统是否数据上传需与用户确认。

（4）系统图中的设备数量需与设备清单一致。

5.3.3　系统检测验收要点

系统检测验收应在能耗监测系统分项工程试运行期满后进行，试运行期限不少于两周。系统检测分为主控项目和一般项目。主控项目包括计量装置安装质量、传输系统、系统配置、能耗数据采集误差、系统软件功能、系统管理功能及系统安全性、可靠性检测等方面的内容。一般项目包括设备安装及施工质量检查以及系统易用性、用户文档检查。

1. 能耗计量表计的检测

能耗数据采集误差检测应符合以下规定：

（1）通过对比法检测数据现场采集精度。采用经过量值溯源高一级精度的检测仪表，比对现场计量装置采集数据，累计水流量采集示值误差不应大于±2.5%（管径不大于250mm）及±1.5%（管径大于250mm）；有功电度采集示值误差不应大于±1%；累计燃气流量采集示值误差不应大于±2%。

（2）受现场条件限制，无法采集测量仪表进行检测的，可利用母表核对方式验证，比对时间不应小于1h。

对系统内水、燃气、燃油、供热（冷）量、可再生能源系统计量装置和电力变压器出线侧电能计量装置现场检测应采用全检方式。其余电能计量装置宜采用随机抽样检测，抽样检测的抽样率不应低于该部分设备总量的20%，且不少于3台。设备少于3台时，应全检。

2. 传输系统检测

（1）核对传输系统使用的设备、缆线进场记录和文件，其规格、型号应符合设计要求。

（2）现场检查传输系统所有设备，其安装位置、安装方式、供电和接地，应符合设计要求。查验设备接线标识、应规范、正确，符合设计图纸。设备分布合理，安装牢固，观感协调。

（3）使用电缆测试仪、光功率计等测试仪器检测系统内各链路的技术指标，应符合设计要求。

（4）无线传输网络应正常覆盖能耗信息采集点，信号强度达到规定数值，保证信息传输顺畅。

（5）传输系统的通信功能应按下列办法进行现场模拟：人为中断系统管理服务器与前端采集系统设备之间的通信链路，检查链路回复后系统是否自动恢复通信，并在下一发送时段补发数据，核查发送数据，应准确、完整。或者人为将安装在计量装置与前端采集系统设备之间的通信链路断开，检查是否报警。系统报警响应时间应不大于20s。故障消除后，系统应自动恢复正常采集。

3. 系统软件功能检测

（1）系统软件功能检测宜采用黑盒法进行，应根据系统软件功能设计涵盖所有功能模块的测试用例；

（2）在规定的时间内通过测试用例进行系统软件各模块功能性验证，记录每个测试用例的实际响应情况及测试结果。

5.4 典型案例

5.4.1 能耗拆分案例

上海地区某27层大厦，于1988年建成并投入使用。该建筑地下1层，地上26层，总建筑面积2.7万m^2，空调面积2.6万m^2。大厦分为主楼和设备楼，主楼面积约为2.5万m^2，设备楼面积约为2000平m^2。主楼作为办公楼出租，设备楼主要包括物业办公室和各类设备机房。大厦运行时间为每周一至周五8：30—17：00，常驻人员约2000人。

该建筑为混凝土剪力墙结构，采用实心黏土砖外墙，外墙无保温系统；外窗为铝合金单层玻璃窗。外墙面积约为12000m^2，外窗面积约为3000m^2，采用内遮阳设计。

大厦消耗能源主要包括电力、柴油和水。其2011年度能耗信息见表5－3：

表5－3　建筑总体能源消耗情况

能源类型	年 份	总消耗量	折合标煤量（tce）	总费用（万元）
电（万kWh）	2011	260	780	250
柴油（t）	2011	11	160	88
水（万t）	2011	2.5	—	9
小计	2011		940	347

注：各能源折合标煤系数：电—0.3×10^{-3} tce/kWh，柴油—1.4571tce/t。

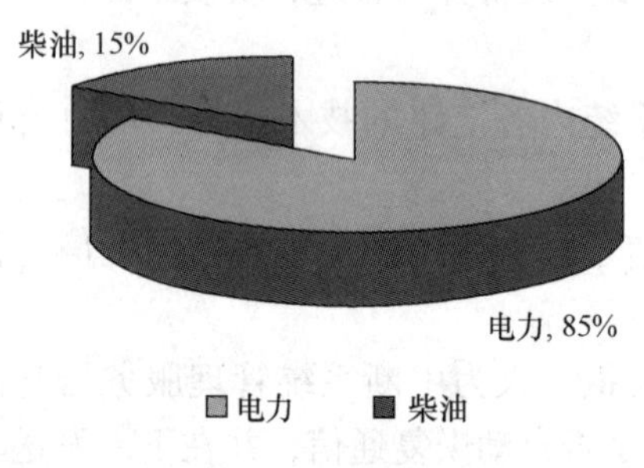

图5－9　能源消耗拆分示意图

根据表5－3对2011年度该大厦主要能源消耗进行拆分，如图5－9所示：

从图5－9可以看出，大厦用电能耗占总能耗比重较大，约占总能耗的85%。柴油消耗占总能耗较小，主要用于生活及空调系统采暖。由于无法获得供暖和生活热水的分项数据。根据该建筑采暖季节各月柴油使用情况（图5－10）进行估算，以11月至4月的柴油使用值减去其他月份柴油平均使用值，高出部分认为是由空调取暖系统所消耗，可获得柴油消耗的拆分数据（图5－11）。图5－12为该

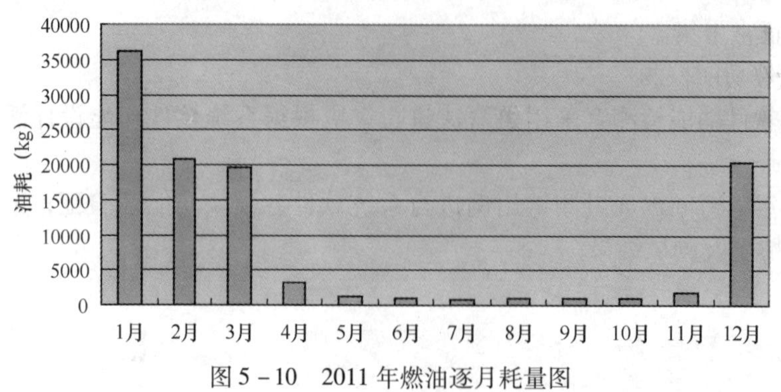

图5－10　2011年燃油逐月耗量图

建筑每月用电量情况。

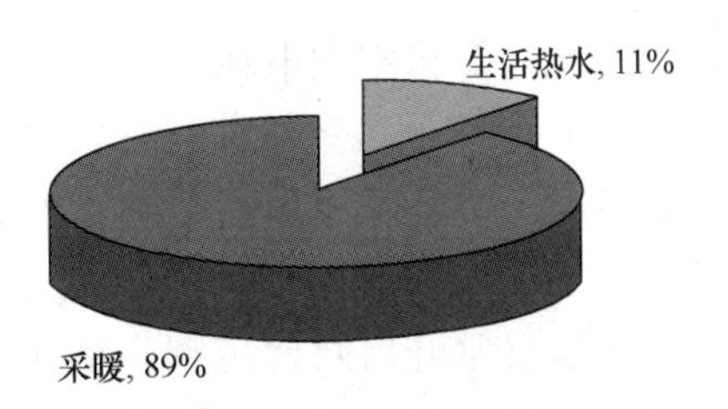

图 5－11　燃油消耗各功能所占比例示意图

根据现场勘查，该建筑主要电能消耗包括空调通风系统能耗、采暖系统能耗、照明系统能耗、室内设备系统能耗、综合服务系统能耗和特殊区域能耗。

对大厦能耗的拆分主要是根据大厦 2011 年度各分项电表的抄表记录、能源账单及现场搜集资料并经过分析计算所得。现对各系统能耗统计作简要说明：

（1）空调通风系统能耗：大厦空调系统包括冷水机组、冷冻水泵、冷却水泵、风机盘管（空调季节），新风机组、风机等。

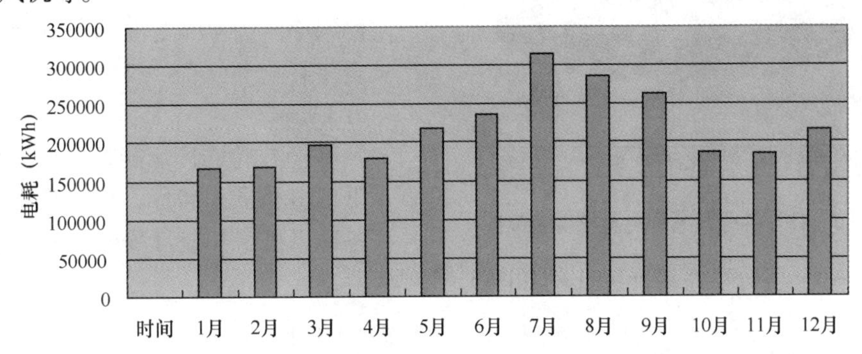

图 5－12　建筑 2011 年每月用电量

其中冷水机组共 3 台，日常开启一台，单台功率为 365kW，具有详细的运行记录，采用运行记录中的逐时功率，对全年运行时间进行积分计算得出。

冷冻水泵共 4 台，日常开启一台，单台功率为 37kW；冷却水泵 3 台，日常开启 1 台，单台功率为 55kW。水泵均为定频，按照冷水机组的全年运行时间 1360h 计算工作时间。

冷冻水泵、冷却水泵全年能耗 =（37 + 55）× 1360 = 11. 4 万 kWh。

风机盘管（空调）全年运行时间应与冷水机组一致，同时运行系数估为 0. 7，新风机组日常开启 23 台，总功率为 26kW，据调研全年运行时间约为 3460h，则耗电量 = 26 × 3460 = 8. 9 万 kWh。

（2）采暖系统能耗：包括冬季供暖的柴油消耗和风机盘管（采暖季节）的电耗。柴油消耗前文已做分析；风机盘管共约 600 台，总功率为 26. 2kW，全年运行时间（采暖）约为 1100h，同时运行系数为 0. 7，由此计算风机盘管采暖全年总能耗 = 26. 2 × 1100 × 0. 7 = 2 万 kWh。

（3）照明系统能耗：根据物业核对过的灯具数量、功率信息，使用时间统计计算得到大厦各区域照明耗电量。

据统计，大厦公共区域照明总功率为 19. 2kW，开启时间为 8h/d，办公室照明总功率为 172. 8kW，开启时间平均 9. 5h/d，应急和其他区域照明总功率为 13. 1kW，开启时间 24h/d。

因此照明全年耗电量 =（19. 2 × 8 + 172. 8 × 9. 5 + 13. 1 × 24）× 365 = 51. 9 万 kWh

（4）室内设备系统能耗：大厦物业在主楼办公区安装有电表，可以获得客户用电记录，即客户室内照明、室内设备、空调末端总耗电量。再根据已估算出的空调末端和室内照明电耗，则可计算出室内电耗。

（5）综合服务系统能耗：能耗为电耗和柴油消耗，柴油消耗用于提供生活热水，前文已做分析。电耗主要包括电梯、生活水泵等，由于无运行记录可作参考，耗电量统计根据设备数量、功率和运行时间估算得到。

大厦日常开启两台定频生活水泵，总功率为 100kW，每日开启时间为两小时，则全年水泵耗电量 = 100 × 2 × 365 = 7.3 万 kWh

大厦内共 5 台电梯，其中两台总功率为 46kW，每日运行 8h，使用率约为 60%，负载率估为 50%，则全年耗电量 = 46 × 8 × 365 × 0.6 × 0.5 = 4 万 kWh；另有 3 台电梯，总功率共 78kW，每日运行时间为 24h，使用率约为 40%，负载率估为 25%，则全年耗电量 = 78 × 24 × 0.2 × 0.5 = 6.8 万 kWh。

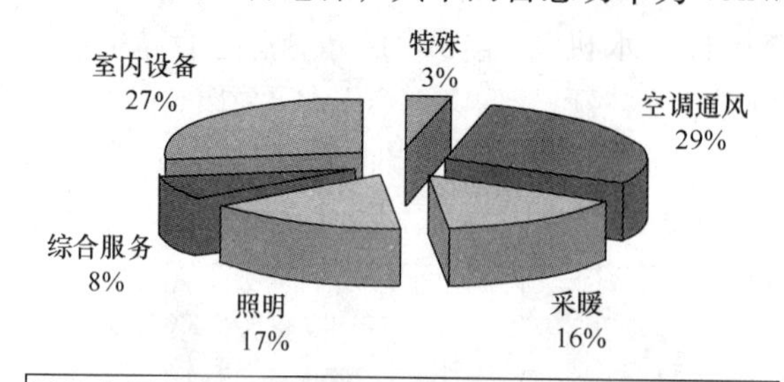

图 5－13　各分项系统能耗比例示意图

（6）特殊区域能耗：该区域包括通讯机房和员工餐厅，用电量根据大厦在各通讯机房和餐厅安装的电表抄表记录统计见表 5－4，各分项系统能耗比例如图 5－13 所示。

表 5－4　各分项系统能耗统计

建筑分项能耗		耗能量（tce）	占总耗能量百分比（%）
建筑常规能耗	空调通风系统	267	29
	供暖系统	146	16
	室内设备	250	27
	照明	156	17
	综合服务	72	8
特殊区域能耗		32	3
合计		923	100

根据能耗账单得知，本建筑 2011 年全年总能耗为 940tce，通过拆分各分项所得到的总能耗与实际能耗偏差为 2%，满足能源审计导则中的平衡校核条件 15% 的偏差指标。

根据各分项能耗量分别计算各分项能耗指标见表 5－5。

表 5－5　建筑能耗各分项指标

建筑分项能耗		能耗指标
常规能耗总量指标 [kgce/（m^2·a）]	空调通风系统	9.85
	供暖系统	5.38
	室内设备	9.23
	照明	5.74
	综合服务	2.65
特殊区域能耗总量指标 [kgce/（m^2·a）]		32.13
水耗指标 [t/（m^2·a）]		0.95

5.4.2　分项计量案例

上海市某商办综合楼建筑面积为95000m^2，主楼地上34层，地下2层，是一幢集办公、商务、车库等功能的综合性高层建筑物。

通过为该楼建立分项计量和监测系统，以实际的能耗数据为依据，可以实现对大楼现有用能状况的分析和诊断，得出切实可行的节能办法，降低大楼的能源消耗。

1. 现场调研情况

该建筑供电负荷为一级，在地下一层和地上18层分布设置了变电所。地下一层放置两台容量均为2000kVA的变压器，地上18层放置了两台容量均为1000kVA的变压器。变压器均为环氧树脂干式变压器。采用两路10kV独立电源供电，以电缆埋地方式进入建筑物地下一层进线室。该建筑采用放射式－树干式相结合的供电方式．对重要用电设备和大容量用电设备采用放射式供电方式，对各楼层的照明和电力空调系统采用树干式供电方式，对一些不重要设备和小容量用电设备采用链式供电方式。消防控制室，消防水泵，消防电梯，防排烟风机，应急照明，客梯、生活水泵等重要用电为一级负荷，采用两路电源供电，且末端自切；自动扶梯、货梯、锅炉房等用电为二级负荷，采用二回线路供电；普通照明、普通空调等用电为三级负荷，采用单电源供电。

本建筑主要用能设备有：客梯10台，货梯2台，冷冻泵，冷却泵，冷冻机组，冷却塔，电锅炉，生活水泵，污水泵，空调和排放风机，室外景观照明，室内照明插座等。

此外，本建筑各主要配电干线回路上已安装了电流表。电流表的外形尺寸为72mm×72mm，开孔尺寸为67mm×67mm。电流表如图5－14所示。

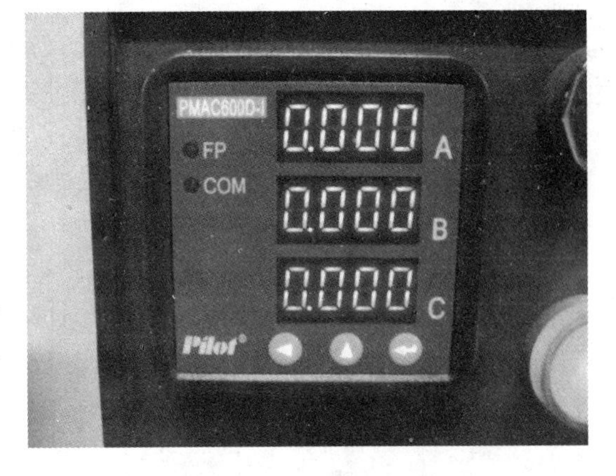

图5－14　电流表示意图

该建筑电气系统共有146个配电回路，部分配电系统图如图5－15所示：

2. 计量支路设计

能耗分项计量监控系统基本原则是：在一定投资成本和不改动已有配电线路的前提下，以最大程度的获得能耗管理需求数据为目标，在既有配电支路上选择现已使用的支路安装能耗计量表进行数据采集。

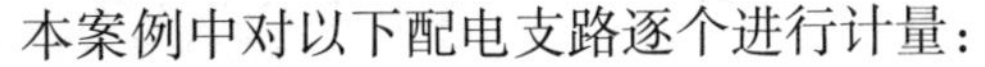
本案例中对以下配电支路逐个进行计量：

（1）变电站各台变压器低压侧出口；

（2）空调冷站系统用电支路的冷机、冷冻泵、冷却泵、冷却塔等；

（3）楼内空调机组，排风排烟机组；

（4）室内照明插座支路；

（5）大楼电梯，生活水泵等动力设备；

（6）会所用电；

（7）咖啡吧用电；

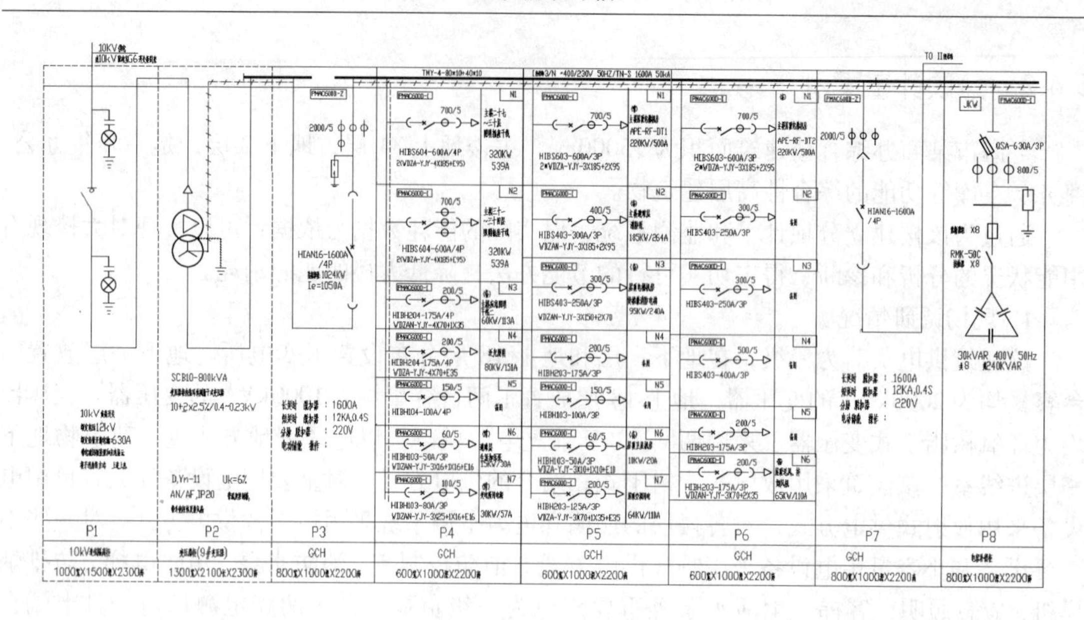

(a)

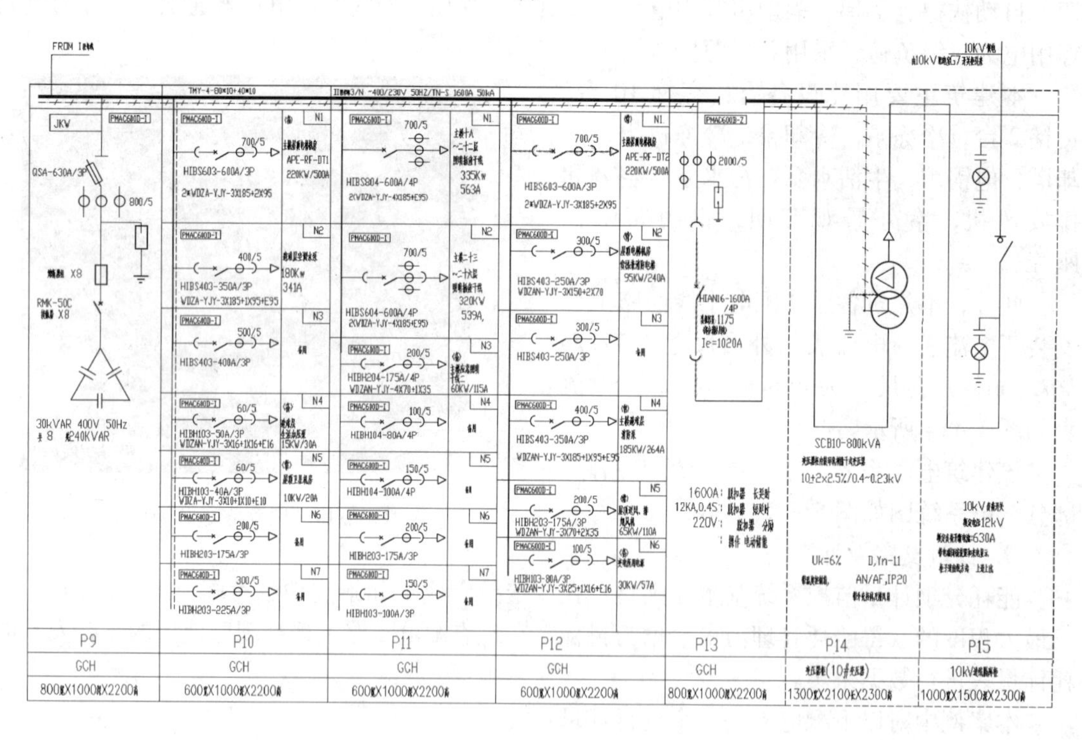

(b)

图 5－15　配电系统图

（8）信息中心。

由此确定该大楼的计量支路见表 5－6：

表 5－6　大楼计量支路表

变电所位置	计量表编号	柜号	抽屉号	主要用途	常用/备用	电流变比	能耗分项类型
T1 地下一层	1	P2		总进线，G4		2500/5	
	2	P1	N1	1#冷冻主机		1250/5	冷机
	3	P4	N1	2#冷冻主机		1250/5	冷机
	4		N2	冷冻水泵		500/5	冷冻泵
	5		N5	冷冻机房排风		100/5	排风机组
	6		N2	3#冷冻主机		1250/5	冷机
	7	P9	N1	4#冷冻主机		600/5	冷机
	8		N2	冷冻水泵		500/5	冷冻泵
	9		N4	冷却塔		200/5	冷却塔
	10	P5		总进线，G8		2000/4	
	11	P10		总进线，G9		2500/5	
	12	P14		总进线，G5		3000/5	
	13	P15	N1	会所照明		300/5	特殊用电
	14		N2	会所应急照明		100/5	特殊用电
	15		N3	APE－B1－FJ1～3	备	200/5	
	16		N4	地下 1－2F 应急照明	备	200/5	应急照明
	17		N5	地下人防用电		100/5	
	18		N6	APE－B1－JSJLM2		200/5	
	19		N7	APE－B1－FJ4～6		200/5	
	20		N8	APE－B2－DT 地下室电梯		150/5	电梯
	21	P16	N1	地下 2F 消防水泵	备	500/5	水泵
	22		N2	避难层低压电梯机房	备	500/5	电梯
	23		N4	APE－B2－JSJM		200/5	
	24		N5	会所消防排风		100/5	特殊用电
	25		N6	一层东西侧楼梯间正压送风	备	60/5	通风机
	26		N7	会所游泳池机房		100/5	游泳池
	27	P17	N1	主楼一～四层照明插座干线		700/5	照明插座
	28		N2	主楼五～八层照明插座干线		700/5	照明插座
	29		N3	应急照明干线一		200/5	应急照明
	30		N4	APE－B2－JSJLM1		200/5	
	31		N5	景观（幕墙）照明		60/5	室外景观照明

续表

变电所位置	计量表编号	柜号	抽屉号	主要用途	常用/备用	电流变比	能耗分项类型
	32		N2	弱电中心用电	备	200/5	信息中心
	33		N3	一夹层银行用电		200/5	
	34		N4	地下二层生活水泵	备	150/5	水泵
	35		N5	避难层送风排烟风机		250/5	通风机
	36		N6	咖啡吧		200/5	特殊用电
	37		N7	消防中心	备	150/5	信息中心
	38		N8	变电所电源		150/5	
	39		N9	垃圾房用电		100/5	特殊用电
	40	P30	N1	APE－18－DT2 避难层低压电梯机房		500/5	电梯
	41		N5	地下一层空调		150/5	空调用电
	42	P23		总进线，G5		2500/5	
	43		N1	主楼九～十二层照明插座干线		700/5	照明插座
	44		N2	主楼十三～十九层照明插座干线		700/5	照明插座
	45		N3	地下 1－2F 普通照明		300/5	照明插座
	46		N4	应急照明干线一	备	200/5	应急照明
	47		N5	地下 1－2 层应急照明		200/5	应急照明
	48	P25	N1	避难层低压电梯机房		500/5	电梯
	49		N2	消防安保中心		150/5	信息中心
	50		N4	一层东西侧楼梯间正压送风		60/5	通风机
	51		N5	弱电中心用电		200/5	信息中心
	52		N6	一夹层银行用电	备	200/5	特殊用电
	53		N7	避难层送风排烟风机		250/5	通风机
	54		N8	变电所电源	备	150/5	
	55	P26	N1	地下二层消防水泵		500/5	水泵
	56		N2	景观照明		300/5	室外景观照明
	57		N3	锅炉房用电		400/5	空调用电
	58		N4	地下二层生活水泵		150/5	水泵
	59		N5	APE－B2－JSJLM	备	200/5	
	60	P27	N1	APE－B1－FJ4～6	备	200/5	
	61		N2	APE－B2－JSJLM1	备	200/5	
	62		N3	会所照明应急		60/5	特殊用电
	63		N4	APE－B1－FJ1～3		200/5	
	64		N5	APE－B1－JSJLM2		200/5	
	65		N6	地下室电梯		100/5	电梯
	66	P31	N1	避难层低压电梯机房	备	500/5	电梯
	67		N5	会所消防排风		100/5	特殊用电
	68		N6	一层空调		100/5	空调用电
	69		N7	地下二层人防区域		50/5	
	70	P28		总进线，G8		3000/5	

续表

变电所位置	计量表编号	柜号	抽屉号	主要用途	常用/备用	电流变比	能耗分项类型
T2 18 层	71	P10	N1	主楼屋顶电梯机房	备	700/5	电梯
	72		N2	避难层空调水泵		400/5	空调用电
	73		N4	生活水泵		60/5	水泵
	74		N5	屋顶卫星机房		60/5	信息中心
	75		N6	避难层生活加压泵		200/5	水泵
	76	P11	N1	主楼十八～二十二层照明插座干线		700/5	照明插座
	77		N2	主楼二十三～二十六层照明插座干线		700/5	照明插座
	78		N3	公共照明干线四		200/5	照明插座
	79		N4	航空障碍灯		100/5	特殊用电
	80		N5	主楼应急照明干线		150/5	应急照明
	81	P12	N1	主楼屋顶电梯机房		700/5	电梯
	82		N2	屋顶电梯机房货梯兼消防梯		300/5	电梯
	83		N4	主楼避难层消防泵		400/5	水泵
	84		N5	屋顶送风排烟风机		200/5	通风机
	85		N6	变电所电源	备	100/5	
	86	P13		总进线，G7		2000/5	
	87	P3		总进线，G3		2000/5	
	88	P7		总进线，G3		2000/5	
	89	4	N1	主楼二十七～三十层照明插座干线		700/5	照明插座
	90		N2	主楼三十一～三十四层照明插座干线		700/5	照明插座
	91		N3	主楼应急照明干线二	备用	200/5	应急照明
	92		N4	泛光照明		200/5	室外景观照明
	93		N5	航空障碍灯	备	150/5	特殊用电
	94		N7	变电所电源		100/5	

续表

变电所位置	计量表编号	柜号	抽屉号	主要用途	常用/备用	电流变比	能耗分项类型
T2 18层	95	P5	N1	主楼屋顶电梯机房		700/5	电梯
	96		N2	主楼避难层消防泵	备	400/5	水泵
	97		N3	屋顶电梯机房货梯兼消防梯		300/5	电梯
	98		N5	避难层生活加压泵		150/5	水泵
	99		N6	屋顶卫星机房	备	60/5	信息中心
	100		N7	屋顶空调用电		200/5	空调用电
	101	P6	N1	主楼屋顶电梯机房	备用	700/5	电梯
	102		N4	35F，36F 预留照明		500/5	照明插座
	103		N6	屋顶送风排烟风机	备用	200/5	通风机

3. 电能表选型及安装

根据前文述及的电能表选型的要求以及现场的实际情况，为方便实施，选择与原有电流表相同开孔尺寸的型号为 PD1940E－AS7 的多功能电能表，共计 103 只。安装完成后的电表箱（局部）如图 5－16 所示：

图 5－16　电能表现场安装情况

4. 通信方式

计量表具采用 RS485 通信方式，通信线缆采用屏蔽双绞线，每一条通讯总线最多负载 32 个计量表具，为了后期扩容考虑，本方案每一条通信总线最多负责 24 个计量表具，如图 5－17 所示。

5. 能耗监测系统软件

本项目因功能分区较多，用能设备也相对复杂，能耗监测系统设计及安装单位——上海众材工程检测有限公司专门开发了针对性强的能耗实时监测系统软件。该软件具有良好人机界面，可实现多种功能，包括数据采集及校验、数据的计算、统计和分析，能够实现能耗在线监测，设备运行状态在线监测和诊断，信息存储和发布，提供各种日常报表，数据曲线、饼图、柱状图打印等功能，并可完成能耗统计、能耗管理和考核、能效测评、能源审计、能效公示、用能定额、节能建议等任务，帮助楼宇管理人员更有效的了解和管理大楼设备运行。该软件部分界面如图 5－18 所示。

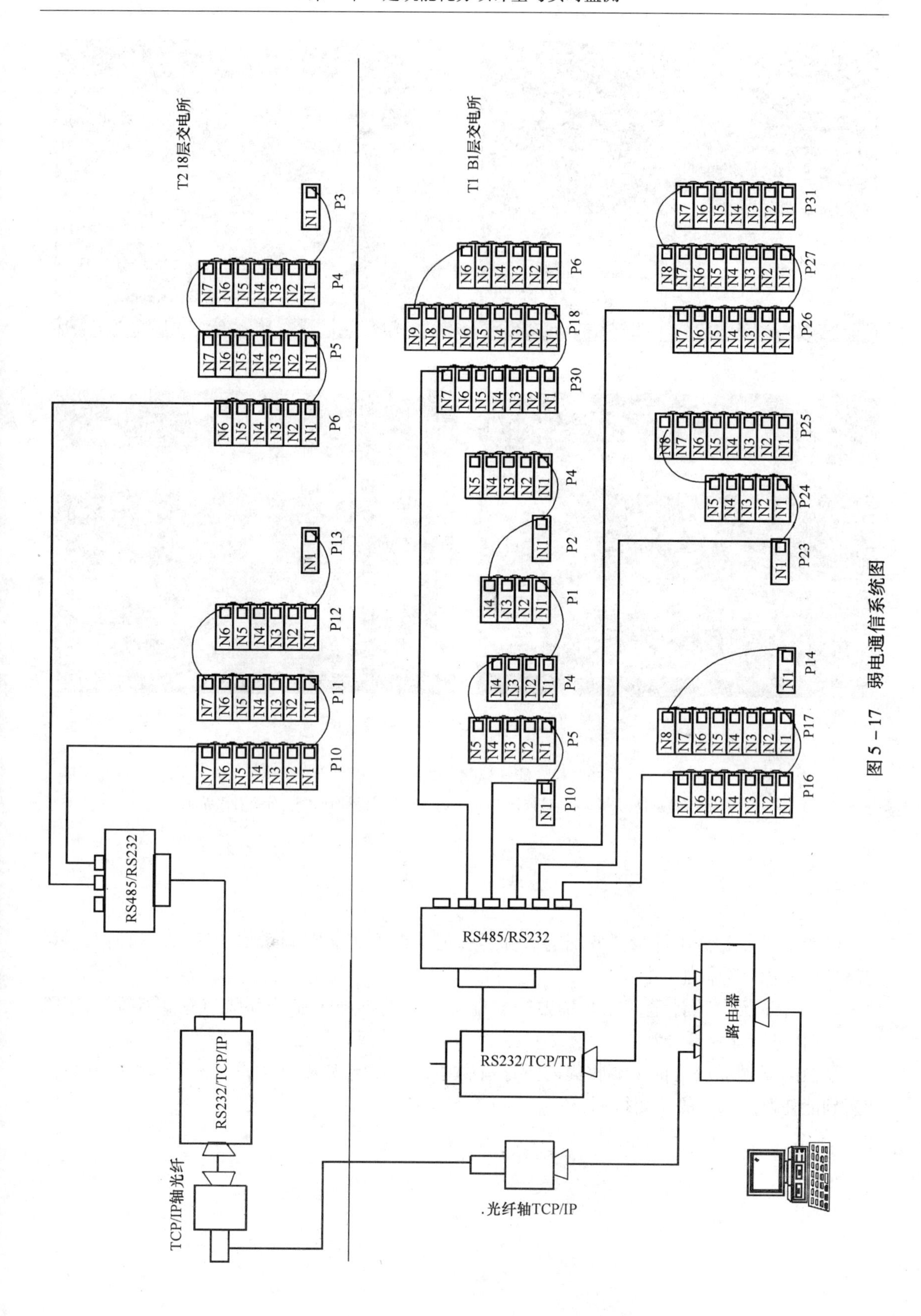

图 5－17　弱电通信系统图

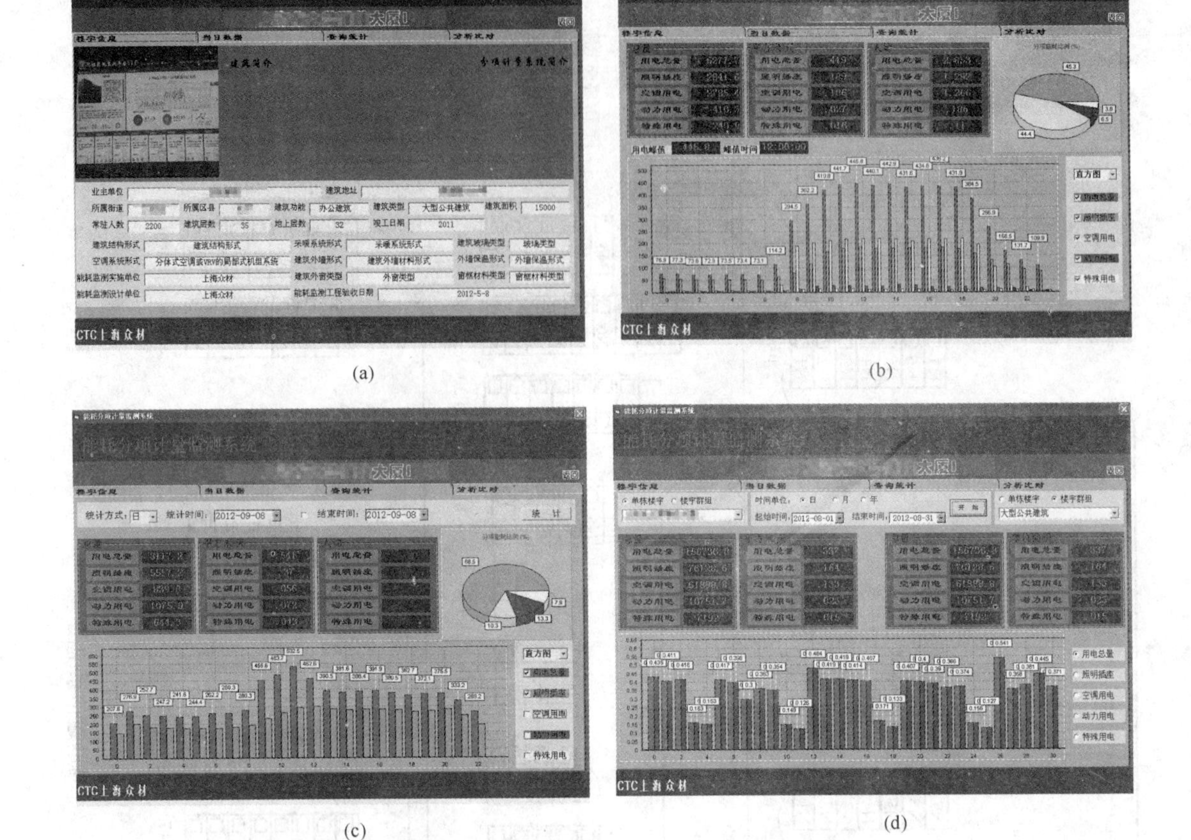

(a) (b) (c) (d)

图 5－18　能耗监测系统软件人机界面

(a) 楼宇信息界面；(b) 当日数据界面；(c) 查询统计界面；(d) 分析对比界面

思　考　题

1. 在无法根据分项计量、变配电系统运行记录得到暖通空调系统能耗时，如何对空调的制冷机和水泵进行能耗拆分？

2. 对于既无分项计量，也非单独的变配电支路的其他设备子系统（暖通空调系统除外），如何进行能耗拆分？

3. 能耗监测系统目前主要收集的指标有哪些，在建筑未来的发展中还有哪些指标可以加入到能耗监测系统的监测行列？

第6章　建筑节能新技术

6.1　余热回收技术

建筑在耗能过程会产生大量可利用余热，如空调系统冷凝热、排风热等。对建筑余热加以回收利用，不仅可以大大降低建筑能耗，而且可以大幅改善室内环境，提高建筑设备使用寿命，具有显著的社会效益、经济效益和环境效益。

相对于工业余热来说，建筑余热温度较低，属于低品位余热，而且热源分散，集中回收利用有一定的困难。目前，国内外建筑余热回收利用技术的研究主要集中在空调冷凝热回收利用技术和空调系统排风热回收利用技术这两大方面。虽然现阶段对建筑余热的回收利用还未达到系统化的程度，但由于余热回收的成本小，效益可观，是今后建筑节能发展的必然趋势。

6.1.1　空调冷凝热回收利用技术

空调冷凝热是空调系统制冷量与制冷机输入功率之和。长期以来，空调系统中输入的热量大部分以冷凝热的形式直接排放到大气中。这样不仅造成了一次能源的浪费，而且还带来了严重的城市热污染，加剧了“城市热岛效应”。另外，室外环境温度的升高，还将恶化风冷冷凝器的工作环境，导致系统 COP 值下降，空调机组运行能耗增大。因此对空调冷凝热进行回收利用是十分必要的。

目前，酒店、医院、办公大楼等建筑的主要能耗是空调系统能耗和热水锅炉能耗。空调系统的能耗占酒店类建筑总能耗的30%～40%，甚至更高，每年热水锅炉提供热水的能耗费用也十分可观。利用空调的余热回收装置全部或部分取代锅炉供应热水，将会使空调系统能源得到全面的综合利用，从而使用户的能耗大幅下降。空调冷凝热回收可以采用以下几种方案。

1. 利用空调制冷剂冷凝热直接加热生活热水

此方案主要通过在冷水机组压缩机与冷凝器之间增加一个热回收换热器来实现，其工作原理如图6－1所示。从压缩机出来的高温高压制冷剂进入热回收换热器，换热器的一侧是制冷剂的过热蒸汽，另一侧是生活用的循环水，制冷剂通过冷凝放热和过冷段显热加热循环水，同时制冷剂自身也得到了冷却。

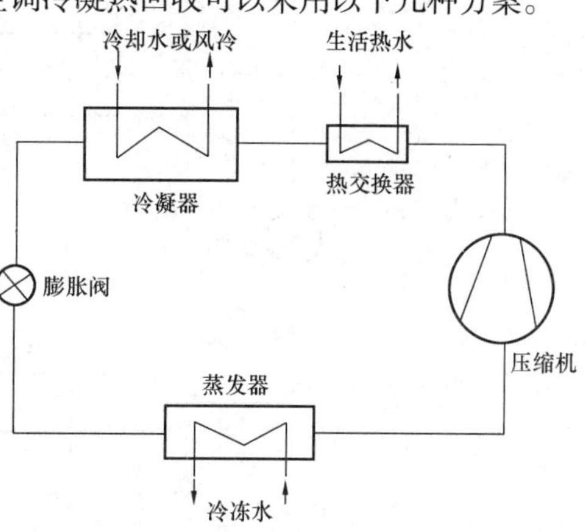

图6－1　空调制冷剂冷凝热回收系统原理示意图

这种方法技术简单，易于实现。换热器回收了一部分的冷凝热，从而减小了冷却塔或冷凝器的容量及冷却时间；回收的热量虽能够满足一定热水的需求量，但由于系统的卫生热水量小，在卫生热水需求量较大的场合使用时，热水量或出水温度不一定能满足要求，因此，采用此方案时，大多数情况下需要设置辅助热源对卫生热水进行再加热。

2. 利用冷凝器排出的冷却水预热生活热水

此方案是基于冷水机组的冷却水进出水温通常为32～37℃，可以考虑对这部分热量进行回收利用，工作原理如图6－2所示。由于换热温差的存在，水冷冷水机组的设计冷凝温度一般设为40℃，低于卫生热水的要求温度，属于低品位热能。因此，回收冷凝器排出的冷却水热量，只能达到预热卫生热水的目的。为了得到较高温度的卫生热水，通常在冷水机组压缩机与冷凝器之间再增加一个热回收换热器，利用制冷剂的冷凝热进一步加热预热卫生水，以达到生活热水的温度要求。

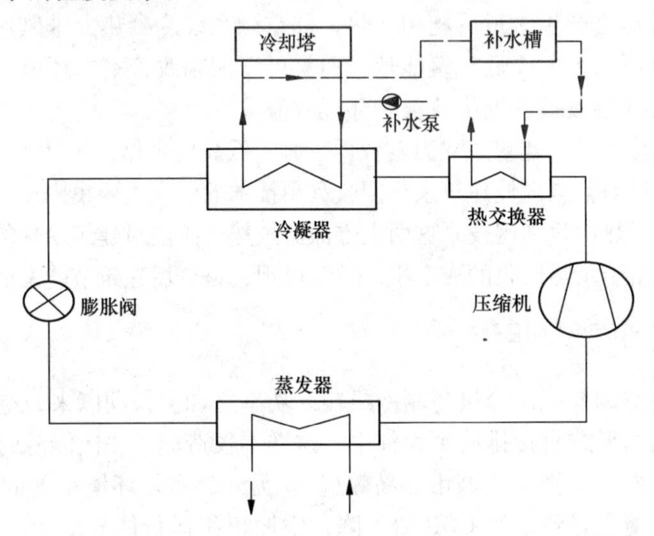

图6－2　空调冷却水热回收系统原理示意图

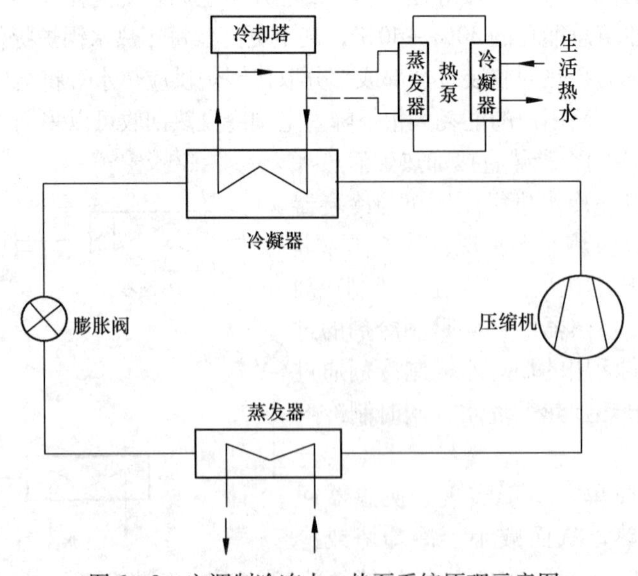

图6－3　空调制冷冻水－热泵系统原理示意图

若将空调冷凝器排出的冷却水作为热泵的低温热源，则能够直接加热生活热水，如图6－3所示。冷却水在空调系统冷水机组的冷凝器中换热，将冷凝热带入热泵的蒸发器，热泵吸取这部分冷凝热，压缩做功，生产生活热水。当生活热水需求量较小时，多余的冷凝热由空调系统的冷却塔排至大气中。

热泵回收冷凝热需要消耗一部分电能，但由于其提供的热量远大于消耗的能量，与其他各种传统的热回收方式相比，具有显著的节能效果和经济效益。将热泵应用到加热卫生热水系统中，对冷水机组的影响较小，系统控制简单方便，不需要设置辅助热源，改造方便，特别适用于对现有空调系统的改造。

6.1.2　空调排风热回收利用技术

在建筑物的空调负荷中，新风负荷所占比例比较大，一般占空调总负荷的20%～30%。为了保证空调房间的室内空气品质，空调运行时要排出部分室内空气，必然会带走部分能量。如果利用排风中的余冷或余热来处理新风，就可以减少处理新风所需的能量，降低机组负荷，提高空调系统的经济性。

近年来，室内空气品质（IAQ）越来越受到人们的重视。在空调系统中设置排风热回收装置，可以在节能的同时增加室内的新风，提高室内空气品质。各类空调系统排风能量的回收已经成为了一种重要的建筑节能途径。

国标中明确规定，建筑物内设有集中排风系统且满足下面情况之一时，宜设置排风热回收装置：

（1）送风量大于或等于3000m^3/h的直流式空气调节系统，且新风和排风的温度差大于或等于8℃；

（2）设计新风量大于或等于4000m^3/h的空气调节系统，且新风与排风的温度差大于或等于8℃；

（3）设有独立新风和排风的系统。

1. 空调排风热回收装置简介

工程中常用气－气换热器来回收排风中的热量，对新风进行热处理，其换热设备通常分为：显热回收型和全热回收型。当新风与排风之间只存在显热交换时，称为显热回收；当新风与排风之间既存在显热交换又存在潜热交换时，称为全热回收。

常见的换热器有板翅式换热器、转轮换热器、热管换热器等。其中，热管换热器只能回收显热，转轮式换热器、板翅式换热器不仅能回收显热，还能回收潜热，因此效率较高。但转轮式换热器存在新风和排风混合的问题，而板翅式换热器没有运动部件，可靠性更高，混风率相对较低。

热管换热器：热管由于其具有很高的传热系数，因而近年来热管用于空调热回收系统中的研究得到很大的发展。热管具有热传递速度快、传递温降小、结构简单和易控制等特点，因而将被广泛用于空调系统的热回收和热控制。

转轮式换热器：转轮式换热器就是一种蓄热能量回收设备。新风通过转轮的一个半圆，而同时排风通过转轮的另一半圆，新风和排风以相反的方向交替流过转轮。新风和排风间存在着温度差和湿度差，转轮不断地在高温高湿侧吸收热量和水分，并在低温低湿侧释放，来完成全热交换。转轮换热器具有设备结构紧凑、占地面积小、节省空间、热回收效率高、单个转轮的迎风面积大、阻力小的特点，适合于风量较大的空调系统中。

板翅式热交换器：具有换热系数高、结构紧凑、经济性好等优点，是广泛使用的换热器之一。近年来已用于回收空调排风中的能量，具有良好的效果。一般热交换器的效率可达70%左右，是一种空气与空气直接换热式的换热器，它没有转动部件，因此也被称作固定式换热器，是一种比较理想的能量回收设备。

除上述设备外，还可以利用热泵、蒸发冷却器回收排风中的能量。工程中，应根据实际情况，选择相应的换热设备，使得排风能量回收达到最高。

2. 排风热回收效率分析

评价热回收装置优劣的一项重要指标是热回收效率。热回收效率包括显热回收效率、潜热回收效率和全热回收效率（也称为焓效率）。排风热回收系统的换热机理如图 6－4 所示，热回收装置的换热效率见表 6－1。

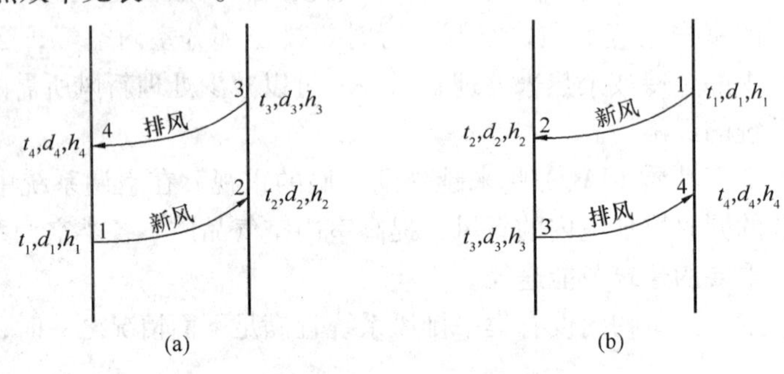

图 6－4　排风热回收系统的换热机理

（a）冬季；（b）夏季

表 6－1　热回收装置的换热效率

项　目	冬　季	夏　季
显热效率 η_t	$\frac{t_2-t_1}{t_3-t_1}\times 100\%$	$\frac{t_1-t_2}{t_1-t_3}\times 100\%$
潜热效率 η_d	$\frac{d_2-d_1}{d_3-d_1}\times 100\%$	$\frac{d_1-d_2}{d_1-d_3}\times 100\%$
全热效率 η_h	$\frac{h_2-h_1}{h_3-h_1}\times 100\%$	$\frac{h_1-h_2}{h_1-h_3}\times 100\%$

选用热回收装置及系统的热回收效率要求见表 6－2。

表 6－2　热回收效率要求

类　型	热交换率（%）	
	制　冷	制　热
焓效率	50	55
温度效率	60	65

注：焓效率适用于全热交换装置，温度效率适用于显热交换装置。

6.1.3　其他建筑余热回收利用技术

除了空调系统产生的余热外，建筑中还存在一些其他余热，如宾馆类建筑中设备房间（如洗衣房、电梯机房、空调机房等）的余热；建筑地下停车场、地下消防水池等余热。

设备房间的余热主要是指室内热源设备的散热量。室内热源散热主要包括室内工艺设备散热、照明散热和人体散热三部分。除了室内热源，通过新风和围护结构传入的热量也有可能成为房间的余热量。

由于宾馆类建筑设备房间需要全年运行，余热量大，无论夏季或是冬季，室内空气温度较高，且不会显著降低，可用热泵加以回收，用以加热生活热水。热泵机组可就近设置在设备房间附近，只要根据生活热水的温度需求选择合适的热泵机组，设备房间的热泵余热回收热水系统不需要增加辅助加热装置。优先选择电力驱动的热泵加热生活热水，这样可以避免燃油、燃气锅炉的排烟对环境造成的污染。因此，利用热泵回收建筑设备余热，是环保、高效、节能的制备生活热水方式。

建筑地下余热的来源包括停车场汽车发动机的散热、地下消防水池的蓄热等。这些余热都属于低品位热源，可作为热泵的低温热源制备生活热水。

随着城市化的高速发展，我国的建筑规模将不断扩大，功能也会多样化，能源的消耗也会随之增长，通过对空调冷凝热和排风能量的回收可以大大降低建筑的能耗，具有一定的经济效益和社会效益。

6.2 建筑智能控制技术

6.2.1 建筑智能控制系统概述

自动控制（automatic control）是相对人工控制概念而言的，它是指在没有人直接参与的情况下，使机器、设备自动地按照预定的规律运行。在建筑领域，随着建筑规模的增加，建筑功能日趋多样化，建筑内部设备也越来越多，越来越繁复。建筑设备自动控制已经成为楼宇发展的必然趋势。

建筑设备自动化系统（Building Automation System，简称 BAS ）是基于现代分布控制理论而设计的集散系统，可以通过网络将分布在各监控现场的空调系统、给排水系统、变配电系统、照明系统、电梯系统等的系统控制器连接起来，实现分散控制和集中管理。

通过 BAS 对建筑物内机电设备的自动化监控和有效的管理，可以提高设备利用率，优化设备的运行状态和时间，从而可延长设备的服役寿命，降低能源消耗，减小维护人员的劳动强度和工时数量，在保证和提高建筑舒适度的基础上获得最低的建筑物运作成本和最高的经济效益。

楼宇自控系统一般由现场控制站、通信网络和中央监控站等组成。系统结构如图 6－5 所示。现场控制站分散在机电设备现场对机电设备独立进行监视和控制，主要包括传感器、执行器和现场控制器。传感器是自控系统中的首要设备，要求高准确性、高稳定性、高灵敏度。它与被测对象发生直接联系，根据被测参数的变化发出信号。通信网络将现场控制站采集来的数据传送到中央监控站集中存储、处理、并将中央监控站的处理结果传送到现场控制站，由控制器发出控制指令，通过执行器对现场机电设备进行操作和管理。

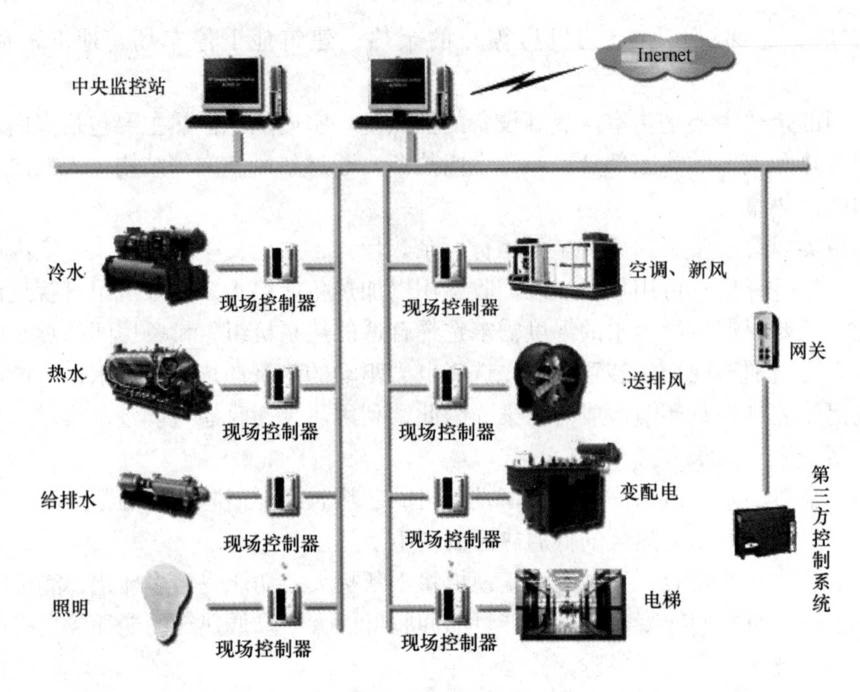

图 6－5　建筑设备自动化系统系统图

6.2.2　建筑智能控制系统应用

建筑设备自动化系统用于对智能建筑内各类机电设备进行监测、控制及自动化管理，达到安全、可靠、节能和集中管理的目的。监控范围为空调与通风系统、变配电系统、公共照明系统、给排水系统、热源和热交换系统、冷冻和冷却水系统、电梯和自动扶梯系统等各子系统。本节重点对智能控制系统在变配电系统、照明系统、给排水系统、空调系统中的应用进行了阐述。

1. 变配电系统

变配电系统主要包括高压设备、变压设备、低压设备、发电设备等。变配电智能控制系统通过对所有变配电设备的运行状态和参数进行集中监控，可以减少事故隐患，改善供电质量，提高用电效率，节约能源。

供配电系统监控的内容有：

1）各自动开关、短路器状态监测。

2）低压配电监视：对其电压和电流进行监视，对供配电功率因数、频率进行监视。

3）有功、无功功率及功率因数监测。

4）电网频率、谐波检测、高压开关柜监视，内容包括：高压主进开关状态监视；高压母线联络断路器状态监视。

5）用电量监测。

6）主变压器工作状态监测，变压器进线开关状态；高压侧电压，电流监视，变压器的温度，变压器风机的运行状态，故障报警。

2. 照明系统

建筑照明包括户外照明和公共照明。建筑照明电耗在建筑总能耗中占有重要的比例。照明智能控制系统除了可以保证楼宇各个区域正常照明外，还可以提高照明效率，实现节能目标。

照明自动控制系统可以通过一对一集中控制、分区灯光管理等方式简化操作，方便节能，也可以利用先进电磁调压及电子感应技术，通过检测照度或者实时跟踪电路中的电压和电流幅度，自动调节相关控制量，实现更复杂的控制功能，提高设备功率因数，优化供电照明控制系统。根据一般办公大楼运营经验，智能照明的节能效果能达到40%以上，商场、酒店等节能效果也能达到25%～30%。

3. 给排水系统

1）供水系统

城市管网中的水压力一般不能满足现代高层建筑的供水压力要求。一般建筑的中上楼层均须通过竖向分区、提升水压供水。目前，供水系统的主要形式包括水箱供水和水泵直接供水。

（1）水箱供水又分为利用重力的高位水箱供水和利用气压的压力水箱供水。水箱中可以设置溢流水位、停泵水位、启泵水位和低限报警水位四个液位开关。当水箱中的储水水位在不同位置时，相应的液位开关送出相应信号给现场控制控制器。经传送到中央处理器处理后，再由控制器发出控制信号，控制配电箱内水泵的供电线路主触点，实现水泵启停或报警。在工作泵故障时，备用泵将自动投入运行，并将工作泵从工作路线中切离出来。

（2）水泵直接供水一般是采用调速水泵，即通过调整水泵的转速来满足用水量的变化。因为水泵直接供水系统需要水泵长时间不间断的运行，能量消耗较多。而变频调速水泵因其控制灵活、启停平稳、管网压力稳定以及节能等效果，越来越成为水泵控制中的首选方案。

2）排水系统

在现在建筑的排水系统中，部分建筑的污水排水方式是直接将污水沿排水管道排入污水井进入城市排水管网，而对于卫生条件要求较高的建筑，则首先要将污水集中于污水池，再用排污水泵将其排放到地面上的排水系统。

在污水集水池中设置液位开关，监测以下不同的水位：停泵水位、启泵水位、溢流水位和低限报警水位等。现场控制器根据液位开关采集到不同的状态信号来控制排水泵的启停。当集水池水位达到启泵水位时，污水泵自动启动，排放集水池内污水。

4. 空调系统

空调系统是现代建筑中的主要设备系统，是建筑能效智能控制系统的主要监控对象之一。公共建筑中的空调能耗约占建筑总能耗的40%，通过对空调系统安装自动化控制系统，监控其在节能状态下的运行情况，可以有效降低建筑能耗。

建筑空调系统自动化控制技术主要是针对集中式中央空调系统进行监控，建筑空调自动化控制系统中所涉及的空调系统专指中央空调系统。中央空调系统设备是按照设计负荷选定的，但在日常运行中的实际负荷在大部分时间里是部分负荷，达不到设计容量，所以，为了舒适和节能，必须对上述系统设备的实际运行进行控制，使其实际输出量与实际负荷相适应。

目前，对中央空调系统节能运行的控制技术措施主要有以下几个方面：

1）空调机组的主要控制参数包括空气的温度、相对湿度、压力（压差）以及空气清新度、气流方向等。现场监测空调机组的工作状态对象主要有：过滤器状态（压力差）；过滤器阻塞时报警；调节冷热水阀门的开度，以达到调节室内温度的目的；送风机与回风机启停；调节新风、回风与排风阀的开度，改变新风/回风比例；检测回风机和送风机两侧的压差，以知风机的工作状态；检测新风、回风与送风的温度与湿度，由于回风能近似反映被调对象的平均状态，故以回风温湿度为控制参数。根据设定的空调机组工作参数与上述监测的状态数据，现场控制站控制送、回风机的启停，新风与回风的比例调节，表面式换热器冷热水的流量，以保证空调区域空气的温度与湿度既能在设定范围内满足舒适性要求，同时空调机组也以较低的能量消耗方式运行。

2）冷热源主要控制冷热水温度和蒸汽压力，有时还需要测量、控制供回水干管的压力差，测量供回水温度以及回水流量等，以保证机组供给的冷冻水温度及压力达到运行要求，从而实现室内的舒适性和系统的节能性。

3）对于冷冻水系统和冷却水系统的节能控制，主要是对冷冻水泵、冷却水泵以及冷却塔中的风机进行变频调速控制，以达到有效地控制水量和风量，从而在保证供回水温度的同时实现运行节能。

（1）定风量空调系统

定风量空调系统的风量一定，不管负荷如何变化，风机执行全风量运转，通过改变送风温度来满足室内冷热负荷的变化，以维持室内设定的温湿度值。现代智能建筑中常用的定风量空调系统结构如图 6－6 所示。

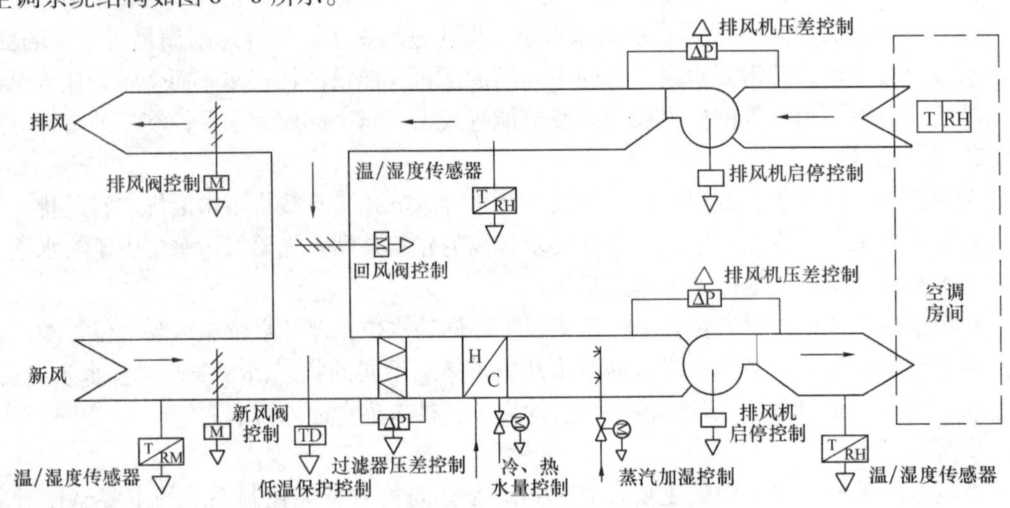

图 6－6　定风量空调系统结构图

该空调系统不仅具有供冷、供暖、除湿、加湿功能，而且通过采用智能控制技术对回风机、排风口和电动风门进行控制，可以实现自动混合式、全新风或循环式运行，具有较好的节能效果。定风量空调系统控制的主要内容有空调回风温度自动调节、空调回风湿度自动调节以及新风阀、回风阀和排风阀的比例控制等。

①空调回风温度自动调节

回风温度自动调节系统是一个定值控制系统，它把回风温度传感器测量的回风温度送入智能模糊控制器与给定值比较，并且根据偏差按照控制规律调节表面式换热器回水调节阀开度以达到控制冷冻（加热）水量，使室内温度无论夏季或冬季都能保持在设定值。在回风温度自动调节系统中，新风温度的变化对系统是一个扰动量，使得回风温度调节总是滞后于新风温度的变化。为了提高系统的调节品质，可以把新风温度传感器反映的新风温度作为前馈信号加入回风温度调节系统。

②空调回风湿度自动调节

空调回风湿度自动调节与空调回风温度自动调节过程基本相同，回风湿度调节系统按设定的控制规律调节加湿器阀开度，从而调节加湿蒸汽的流量大小以保证夏季和冬季的相对湿度。

③新风阀、回风阀和排风阀的比例控制

把回风温湿度传感器和新风温湿度传感器所测值送入智能模糊控制器进行回风及新风焓值计算，按照新风和回风的焓值比例输出相应的电压信号控制新风阀和回风阀的比例开度，使系统在最佳的新风回风比例状态下运行，以便达到节能的目的。排风阀的开度控制应该与新风阀开度相对应，正常运行时，排风量等于新风量。

④辅助控制过程

对过滤网两端的压差进行监控，达到设定值后产生报警信号传给模糊控制器，提示应更换清洗滤布等操作。对风机进行启停控制，并检测回风机和送风机两侧的压差，以知风机的工作状态，出现故障时通过模糊控制器给出报警信号以进行及时检修。表冷器防冻报警检测，表冷器前端有低温断路控制器，达到设定值后产生报警信号传给模糊控制器，自动输出风阀开关连锁控制并提示操作人员采取相应措施。由于室外空气状态的变化和室内热湿负荷的变化以及空气处理机组内各种阀门调节的非线性，加之房间的热惯性，导致直接通过风阀和水阀控制房间的温湿度有一定的困难，因此该系统模型采用串级控制的方法，控制器算法采用模糊控制和PID调节，模糊控制响应速度快，过滤时间短，鲁棒性好，适于被控对象变化大的情况，当被控温度与设定温度相差较小时，切换为PID控制。

（2）变风量空调系统

变风量系统是指当空调房间内的冷热负荷发生变化时，通过改变送风量而不是改变送风温度来维持室内温湿度要求的一种空调方式。典型的变风量空调系统如图6－7所示。在该系统中，每个房间的送风入口处设置了一个末端装置，该装置实际上就是一个可以进行自动控制的风阀，通过增大或减小送入室内的风量，实现对各个房间温湿度的单独控制。

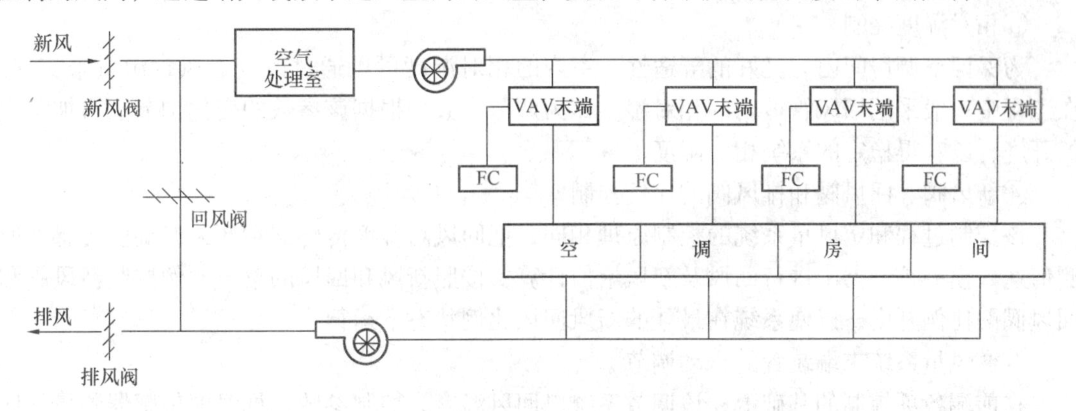

图6－7　变风量空调系统结构图

变风量空调系统的特点是送风温度不变，也就是说表冷器回水调节阀的开度不变。

工程上一般采用变频器来调节送风电机的转速，从而实现送风量的改变。变风量空调系统的控制结构如图6－8所示，其控制内容主要有送风量的自动调节，回风机的自动调节，相对湿度的自动控制，新风阀、回风阀和排风阀的比例控制以及变风量末端装置的自动调节等。

①送风量的自动调节

在变风量系统中，通常把系统送风主干管末端的风道静压作为变风量系统的主调节参数，根据主参数的变化来调节被调风机转速，以稳定末端静压。稳定末端静压的目的就是要使系统末端的空调房间有足够的风量来进行调节，风量能够满足末端房间对冷热负荷的要求，系统其他部位的房间也就自然满足要求。

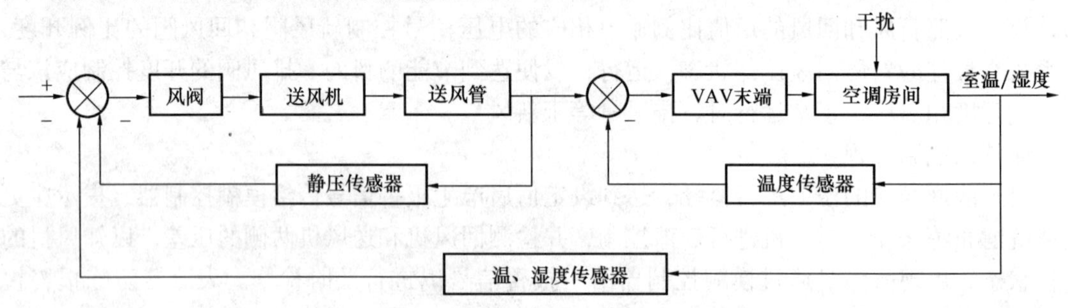

图6－8　变风量空调系统的控制结构图

系统的调节过程：当房间内负荷需要风量增加（减少）时，管道静压降低（升高），传感器把静压变化量ΔP检测出来，反馈给智能模糊控制器，经控制规律运算后控制信号输出至变频器，变频器根据此信号调节风机转速，当风量与所需负荷平衡时，静压恢复稳定，系统在新平衡点工作。

②回风机自动调节

在变风量系统中，调节回风机风量是保证送风、回风平衡运行的重要手段。在正常工况下运行时回风机随送风机而动，也就是送风量改变时回风量也要求改变，并且在数量上回风量小于送风量。若两个风机功率相等，特性相同，则要求回风机转速小于送风机转速。在实际应用中，一般采用风道静压控制或风量追踪控制两种方式来调节回风机的转速。

③相对湿度控制

为保证空调房间内有良好的舒适性，室内的相对湿度可以通过改变送风含湿量来实现。在工程中一般采用回风管道内的相对湿度作为调节参数，根据该参数的变化调节蒸汽加湿阀的开度，以获得稳定的系统相对湿度。

④新风阀、回风阀和排风阀的比例控制

该控制过程和定风量系统的控制原理相同，把回风温湿度传感器和新风温湿度传感器所测值送入模糊控制器中进行回风及新风焓值计算，按照新风和回风的焓值比例控制新风阀和回风阀的比例开度，以使系统在最佳的新风回风比例状态下运行。

⑤变风量系统末端装置的自动调节

在前端各项控制的基础上，该调节系统以回风温度为控制参数，把温度传感器测量的回风温度送入模糊控制器与设定值比较，并且根据偏差控制规律调节末端风阀的开度以达到控制送入每个房间的风量，使室内温度保持在给定值。

总之，中央空调系统采用变频调速技术后，通过改变电机转速而改变风速，从而改变送风量，达到制冷机正常工作要求和平衡热负荷所需冷量要求，实现节能目的。基于模糊控制的变频调速不仅可以实现中央空调风系统的变风量运行，而且可以实现水系统的变温差、变压差、变水量运行，使控制系统具有高度的跟随性和应变能力，可根据对被控动态过程特征的识别，自适应地调整运行参数，以获得最佳的控制效果。

6.3　其他节能新技术

在建筑新能源节能技术中，除了常见的地源热泵系统、太阳能热水系统、太阳能光伏发电系统以及空调系统的余热回收技术外，其他的节能技术还有太阳能热泵技术、相变储能技术、建筑绿化技术、建筑废弃物再生利用技术等。

6.3.1　太阳能热泵技术

太阳能热泵一般是指利用太阳能作为蒸发器热源的热泵系统，区别于以太阳能光电或热能发电驱动的热泵机组。它把热泵技术和太阳能热利用技术有机地结合起来，可同时提高太阳能集热器效率和热泵系统性能。将热泵技术与太阳能结合供应生活热水，主要有两种方式，一种是直接以空气源热泵作为太阳能系统的辅助加热设备，另一种是利用太阳能热水为低温热源或将太阳能集热器作为热泵的蒸发器的太阳能热泵系统。集热器吸收的热量或太阳能热水作为热泵的低温热源，在阴雨天，直膨式太阳能热泵转变为空气源热泵，作为加热系统的辅助热源。因此，它可全天候工作，提供热水或热量。

6.3.2　相变储能技术

由于现代建筑的围护结构大部分为轻质材料，热容小，室内温度昼夜波动大，这不仅影响着室内环境的舒适度，而且也增大了空调的负荷，造成能源的消耗加大。如果向普通建筑材料中加入相变蓄热材料，就可以制成具有较高热容的轻质建筑材料。

由于相变贮能技术具有贮能密度高、相变温度接近于恒定温度等优点，可提供很高的蓄热、蓄冷容量，并且系统容易控制，可有效解决能量供给与需求时间上的不匹配。该技术主要利用了建筑结构的热容特性来储存大量的能量，且不会带来建筑结构温度的很大变化。这样，白天建筑结构获得热量并将热量储存，在夜间被冷却。大多数储能材料被应用在地板和天花板的厚板中，其缺点是对夜间周围环境的温度依赖性很大，而且只能提供显热冷量，所以还有待于进一步研究开发应用。

6.3.3　建筑绿化技术

将绿化引入建筑，一方面是出于节能的考虑，另一方面也是追求一种人与自然接近的生活理念，在建筑中重塑自然，将清新的绿意带回人们身边。如在墙面种植爬山虎之类攀藤类植物，可遮挡阳光直射墙面，通过叶面蒸腾带走一部分热量，并通过光合作用转化能量。此外，如果在墙面设置构架、种植槽和喷灌系统，在绿化与墙面形成空气间层，则可强化绿化与墙面之间空气流动，有利于墙面散热。

屋面绿化同样具有良好的保温隔热效果，植物借助于自身的光合作用，蒸腾、蒸散和光调节作用，将太阳辐射转化为新的能量形式而消耗掉。而且植物在蒸腾、蒸散过程中，除将太阳能转化为热效应外，还要吸收周围环境中的能量，从而降低了环境温度，造成能量的良性循环利用。据实测情况分析，建筑物绿化可使室内环境温度较室外环境温度低约 3～9℃；绿化状态下室外环境温度可望降低约 4℃；可减少空调负荷约 12.7%；在中午高温时刻，峰值温降作用更为明显，可达到 6℃，减少空调负荷 20%。

思　考　题

1. 简述空调冷凝热回收技术与空调排风热回收技术原理。
2. 简述节能新技术中，太阳能热泵技术工作原理。
3. 什么是楼宇自控系统？
4. 简述楼宇自控系统的构成和各部分功能。
5. 建筑的通风空调系统如何与控制技术结合，实现建筑节能？
6. 请调研当前还有哪些最新的建筑节能技术或方法。

第 7 章　能效评估案例分析

前面章节对建筑能效评估的各部分内容及技术方法进行了详细介绍。本章选择了几个能效评估的实际案例，旨在让读者对建筑能效评估的工作内容和流程有整体认识。

7.1　能效理论值评估

7.1.1　案例一

1. 项目概况

夏热冬冷地区某办公写字楼，总建筑面积约为 39832.6m^2，其中地下建筑面积为 10446m^2，地上主楼和裙楼的建筑面积为 29386.6m^2，地下 2 层，主楼部分地上 26 层，楼层高度约为 120m，裙房部分地上 4 层，其建筑外观如图 7－1 所示。

1）围护结构

该建筑屋面采用 40mm 厚挤塑聚苯板，经热工计算，屋面平均传热系数为 0.63W/（m^2·K）；

外墙采用 50mm 半硬质矿（岩）棉板，外墙热桥部位加强处理，外墙和楼板、柱连接处加强处理，经热工计算，外墙平均传热系数为 0.75W/（m^2·K）；

幕墙采用单元式玻璃、石材组合幕墙，玻璃类型为中空玻璃（6Low-E＋12Ar＋6 遮阳型），传热系数为 2.10 W/（m^2·K），遮阳系数为 0.39，气密性等级为 4 级。窗墙面积比为：东∶南∶西∶北＝0.42∶0.17∶0.33∶0.11。

图 7－1　建筑外观图

2）通风空调系统

（1）空调冷热源采用 2 台螺杆式地源热泵机组（制冷量/制热量：546.2kW/574.9kW）和 1 台螺杆式冷水机组（制冷量 731.4kW）。冬季采暖所需热量全部由两台地源热泵提供，夏季供冷所需冷量，基载部分由两台地源热泵提供，不足部分由一台螺杆式冷水机组补充。土壤源热泵及水冷冷水机组置于地下室冷冻机房，冷却塔设于主楼屋顶，如图 7－2 所示。

（2）空调水系统为一次泵变水量系统，采用双管制。冷冻、冷却水系统通过加强地下室冷水机组及地源热泵冷凝器承压，不设中间换热器。空调供回水环路在屋顶设膨胀水箱。主楼低区空调冷冻水供回水温度为 6℃/11℃。主楼高区空调冷冻水供回水温度为 7.5℃/12.5℃。冬季由土壤热泵机组提供 50℃/45℃热水。供回水竖向采用异程式。每层支管的回水管上设自立式压差控制阀。

图 7－2　地源热泵机组外观图

（3）空调风系统：一层大堂采用全空气空调系统；5 层及以上办公区域采用 VAV 系统；主楼其余部分采用风机盘管加新风系统。标准层设置新风机组，新风送到各层后，采用地板送风的送风方式独立送新风。

2. 基础项测评（理论值）

基础项测评以竣工验收资料为依据，性能参数以施工过程中见证取样的检测报告为主，辅以现场抽检的检测数据，见表 7－1、表 7－2。

表 7－1　各类房间室内设计参数

房间用途	室内设计温度（℃）		人均占有的使用面积（m^2/人）	照明功率（W/m^2）	电器设备功率（W/m^2）	新风量（m^3/hp）
	夏　季	冬　季				
普通办公室	26	20	4	11	20	30
其他	26	18	5	5	5	5
其他_ 办公建筑	26	20	20	11	5	30
走廊_ 办公建筑	26	20	50	5	0	30
会议室	26	20	2	11	5	30
封闭式汽车库	26	18	4	11	20	30

表 7－2　各围护结构的窗墙比和热工参数

围护结构部位	参照建筑 K [$W/(m^2 \cdot K)$]				设计建筑 K [$W/(m^2 \cdot K)$]		
屋面	0.7				0.33		
外墙（包括非透明幕墙）	1				0.46*		
外窗（包括透明幕墙）	朝向	窗墙比	传热系数 K $W/(m^2 \cdot K)$	遮阳系数 SW	窗墙比	传热系数 K $W/(m^2 \cdot K)$	遮阳系数 SW
单一朝向幕墙	东	0.40 < 窗墙面积比 ≤0.50	2.8	0.45	0.42	2.1	0.39
	南	窗墙面积比 ≤0.20	4.7	1	0.17	2.1	0.39
	西	0.30 < 窗墙面积比 ≤0.40	3	0.5	0.33	2.1	0.39
	北	窗墙面积比 ≤0.20	4.7	1	0.11	2.1	0.39
屋顶透明部分	≤屋顶总面积的 20%		—	—	—	—	—
地面和地下室外墙	热阻 R [$m^2 \cdot K)/W$]				热阻 R [$(m^2 \cdot K)/W$]		
地面	1.2				1.21		
地下室外墙（与土壤接触的墙）	1.2				1.19		

*　为全部外墙加权平均传热系数。

经计算得出，该办公楼采暖单位面积能耗为 22.13kWh/m²，空调单位面积能耗为 60.17kWh/m²，建筑节能率为 53.69%。

3. 规定项和选择项测评（理论值）

规定项、选择项以现场抽检为主，并辅以审查施工过程中的验收报告和检测报告。

依据《民用建筑能效测评标识标准》，本工程涉及规定项条文 11 项，满足 11 项。其具体包括：

（1）建筑外窗气密性：依据幕墙检测中心报告，本工程幕墙气密性能为 4 级，如图 7－3 所示；

（2）外墙特殊部位保温：经现场检查及文件审查，均按照设计要求采取了隔断热桥及保温措施，保温材料检验报告如图 7－4 所示。

（3）空调采暖冷热源：符合设计要求，未采用电热锅炉、电热水器作为直接采暖和空调系统的热源；

（4）空调机组冷热源污染：水资源未发现破坏；

建筑幕墙检测报告

委托编号：　C10-028

报告编号：　CM10-028

工程名称				委托日期	2010年3月19日
委托单位				检测类别	送样
样品名称	单元式玻璃、石材组合幕墙			检测日期	2010年3月19日、21日
设计单位				检测设备	KS-PC/MSD
制作单位				检测地点	李庄
检测依据	见"幕墙检测依据及性能设计等级要求"				
样品描述	样品特征	样品尺寸3900mm(宽)×11350mm(高)，宽度三个板块，高度十个板块（局部十二个板块），高度包含二个层高。			
	主杆型材	156系列铝合金立柱：6063-T6(牌号)、3 mm(厚)			
	嵌板材料	中空钢化玻璃：1500 mm(宽)×3200 mm(高)、8Low-E+12A+8 mm(厚) 花岗石：900 mm(宽)×1600 mm(高)、30 mm(厚)			
	密封材料	密封胶：道康宁 DC 791　结构胶：道康宁 DC 993N			
	五金配件	2点锁执手；12寸合页			
设计要求及检测结果	检测项目	设计要求			检测结果
	气密性能	等级　(级)	3		4
		开启部分　$(m^3/(m.h))$	≤1.5		0.06
		试件整体　$(m^3/(m^2.h))$	≤1.2		0.05
	水密性能	等级　(级)	3		3
		开启部分　(Pa)	≥582		≥ 582
		固定部分　(Pa)	≥1205		≥ 1205
	抗风压性能	等级　(级)	2		2
		正压　(kPa)	1.897		1.898
		负压　(kPa)	1.897		1.900
	平面内变形性能	等级　(级)	2		2
		层间位移角	≥1/267		≥1/ 267
检测结论	该试件所检性能符合设计要求。				
备注	测试样品由委托方、设计方、监理方共同确定。				

检测单位：　批准：　审核：　测试：

图 7－3　建筑幕墙检测报告

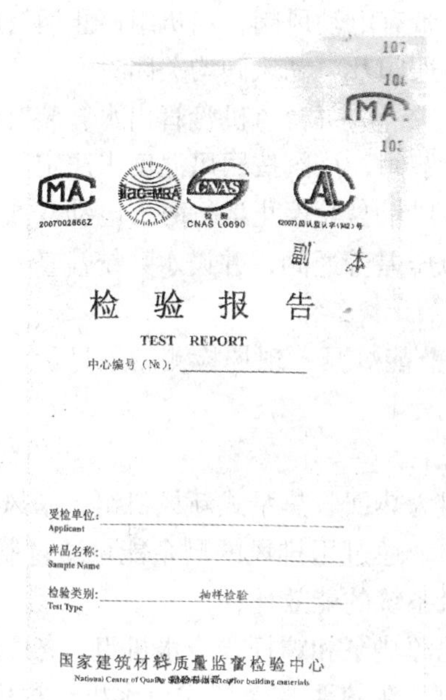
2007002856Z

CNAS L0690

副　本

检　验　报　告

TEST REPORT

中心编号（№）：

受检单位：
Applicant

样品名称：
Sample Name

检验类别：　抽样检验
Test Type

国家建筑材料质量监督检验中心

National Center of Quality Supervision & test for building materials

国家建筑材料质量监督检验中心

（National Center of Quality Supervision & test for building materials）

检 验 报 告

（Test Report）

中心编号：　　　　第 2 页 共 2 页

序号	检验项目		标准指标（Ⅰ类）	检验值	单项判定
1.	表观密度，kg/m3		≤95	47.3	合格
2.	氧指数，%		≥32	35.2	合格
3.	烟密度		≤75	64	合格
4.	导热系数，W/(m·K)	平均温度：-20℃	≤0.034	0.033 平均温度：-18.6℃	合格
		平均温度：0℃	≤0.036	0.034 平均温度：0℃	合格
		平均温度：40℃	≤0.041	0.035 平均温度：40.9℃	合格
5.	透湿性能	透湿系数，g/(m·s·Pa)	$\leq 1.3 \times 10^{-10}$	1.8×10^{-11}	合格
		湿阻因子	$\geq 1.5 \times 10^{3}$	1.1×10^{4}	合格
6.	真空吸水率，%		≤10	4	合格
7.	尺寸稳定性，% 105℃±3℃，7d		≤10.0	6.6	合格
8.	压缩回弹率，% 压缩率 50%，72h		≥70	78	合格
9.	抗老化性，150h		轻微起皱，无裂纹，无针孔，不变形	通过	合格
备注：					

审　核：　　主　检：

检验单位地址：　电话：　邮编：

图 7－4　保温材料检验报告

(5) 冷水(热泵)机组的性能系数：土壤热泵机组能效比(COP)为5.16，水冷冷水机组能效比(COP)为5.63；

(6) 冷热水系统输送能效比：本工程为二管制、异程式空调水系统，空调冷水管道的输送能效比计算见表7-3。

表7-3 冷水泵输送能效比

名称	流量 (m^3/h)	功率 (kW)	扬程 (m)	效率 η	温差 (℃)	输送能效比 ER
空调循环泵(螺杆式热泵机组)	100	15	32	73	5	0.0205
空调循环泵(螺杆式冷水机组)	140	22	32	76	5	0.0197
冷却(地下换热器)水循环泵	120	15	28	76	5	0.0173
冷却循环泵(螺杆式冷水机组)	160	22	28	76	5	0.0173

(7) 风机单位风量耗功率：根据现场检查，本工程采用全空气系统、风机盘管加新风系统等多种系统分区域应用的方式，与设计文件相符合；

(8) 水力平衡：根据现场检查，本工程空调水系统为保证水力平衡，在每层支管的回水管上设自立式压差控制阀。水泵出口设限流止回阀，集水器入口设直力式流量控制阀，符合设计要求；

图7-5 室内温度控制面板

(9) 室温调节：根据现场检查，该建筑内设置了室温控制面板，可独立调节室内温度，如图7-5所示；

(10) 监测和控制方式：

①新风机的出水管上装有电动调节阀，该阀按出风温度来调节进水量。当机组停止运行时，电动阀关闭。空调箱新风进风口还带有电动风阀，当机组停止运行时，电动双通阀及电动风阀均关闭；

②每台风机盘管出水管装有电动双通调节阀，该阀按回风温度来决定阀门开关，当风机盘管停止运行时，电动双通阀关闭；

③通过采集供回水总管间的压差信号，调节压差旁通阀，并设水系统流量计，以控制主机运行台数；

(11) 照明系统：本工程的公共部位采用了节能灯具，现场检测结果显示，其照度与照明功率密度符合节能设计标准。

选择项涉及3项，加分为40分。其具体包括：

①能量热回收装置：本工程采用的新风机组为热回收热泵式新风机组，新风与排风进行能量的全热交换，将排风排掉的能量由新风带回，通过用排风的剩余能量通过制冷(热泵)系统对新风进行冷却或加热处理，提高了压缩机系统的能效比；

②可再生能源的使用：本工程的冷热源为地源热泵和螺杆式冷水机组，冬季采暖所需热量全部由地源热泵提供，夏季供冷所需冷量，由地源热泵及螺杆式冷水机组提供。经计算，本工程地源热泵机组额定设计容量占建筑设计总容量的比例为75.4%；

③变水量及变风量系统：本工程水系统为两管制、异程式一次泵变水量系统；主楼5层以上办公采用了变风量系统。

4. 能效理论值等级评定

根据《民用建筑能效测评标识标准》的规定，当基础项达到节能率50%～65%，且规定项均满足要求时，标识为一星，若选择项所加分数超过60分（满分100分）则再加一星。据此，可判定本办公楼建筑能效测评标识等级为一星级。

7.1.2　案例二

1. 项目概况

夏热冬冷地区某酒店，建筑面积约为28039.3m^2，地上13层，地下1层，建筑物总高度约52.5m，建筑结构形式为剪力墙结构。地下一层的功能为人防汽车库及员工餐厅、卡拉OK厅、桑拿等，地上一层的功能为大堂及餐厅等，二层功能为包房和宴会厅等，三层功能为会议室和棋牌室等，四至十三层均为客房，其建筑外观如图7－6所示。

图7－6　建筑外观图

（1）围护结构

屋面采用40mm厚挤塑聚苯板，平均传热系数为0.67W/（m^2·K）；

外墙采用胶粉聚苯颗粒保温体系，外墙热桥部位加强处理，外墙和楼板、柱连接处加强处理。外墙采用45mm胶粉聚苯颗粒保温浆料，传热系数为0.87W/（m^2·K）；

外窗采用50系列断热铝合金平开窗，玻璃类型为中空玻璃（6＋12A＋6遮阳型），传热系数2.70W/（m^2·K），遮阳系数为0.49，气密性为8级，水密性为4级。

幕墙采用157系列断热铝合金半隐框组合幕墙，玻璃类型为中空玻璃（6Low-E＋12A＋6遮阳型），传热系数为2.18W/（m^2·K），遮阳系数为0.49，气密性等级为4级。

图7－7　地源热泵机组图

窗墙面积比为：

东∶南∶西∶北＝0.19∶0.16∶0.34∶0.24。

（2）通风空调系统

①空调系统冷热源采用2台地源热泵机组（制冷量1090kW/制热量1140kW），相应配置冷冻水泵三台，冷却水泵三台，热水泵两台，地源热泵机组（图7－7）及水泵均设置在地下一层冷冻机房。

②空调水系统为两管制同程系统，各分区支管上设置平衡阀，并由屋顶膨胀水箱定压补水。

③小空间空调末端采用风机盘管加新风系统，大空间采用全空气处理系统。

2. 基础项测评（理论值）

基础项测评以竣工验收资料为依据，性能参数以施工过程中见证取样的检测报告为主，辅以现场抽检的检测数据，见表7-4和表7-5。

表7-4　各类房间室内设计参数

房间用途	室内设计温度（℃）		人均占有的使用面积（m^2/人）	照明功率（W/m^2）	电器设备功率（W/m^2）	新风量（m^3/hp）
	夏季	冬季				
其他	26	18	5	5	5	5
餐厅	25	22	20	13	5	25
普通客房	25	22	15	15	20	30
封闭式汽车库	26	18	4	11	20	30
会议室、多功能厅	25	22	2	18	5	50
走廊-宾馆建筑	25	22	50	5	0	10

表7-5　各围护结构的窗墙比和热工参数

围护结构部位	参照建筑 K［$W/(m^2 \cdot K)$］				设计建筑 K［$W/(m^2 \cdot K)$］		
屋面	0.7				0.66		
外墙（包括非透明幕墙）	1				0.46*		
外窗（包括透明幕墙）	朝向	窗墙比	传热系数 K $W/(m^2 \cdot K)$	遮阳系数 SW	窗墙比	传热系数 K $W/(m^2 \cdot K)$	遮阳系数 SW
单一朝向幕墙	东	窗墙面积比≤0.20	4.7	1	0.19	2.62	0.49
	南	窗墙面积比≤0.20	4.7	1	0.16	2.7	0.49
	西	0.30<窗墙面积比≤0.40	3	0.5	0.34	2.61	0.49
	北	0.20<窗墙面积比≤0.30（0.24）	3.5	1	0.24	2.7	0.49
屋顶透明部分	≤屋顶总面积的20%		—	—	—	—	—
地面和地下室外墙	热阻 R［$m^2 \cdot K)/W$］				热阻 R［$(m^2 \cdot K)/W$］		
地面	1.2				1.21		
地下室外墙（与土壤接触的墙）	1.2				1.25		

*　为全部外墙加权平均传热系数。

经计算得出，该酒店采暖单位面积能耗为13.69kWh/m^2，空调单位面积能耗为27.1kWh/m^2，建筑节能率为55.49%。

3. 规定项和选择项测评（理论值）

规定项、选择项以现场抽检为主，并辅以审查施工过程中的验收报告和检测报告。

依据《民用建筑能效测评标识标准》，该建筑涉及规定项条文11项，满足11项。其具体包括：

（1）建筑外窗气密性：依据幕墙检测报告（图7-8）以及外门窗性能检测报告，本工程幕墙气密性能为4级，外窗的气密性能为8级；

上海建筑门窗检测站

建筑幕墙检测报告

编号：　　　　　　　　　　　　　　　　　　　　　　　　共8页 第1页

试件名称	157系列铝合金半隐框组合幕墙		试件数量	一件
工程名称			检测类别	来样、工程检测
委托单位			检测设备	MQJ-02-5040
制作单位			检测日期	2011.02.25
监理单位			报告日期	2011.02.28
见证人			证书编号	
检测项目	气密性能、水密性能、抗风压性能、平面内变形性能			
检测依据	GB/T21086-2007、GB/T15227-2007、GB/T18250-2000			
气压（kPa）	102.3	温度（℃）		9
试件概述				
外形尺寸(mm)	宽度2500　高度3920		楼层高度(mm)	3600
支点距离(mm)	L_1=3050　L_2=550		开启缝长(m)	—
开启面积(m^2)	—		试件面积(m^2)	9.16
可开启面积与试件总面积比例(%)	—			
铝合金型材	生产厂家			
	立柱断面(mm)	高度157　宽度65　最小壁厚3.0		
	横梁断面(mm)	高度102　宽度65　最小壁厚2.5		
面板	品种　铝板		最大尺寸(mm)	1244×1111×2.5
	品种　中空钢化玻璃(外片Low-E)		最大尺寸(mm)	1152×1735×(6+12A+6)
	安装方法	玻璃为明框结构　铝板为半隐框结构		
面板密封材料	结构胶生产厂家	—	型号	—
	密封胶生产厂家		型号	安泰193
	三元乙丙橡胶条			
框架密封材料	—			
五金配件	—			
备注	幕墙分格及节点详见附图			

图7－8　建筑幕墙检测报告

（2）外墙特殊部位保温：经现场检查及文件审查，均按照设计要求采取了隔断热桥及保温措施，如图7-9所示；

（3）空调采暖冷热源：符合设计要求，未采用电热锅炉、电热水器作为直接采暖和空调系统的热源；

（4）空调机组冷热源污染：水资源未发现破坏；

（5）冷水（热泵）机组的性能系数：土壤热泵机组能效比（COP）为6.23；

（6）冷热水系统输送能效比：空调冷水管道及热水管道的输送能效比见表7－6；

表7－6　冷水泵输送能效比

名称	流量（m^3/h）	功率（kW）	扬程（m）	效率 η	温差（℃）	输送能效比 ER
空调循环泵（螺杆式热泵机组）	187	30	32	72	5	0.0208
空调循环泵（螺杆式热泵机组）	220	37	35	72	5	0.0228
冷却（地下换热器）水循环泵	220	37	35	72	5	0.0228
冷却循环泵（螺杆式冷水机组）	201	18.5	20	81	10	0.0058

（7）风机单位风量耗功率：根据现场检查，该工程采用风机盘管加新风系统、全空气系统等多种空调系统，分区域应用，与设计文件相符合；

C-50a-0902

上海同标质量检测技术有限公司

节 能 材 料 检 测 报 告

第1 页 共5 页　　委托编号：2011000026

检测类别：送样　　工程连续号：1　　报告编号：JNJL201100010

委托单位			
工程名称			
工程地址		委托日期	2011-01-30
施工单位		报告日期	2011-03-28

样品编号	2011000049	样品名称	胶粉聚苯颗粒保温浆料	种类级别	—
系统生产单位				备案证号	JN247-02
部件生产单位				代表数量	—
工程部位	外墙外保温		评定依据	JG 158-2004	
检测方法	JG 158-2004;GB/T 10294-2008				

参数名称	技术要求	检测值	单项结果
湿表观密度/(kg/m³)	≤420	412	合格
干表观密度/(kg/m³)	180～250	194	合格
导热系数/[W/(m·K)]	≤0.060	0.057	合格
抗压强度/kPa	≥200	250	合格
—	—	—	—
—	—	—	—
—	—	—	—
—	—	—	—
检测结论	所检项目合格	检测日期	2011-01-31 至 2011-03-28

见证单位		见证人及证书号	[illegible]
说　明	1. 未经本检测机构批准，部分复制本检测报告无效； 2. 由本检测机构抽样的样品按本检测机构抽样程序进行抽样、检测。		
检测机构	1. 检测机构地址： 2. 联系电话：　3. 邮编：200090	防伪校验码	130406587182
	胶粉[illegible]颗粒：水=0.84kg：5.5L：1kg		

批准/职务：　　质量负责人　　审核：　　检测：

上海市建设工程检测行业协会印制　翻印必究

图 7－9　保温材料检测报告

（8）水力平衡：根据现场检查，本工程空调箱回水管上设置电动调节阀，供回水总管处设置电动压差旁通调节阀，符合设计要求；

（9）室温调节：根据现场检查，该建筑内设置了室温控制面板，可独立调节室内温度，符合设计要求，如图 7－10 所示；

（10）监测和控制方式：

①大楼空调系统的运行负荷，根据空调负荷的变化由主机自控系统来进行调节，当空调负荷减少或增加时，通过 BA 系统实现地源热泵机组，冷热水泵，冷却水泵，减载或增载的群控；

②冷冻机房内供回水总管之间设置压差旁路控制，通过压差控制器对系统供回水压差检测实现对电动两通阀的调节；

③风机盘管及变风量新风空调器通过电动二通阀控制进入盘管的冷热水量从而达到调节室内温度的要求；

（11）照明：本工程的公共部位采用了节能灯具，现场检测结果显示，其照度与照明功率密度符合节能设计标准。

图 7－10　室内温度控制面板

选择项涉及 3 项，加 40 分，具体包括：

①楼宇自控系统：本工程采用楼宇控制系统，提高设备的使用效率及日常运行管理水平。

大楼空调系统的运行负荷，由主机自控系统根据空调负荷的变化进行调节，当空调负荷减少或增加时，通过 BA 系统实现地源热泵机组，冷热水泵，冷却水泵，减载或增载的群控。

②变风量系统：采用的新风机组为变风量新风空调箱。

③可再生能源系统：本工程的冷热源均由位于地下一层的 2 台螺杆式地源热泵机组提供，因此，地源热泵机组额定设计容量占建筑设计总容量的比例为 100%。

4. 能效理论值等级评定

根据《民用建筑能效测评标识标准》的规定，当基础项达到节能率 50%～65%，且规定项均满足要求时，标识为一星，若选择项所加分数超过 60 分（满分 100 分）则再加一星。据此，可判定本建筑能效测评标识等级为一星级。

7.2　能效实测值评估

7.2.1　案例一

1. 项目概况

夏热冬冷地区某办公楼，总建筑面积 2.2 万 m^2，由主楼和分立主楼两侧的两个裙房组成，地上 15 层、地下 1 层，楼层高度为 65m，主要功能为办公、科研和展示。项目示范面积为 2 万 m^2（含地下建筑面积 0.2 万 m^2），主楼为框架剪力墙结构，两裙房为框架结构。项目于 2008 年 12 月 19 日开工，于 2012 年 2 月竣工，其建筑外观如图 7-11 所示。

该办公楼采用了两套可再生能源系统，一套是地源热泵系统，提供大楼夏季制冷及冬季采暖所需负荷；另一套是太阳能光伏系统，提供大楼的照明用电。通过软件模拟计算，大楼的建筑节能率为 51.37%。

图 7-11　建筑外观图

2. 围护结构节能构造做法

该办公楼围护结构节能构造做法为：屋面采用 40mm 厚挤塑聚苯板，导热系数为 0.030W/(m·K)；外墙采用 100mm 矿棉，导热系数为 0.042W/(m·K)；外窗采用 45 系列上悬断热铝合金窗，玻璃类型为（6Low-E + 12Ar + 6 遮阳型）中空玻璃，传热系数为 2.70 W/(m^2·K)，遮阳系数为 0.50，气密性等级为 7 级；幕墙采用 180 系列断热铝合金半隐框玻璃幕墙，玻璃类型为（6Low-E + 12Ar + 6 遮阳型）中空玻璃，传热系数为 2.46 W/(m^2·K)，遮阳系数为 0.50，气密性等级为 4 级。

3. 可再生能源系统介绍及测评

（1）地源热泵系统概况

该办公楼采用 2 台地源热泵机组（制冷量 427kW/制热量 467kW）作为两个裙房以及主楼一层、二层的冷热源，主机型号为：SPRING - WM - 135A - 1D，功率为 64kW/92kW。相应配置冷冻水泵三台，冷却水泵三台。地源热泵机组及水泵均设置在主楼地下一层冷冻机房。系统预留了供冷热平衡使用的冷却塔接水管。地源热泵系统采用 230 个垂直单 U 型地埋管，深 80m，间距 4m。主楼 3～15 层的空调冷热源采用变冷媒流量风冷热泵多联机空调系统，每层设置 2 台风冷热泵全新风机组，地源热泵机组如图 7-12 所示。

该办公楼的中央空调由地源热泵和多联机系统组成，通过四种方式解决地源热泵的热平衡问题。第一，将报告厅、会议室、接待厅、餐厅等位置设计为采用地源热泵系统，其余位

图 7－12　地源热泵机组

置使用多联机系统，以此来减小地源热泵热平衡的影响；第二，建筑采用分区埋管（在建筑物的南侧和北侧分别进行埋管）以减小热堆积的效果；第三，增加埋管数量，降低单孔换热量，降低了热平衡的影响；最后，系统在北侧草坪处预留了冷却塔接口，若使用多年后发现热堆积问题，可以通过外接冷却塔的方式调节系统排热量来解决热平衡问题。

（2）地源热泵系统测评

通过对地源热泵系统的连续时段测试分析及计算，夏季制冷工况下，地源热泵系统的能效比（COP）为 3.47；冬季制热工况下，地源热泵系统的能效比（COP）为 3.40。

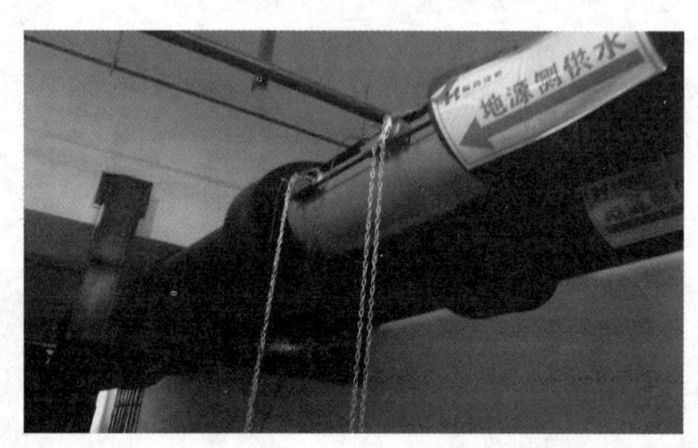

图 7－13　水流量测试

全年地源热泵系统常规能源替代量为 225.3t 标煤，CO_2 减排量为 556.1t，SO_2 减排量为 4.503t，粉尘减排量为 2.251t。

（3）太阳能光伏系统概况

该办公楼太阳能光伏系统为独立离网发电系统，采用转换效率为 17% 的单晶硅电池，利用 280 块 185Wp 的外形尺寸为 1580mm × 808mm × 40mm 的安装在西南裙楼顶上的单晶硅太阳能电池实现太阳能的吸收及转换，太阳能电池总面积为 357m^2，总计发电装机容量为 51.8kWp，经由直流电缆连接至位于主楼地下室的控制机房，供给地下及大楼景观照明，如图 7－14 所示。太阳能光伏系统年发电量预计为 63426kW · h。

机房内安装 60kW 的控制及逆变设备一台，如图 7－15 所示，将直流电流变为 AC 220V，

图 7－14　太阳能光伏板

图 7－15　弦波逆变器

50Hz 的交流电，供给大楼景观照明和地下室照明的负载使用。系统配备 110 节 2V 500AH 的电池，当太阳能不足时，可自动切换到市电回路。

（4）太阳能光伏系统测评

通过对一段时间内的太阳能光伏系统的测试分析及计算，该办公楼太阳能光伏系统的系统综合转换率为 11.65%，全年地源热泵系统常规能源替代量为 186.96t 标煤，CO_2 减排量为 461.79t，SO_2 减排量为 3.74t，粉尘减排量为 1.87t。

（5）节能设计综合能耗计算

本项目为公共建筑。依据保温材料热工性能检测报告及外窗、幕墙性能检测报告结果，利用软件进行建筑综合能耗计算及分析。计算结果显示，本项目单体建筑的能耗值低于参照建筑。计算建筑节能率为 51.37%。

综上所述，该办公楼建筑节能率为 51.37%，其中地源热泵系统夏季与冬季的系统 COP 分别达到了 3.47 和 3.40；全年可节约标准煤 412.09t，CO_2 全年减排量为 1017.86t，SO_2 全年减排量为 8.243t，粉尘全年减排量为 4.121t。

7.2.2　案例二

1. 项目概况

夏热冬冷地区某新建公寓，由 1 栋 9 层公寓（9－A 号）和 1 栋 25 层公寓（9－B 号）组成，规划用地建筑类型为居住建筑。其中 9－A 号地上建筑面积约 5887m^2，地下建筑面积约 764m^2，1～2 层为商业用房，3～9 层为酒店式公寓；9－B 号地上建筑面积约 15490m^2，地下建筑面积约 666m^2，1～3 层为商业用房，4～25 层为酒店式公寓。

两栋单体建筑的总面积为 22971m^2，建筑结构形式为剪力墙结构，建筑外观如图 7－16 所示。

(a)

(b)

图 7－16　建筑外观图

建筑采用地源热泵作为冷热源，并利用太阳能技术制取生活用热水，示范面积为 18297m^2。项目于 2008 年 8 月开工，2011 年 11 月竣工并已投入使用。大楼建筑节能率为 70.58%。

2. 围护结构节能构造做法

本项目 9－A 号楼与 9－B 号楼围护结构节能构造做法相同，具体做法如下：

（1）屋面保温采用 80mm 聚氨酯硬泡沫塑料。

经热工计算，屋面的传热系数为 0.29 W/（m^2·K）；

（2）外墙保温采用 50mm 硬质聚氨酯泡沫塑料。

经热工计算，外墙的传热系数为 0.39 W/（m^2·K）。

（3）底面接触室外空气的架空楼板保温采用 50mm 聚氨酯硬泡沫塑料。

经热工计算，架空楼板的传热系数为 0.42 W/（m^2·K）。

（4）外窗采用 65 系列断桥隔热铝合金平开窗，玻璃类型为中空玻璃（6Low-E +12Ar +6 遮阳型）。外窗传热系数 2.40 W/（m^2·K），气密性等级 7 级；玻璃传热系数 1.80 W/（m^2·K），遮阳系数 0.45。

（5）居住建筑部分的东、南、西三侧立面均设有卷帘式外遮阳，如图 7－17 所示。

（6）底层商铺南立面采用 180 系列铝合金半隐框玻璃幕墙如图 7－18 所示，玻璃类型为中空玻璃（6Low-E +12Ar +6 遮阳型），幕墙传热系数 2.30 W/（m^2·K），气密性等级 3 级；玻璃传热系数 1.80 W/（m^2·K），遮阳系数 0.45。

图 7－17　外遮阳窗

图 7－18　玻璃幕墙

3. 可再生能源系统介绍及测评

（1）地源热泵系统概况

本项目采用地源热泵系统，地源热泵机组及水泵均设置在 9－B 号楼地下一层的冷冻机房中。

图 7－19　地源热泵机组

酒店式公寓楼部分的冷热源采用 2 台制冷量 268kW/制热量 264kW 的螺杆式地源热泵机组，末端采用混凝土楼板辐射，配备 3 台循环水泵；商业用房部分的冷热源采用 1 台制冷量 268kW/制热量 264kW 的螺杆式地源热泵机组，末端采用风机盘管加新风系统，配备 3 台循环水泵；冬季制取生活热水时，除利用太阳能技术外，还采用 1 台制冷量 262kW/制热量 245kW 的螺杆式地源热泵机组作为辅助热源，配备 2 台循环水泵。整个系统共配备 5 台地源侧循环水泵。

系统采用垂直式埋管，钻孔间距为 4.5m，孔径为 135mm，并联双 U 连接，共打孔 200 个，深度 90m。

为了解决长时间使用地源热泵系统造成的土壤热平衡问题，系统配置了一台横流式冷却塔，流量120 m^3/h，功率3.75kW，并配备2台流量110 m^3/h，扬程30m，额定功率15kW的冷却循环水泵。当长时间使用地源热泵系统时，土壤与地埋管换热效率会出现降低，土壤温度不能自动恢复平衡，因此，夏季地源热泵机组制冷时所排放的热量，将由地埋管换热器与冷却塔共同承担，让土壤温度重新回到平衡状态。

（2）地源热泵系统测评

通过对地源热泵系统的连续时段测试分析及计算，夏季制冷工况下，地源热泵系统的能效比（COP）为3.60；冬季制热工况下，地源热泵系统的能效比（COP）为3.42。其水流量、耗电量测试如图7－20、图7－21所示。

图7－20　水流量测试

图7－21　耗电量测试

全年地源热泵系统常规能源替代量为314.74t标煤，CO_2减排量为777.41t，SO_2减排量为6.30t，粉尘减排量为3.51t。

（3）太阳能热水系统概况

本项目采用96块安装在9－A号楼屋顶，单块面积为2.26m^2的平板太阳能集热器进行集热，总集热面积约为216.96 m^2，通过换热器与置于9－B号楼地下一层的3个串联的8m^3贮水箱间接换热制取生活热水，如图7－22所示。系统共配备2台热水循环水泵与2台太阳能循环泵。

本系统的辅助热源采用来自地源热泵系统的循环热水和电加热器。贮水箱中的水加热后直接供给用户使用，补给水来自市政管网。

（4）太阳能热水系统测评

太阳能热水系统的测试分为4个不同辐照区间进行，通过对不同辐照区间的测试分析计算，当太阳辐照量为6MJ/m^2时，集热系统效率为45.1%；当太阳辐照量为12.14MJ/m^2时，集热系统效率为45.2%；当太阳辐照量为15.50MJ/m^2时，集热系统效率为45.3%；当太阳辐照量为23.47MJ/m^2时，集热系统效率为45.5%。全年太阳能保证为54.5%。

图7－22　太阳能集热板

太阳能热水系统的全年常规能源替代量为25.15t标准煤。CO_2减排量为62.12t，SO_2减排量为0.50t，烟尘减排量为0.25t。

（5）节能设计综合能耗计算

本项目9－A号楼1～2层为商业用房，3～9层为酒店式公寓，9－B号楼1～3层为商业用房，4～25层为酒店式公寓，因此本项目建筑能耗计算分为公共建筑与居住建筑两部分。

依据保温材料热工性能检测报告及外窗、幕墙性能检测报告结果，利用软件进行建筑综合能耗计算及分析。计算结果显示，本项目两栋单体建筑的公共建筑部分与居住建筑部分的能耗值均低于参照建筑。

综上所述，本项目的建筑节能率为70.53%，其中地源热泵系统夏季与冬季的系统COP分别达到了3.60和3.42；太阳能热水系统的全年太阳能保证率为54.4%；全年可节约标准煤339.89t，CO_2全年减排量为839.53t，SO_2全年减排量为6.80t，粉尘全年减排量为3.76t。

附录 A

热流系数标定

A.1 标定内容

热箱外壁热流系数 M_1 和试件框热流系数 M_2。

A.2 标准试件

A.2.1 标准试件的材料要求

标准试件应使用材质均匀，不透气、内部无空气层、热性能稳定的材料制作。宜采用经过长期存放、厚度为50mm±2mm左右的聚苯乙烯泡沫塑料板，其密度为20~22kg/m^3。

A.2.2 标准试件的热导率

标准试件热导率Λ[W/(m^2·K)]值，应在与标定试件温度相近的温差条件下，采用单向防护热板仪进行测定。

A.3 标定方法

A.3.1 单层窗（包括单框单层玻璃窗、单框中空玻璃窗和单框多层玻璃窗）及外门。

A.3.1.1 用与试件洞口面积相同的标准试件安装在洞口上，位置与单层窗（及外门）安装位置相同。标准试件周边与洞口之间的缝隙用聚苯乙烯泡沫塑料条塞紧，并密封。在标准试件两表面分别均匀布置9个铜－康铜热电偶。

A.3.1.2 标定试验应在与保温性能试验相同的冷、热箱空气温度、风速等条件下，改变环境温度，进行两种不同工况的试验。当传热过程达到稳定之后，每隔30min测量一次有关参数，共测六次，取各测量参数的平均值，按式（1）、式（2）联解求出热流系数 M_1 和 M_2。

$$Q - M_1 \cdot \Delta\theta_1 - M_2 \cdot \Delta\theta_2 = S_b \cdot \Lambda_b \cdot \Delta\theta_3 \qquad (1)$$

$$Q' - M_1 \cdot \Delta\theta'_1 - M_2 \cdot \Delta\theta'_2 = S_b \cdot \Lambda_b \cdot \Delta\theta'_3 \qquad (2)$$

式中 Q、Q'——分别为两次标定试验的热箱加热器加热功率，W；

$\Delta\theta_1$、$\Delta\theta'_1$——分别为两次标定试验的热箱外壁内、外表面面积加权平均温差，K；

$\Delta\theta_2$、$\Delta\theta'_2$——分别为两次标定试验的试件框热侧与冷侧表面面积加权平均温差，K；

$\Delta\theta_3$、$\Delta\theta'_3$——分别为两次标定试验的标准试件两表面之间平均温差，K；

Λ_b——标准试件的热导率，W/（m^2·K）；

S_b——标准试件面积，m^2。

Q、$\Delta\theta_1$、$\Delta\theta_2$、$\Delta\theta_3$ 为第一次标定试验测量的参数，右上角标有“′”的参数为第二次标定试验测量的参数。

A.3.2 双层窗

A.3.2.1 双层窗热流系数 M_1 值与单层窗标定结果相同。

A. 3. 2. 2 双层窗的热流系数 M_2 应按下面方法进行标定：在试件洞口上安装两块标准试件。第一块标准试件的安装位置与单层窗标定试验的标准试件位置相同，并在标准试件两侧表面分别均匀布置 9 个铜 – 康铜热电偶。第二块标准试件安装在距第一块标准试件表面不小于 100mm 的位置。标准试件周边与试件洞口之间的缝隙按 A. 3. 1 要求处理，并按 A. 3. 1 规定的试验条件进行标定试验，将测定的参数 Q、$\Delta\theta_1$、$\Delta\theta_2$、$\Delta\theta_3$ 及标定单层窗的热流系数 M_1 值代入式（1），计算双层窗的热流系数 M_2。

A. 3. 3 标定试验的规定

A. 3. 3. 1 两次标定试验应在标准板两侧空气温差相同或相近的条件下进行，$\Delta\theta_1$ 和 $\Delta\theta_1'$ 的绝对值不应小于 4. 5K，且 $|\Delta\theta_1 - \Delta\theta'_1|$ 应大于 9. 0K，$\Delta\theta_2$、$\Delta\theta_2$ 尽可能相同或相近。

A. 3. 3. 2 热流系数 M_1 和 M_2 应每年定期标定一次。如试验箱体构造、尺寸发生变化，必须重新标定。

A. 3. 4 标定试验的误差分析

新建门窗保温性能检测装置，应进行热流系数 M_1 和 M_2 标定误差和门、窗传热系数 K 值检测误差分析。

附录 B

D65 标准光源、视函数、光谱间隔乘积表

λ (nm)	$D_{\lambda}V(\lambda)\Delta\lambda\times10^{2}$	λ (nm)	$D_{\lambda}V(\lambda)\Delta\lambda\times10^{2}$
380	0. 0000	590	6. 3306
390	0. 0005	600	5. 3542
400	0. 0030	610	4. 2491
410	0. 0103	620	3. 1502
420	0. 0352	630	2. 0812
430	0. 0948	640	1. 3810
440	0. 2274	650	0. 8070
450	0. 4192	660	0. 4612
460	0. 6663	670	0. 2485
470	0. 9850	680	0. 1255
480	1. 5189	690	0. 0536
490	2. 1336	700	0. 0276
500	3. 3491	710	0. 0146
510	5. 1393	720	0. 0057
520	7. 0523	730	0. 0035
530	8. 7990	740	0. 0021
540	9. 4457	750	0. 0008
550	9. 8077	760	0. 0001
560	9. 4306	770	0. 0000
570	8. 6891	780	0. 0000
580	7. 8994		